国家级一流本科课程配套教材

数学建模模型与案例精讲
（慕课版）

肖华勇　编著

电子工业出版社
Publishing House of Electronics Industry
北京·BEIJING

内 容 简 介

本书是国家级一流本科课程"数学建模"的配套教材，全书对数学建模中使用广泛的各种数学模型进行了介绍，内容包括 MATLAB 与 LINGO 编程、趣味数学建模问题、优化模型、图论模型、离散模型、线性回归模型、微分方程模型、排队论模型、数据处理方法、指标合成方法及大量竞赛实战建模案例。本书不但对每个问题都建立了数学模型，而且配有 MATLAB 或 LINGO 完整的实现程序。此外，本书还提供讲解和演示程序的配套视频，十分便于读者学习。

本书可作为本科生数学建模教材，也可供数学建模爱好者参考。

图书在版编目（CIP）数据

数学建模模型与案例精讲：慕课版 / 肖华勇编著. — 北京：电子工业出版社，2023.8
ISBN 978-7-121-46192-7

Ⅰ. ①数⋯　Ⅱ. ①肖⋯　Ⅲ. ①数学模型－高等学校－教材　Ⅳ. ①O141.4

中国国家版本馆CIP 数据核字(2023)第155845 号

责任编辑：路　越
印　　刷：北京虎彩文化传播有限公司
装　　订：北京虎彩文化传播有限公司
出版发行：电子工业出版社
　　　　　北京市海淀区万寿路 173 信箱　　　邮编：100036
开　　本：787×1092　1/16　印张：17　　　字数：413.4 千字
版　　次：2023 年 8 月第 1 版
印　　次：2025 年 2 月第 3 次印刷
定　　价：69.80 元

前　言

　　每年的全国大学生数学建模竞赛吸引了众多大学生参加，不少大学生还参加每年二月份的美国数学建模竞赛及众多其他数学建模竞赛，如 MathorCup 高校数学建模挑战赛、亚太地区大学生数学建模竞赛（APMCM）、电工杯数学建模竞赛等。现在数学建模竞赛已在各大学如火如荼开展起来，说明学生对数学建模有强烈的兴趣。

　　本书作者从 1997 年开始接触数学建模，逐渐对其产生了浓厚的兴趣，平常十分喜欢研究相关内容，惊奇于数学建模把数学、计算机软件和实际应用完美结合起来。到 2022 年为止，作者带队在全国大学生数学建模竞赛中先后获得 10 项全国一等奖、6 项全国二等奖、23 项省级一等奖，在美国数学建模竞赛中先后获得 1 项特等奖、1 项特等提名奖、17 项一等奖、18 项二等奖。2008 年，作者参加全国数学建模竞赛征题活动，获得出题人证书。从 2001 年开始，作者一直负责本校本科生的数学建模教学，在教学、培训队员及带队参赛中，逐渐积累了丰富的经验，并将这些讲课材料录制成慕课，于 2018 年在"中国大学生慕课"网站——"爱课程"上线，该课程于 2020 年成为"国家精品在线课程"，本书就是该课程的配套教材。

　　尽管目前数学建模的书已有不少，但或者理论太深不易看懂，或者知识面比较狭窄，或者只有模型而缺乏软件求解，初学者不好上手。作者一直想写一本初学者容易上手，操作性强，又可以深入学习的书，本书正是基于这样一种理念编写的。

　　本书的特点：介绍了多种常用数学模型，但不深入讲解难懂的数学理论，而是结合具体实例建立模型，并采用数学建模竞赛中常用的软件进行求解，做到对每个模型都给出求解的程序或软件求解的方法，使初学者可以对类似问题进行独立建模和求解。本书可以使有相关基础的读者获得比较全面、综合的数学建模知识，同时使他们体会对问题求解的一些特别方法和技巧，以达到提高自身能力的目的。

　　本书介绍的数学模型种类较全，读者既可以单独学习各章内容，也可以将各章内容结合起来学习。最后两章是校内数学建模竞赛或全国数学建模竞赛实例，很多以前没有发表过，可以帮助读者学习数学建模理论知识，并利用相关知识解决实际问题。

　　另外，本书的配套源代码和相关数据文件可在华信教育资源网（http://www.hxedu.com.cn）下载，或扫描下方二维码进行下载，配套的源代码文件名和数据文件名与本书中的名称一致。

本书配套源代码及相关数据文件

作者　肖华勇

2023 年 5 月于西北工业大学

目　　录

第1章 MATLAB 与 LINGO 编程

1.1 MATLAB 编程简介与实例（一）

MATLAB 是美国 MathWorks 公司自 20 世纪 80 年代中期推出的数学软件,优秀的数值计算能力和卓越的数据可视化能力使其很快在数学软件中脱颖而出。

MATLAB 的主要特点如下。

- 有高性能数值计算的高级算法,特别适合矩阵代数领域。
- 有大量事先定义的数学函数,并且有很强的用户自定义函数的能力。
- 有强大的绘图功能,以及具有教育、科学和艺术学的图解和可视化的二维图、三维图。
- 有基于 HTML 的完整的帮助功能。
- 有适合个人应用的、强有力的面向矩阵（向量）的高级程序设计语言。
- 有与其他语言编写的程序结合和输入输出格式化数据的能力。
- 有在多个应用领域中解决难题的工具箱。

利用 MATLAB 编程方便,其有大量内部函数和工具箱可以使用,作图也十分方便,因此在数学实验和数学建模竞赛中,我们常使用 MATLAB 作为我们的编程工具。

根据数学实验的需要,下面我们对 MATLAB 进行简单介绍。

1. 常用函数介绍

（1）三角函数

```
sin——正弦
sinh——双曲正弦
asin——反正弦
asinh——反双曲正弦
cos——余弦
cosh——双曲余弦
acos——反余弦
acosh——反双曲余弦
tan——正切
tanh——双曲正切
atan——反正切
atanh——反双曲正切
```

（2）指数函数与对数函数

```
exp——指数
log——以 e 为底的对数
log10——常用对数
sqrt——平方根
```

（3）与复数有关的函数

```
abs——模或绝对值
angle——幅角
conj——复共轭
imag——虚部
real——实部
```

（4）舍入函数及其他数值函数

```
fix——向 0 舍入
floor——向负无穷舍入
ceil——向正无穷舍入
round——四舍五入
rem(a,b)——计算 a/b 的余数
sign(x)——符号函数
```

（5）有关向量的函数

```
min(x)：向量 x 的元素的最小值
max(x)：向量 x 的元素的最大值
mean(x)：向量 x 的元素的平均值
median(x)：向量 x 的元素的中位数
std(x)：向量 x 的元素的标准差
diff(x)：向量 x 的相邻元素的差
sort(x)：对向量 x 的元素进行排序
length(x)：向量 x 的元素个数
norm(x)：向量 x 的长度
sum(x)：向量 x 的元素总和
prod(x)：向量 x 的元素连乘积
cumsum(x)：向量 x 的累计元素总和
cumprod(x)：向量 x 的累计元素总乘积
dot(x, y)：向量 x 和 y 的内积
cross(x, y)：向量 x 和 y 的外积
```

2. 常见矩阵计算

（1）输入矩阵最简单的方法之一是把矩阵的元素直接排列在方括号中
每行内的元素间用空格或逗号隔开，行与行之间用分号隔开。

例如：

$$A = \begin{bmatrix} 1 & 4 & 7 \\ 3 & 6 & 9 \\ 6 & 7 & 4 \end{bmatrix}$$

输入为

```
A = [1,4,7;3,6,9;6,7,4];
```

或

```
A = [1,4,7;
```

```
          3,6,9;
          6,7,4];
```

输出结果为：

```
     1    4    7
     3    6    9
     6    7    4
```

（2）矩阵的转置

矩阵的转置用符号"'"来表示。

例如：

```
A = [1,4,7;3,6,9;6,7,4];
B = A';
```

则输出结果为：

```
B =  1    3    6
     4    6    7
     7    9    4
```

也可直接转置

```
B = [1,4,7;3,6,9;6,7,4]';
```

（3）矩阵的加减

矩阵的加减使用的是"+"和"−"运算符。进行加减运算的矩阵必须是同型矩阵。

例如：

```
A = [1    3    6
     4    5    7
     7    8    9];
B = [3    5    7
     2    4    6
     1    3    9];
C = A+B;
```

则输出结果为：

```
C =  4     8    13
     6     9    13
     8    11    18
```

令矩阵与一个数进行加减运算，其运算法则是对应每个元素都需要加减同一个数。

例如：

```
Z = C-1;
```

则输出结果为：

```
Z =  3     7    12
     5     8    12
     7    10    17
```

（4）矩阵乘法

矩阵乘法用符号"*"表示。要求前一矩阵的列数与后一矩阵的行数相同。

例如：

```
A = [1  4  7
     2  5  8];
B = [4  5  9
     1  7  8
     3  2  1];
C = A*B;
```

则输出结果为：

```
C = 29    47    48
    37    61    66
```

另外，MATLAB 中还可以进行矩阵与数的乘法，其规则是矩阵每个元素均与该数相乘。

例如：

```
A = [1  5  8 ; 2  6  9];
B = 3*A;
```

则输出结果为：

```
B = 3     15    24
    6     18    27
```

（5）矩阵的行列式

求方阵 A 的行列式用 det(A) 表示。

例如：

```
A = [1  3  6;2  5 8;3  9  11];
Z = det(A);
```

则输出结果为：

```
Z = 7
```

（6）矩阵求逆

求非奇异矩阵 A 的逆用 inv(A) 表示。

例如：

```
A = [1  3  6;2  5 8;3  9  11];
Z = inv(A);
```

则输出结果为：

```
Z = -2.4286    3.0000    -0.8571
     0.2857   -1.0000     0.5714
     0.4286         0    -0.1429
```

如要验证，可计算 C = A*Z，则输出结果为

```
C = 1.0000          0   -0.0000
   -0.0000     1.0000   -0.0000
        0          0    1.0000
```

另外，利用逆矩阵可以解方程组。

例如：

```
AX = b;
```

其中，

```
A = [1  3   6;
     2  5   8;
     3  9  11];
b = [3  6  7]'
```

计算表达式为

```
X = inv(A)*b
```

则输出结果为：

```
X = 4.7143
   -1.1429
    0.2857
```

或用 X = A\b 也可求解。而且 X = A\b 还可以求解矛盾方程组。

下面进行函数拟合。如因变量 y 与自变量 x 之间存在如下关系：

$$y = a + be^{-x}$$

观测数据对为：

x	0.0	0.3	0.8	1.1	1.6	2.3
y	0.82	0.72	0.63	0.60	0.55	0.5

由此可建立矛盾方程组为：

$$AX = Y，\quad 其中\ X = \begin{pmatrix} a \\ b \end{pmatrix}$$

即

$$\begin{pmatrix} 1 & e^{0} \\ 1 & e^{-0.3} \\ 1 & e^{-0.8} \\ 1 & e^{-1.1} \\ 1 & e^{-1.6} \\ 1 & e^{-2.3} \end{pmatrix} \begin{pmatrix} a \\ b \end{pmatrix} = \begin{pmatrix} 0.82 \\ 0.72 \\ 0.63 \\ 0.60 \\ 0.55 \\ 0.5 \end{pmatrix}$$

M 文件（chap1_1.m）如下。

```
x = [0.0  0.3  0.8  1.1  1.6  2.3]'
y = [0.82 0.72 0.63 0.60  0.55 0.5]'
A = [ones(size(t)),exp(-t)]
```

```
    X = inv(A'*A)*A'*y
```

或 X = A\y。可得输出结果为：

```
    X = 0.4760  0.3413
```

即 a = 0.4760，　b = 0.3413。函数拟合为 $y = 0.476 + 0.3413e^{-x}$。

数据拟合图如图 1.1 所示。

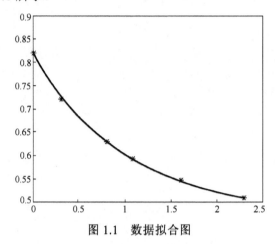

图 1.1　数据拟合图

M 文件(chap1_2.m)如下。

```
    t = [0.0   0.3   0.8   1.1   1.6   2.3]'
    y = [0.82  0.72  0.63  0.60   0.55  0.5]'
    A = [ones(size(t)),exp(-t)]
    x = inv(A'*A)*A'*y
n = 500
tt = zeros(n,1);
yy = zeros(n,1);
dt = 2.3/n;
for i = 1:n
    tt(i)= i*dt;
    yy(i)= x(1)+x(2)*exp(-tt(i));
end
plot(t,y,'*b',tt,yy,'r')
b 表示蓝色,代表原数据
r 表示红色,代表拟合曲线
```

（7）矩阵特征值

若 A 为方阵，则满足 $AX = \lambda X$ 的 λ 称为 A 的特征值，X 称为 A 的特征向量。在 MATLAB 中，计算 A 的特征值用 eig(A) 表示。例如：

```
A = [1 3  6; 2  5  8; 3  6  8];
Z = eig(A);
```

则输出结果为：

```
z = 15.2382
   -1.3365
    0.0982
```

若要同时求出特征向量，则采用表达式[X,V] = eig(A)，则输出结果为：

```
X = -0.4135   -0.7851    0.7318
    -0.6094   -0.3748   -0.6472
    -0.6765    0.4931    0.2136
V = 15.2382    0         0
     0        -1.3365    0
     0         0         0.0982
```

其中，X 各列为特征向量；V 主对角元素为特征值。

1.2 MATLAB 编程简介与实例（二）

1. 函数作图

（1）二维平面曲线作图函数

```
plot(x,y,'s')
```

其中，x 和 y 是长度相同的向量；s 表示线形和颜色，线形和颜色可以不设定，采用默认方式即可。

若在同一个图上画多条曲线，则用函数

```
plot(x1,y1,'s1',x2,y2,'s2',…,xn,yn,'sn')
```

若将 sin(x) 和 cos(x) 同时画在一张图上，则区间取 $[0,\pi]$，程序如下（chap1_3.m）。

```
x = 0:0.1:2*pi;
y1 = sin(x);
y2 = cos(x);
plot(x,y1,'r',x,y2,'b');
```

y1 = sin(x) 和 y2 = cos(x) 如图 1.2 所示。

（2）多窗口作图

如果将屏幕分为几个窗口分别作图，采用的函数为

```
subplot(m,n,k)
```

表示将窗口分为 m*n 个子窗口，当前图在第 k 个窗口内完成。

如在第 1 个窗口内作 y = sin(x)，在第 2 个窗口内作 y = cos(x)，在第 3 个窗口内作 y = sqrt(x)，在第 4 个窗口内作 y = ln(x)，其程序如下（chap1_4.m）。

```
x1 = 0:0.1:2*pi;  y1 = sin(x1);
x2 = -pi:0.1:pi;  y2 = cos(x2);
x3 = 0:0.1:10;  y3 = sqrt(x3);
x4 = 2:0.2:10;  y4 = log(x4);
subplot(2,2,1); plot(x1,y1); title('y = sin(x)'); grid on
```

```
subplot(2,2,2); plot(x2,y2); title('y = cos(x)'); grid on
subplot(2,2,3); plot(x3,y3); title('y = sqrt(x)');grid on
subplot(2,2,4); plot(x4,y4); title('y = ln(x)'); grid on
```

分窗口作图结果如图 1.3 所示。

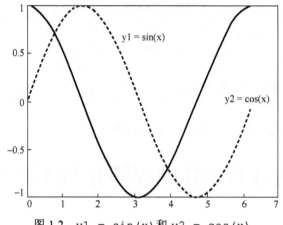

图 1.2　y1 = sin(x) 和 y2 = cos(x)

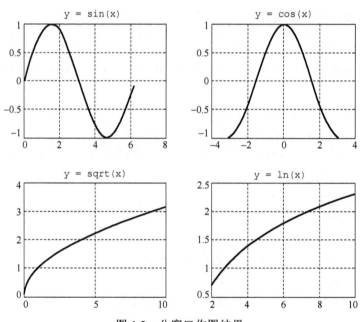

图 1.3　分窗口作图结果

（3）直方图作图命令 hist

功能二维直方图可以显示出数据的分布。

用法　count = hist(X)把向量 X 中的元素放入等距的 10 个条形中，且返回每个条形中的元素个数。若 X 为矩阵，则该命令按列对 X 进行处理。

count = hist(X,center)中的参数 X 为向量，把 X 中元素放到 m（m = length(center)）个由 center 中元素指定的位置为中心的直方图中。

count = hist(X,number)中的参数 number 为标量，用于指定条形的数目。

[count,center] = hist(X) 返回向量 X 中包含频率计数的 count 与条形的位置向量 center，可以用命令 bar(center,count) 画出条形直方图。

如作 1000 个服从正态 N(10,25) 的数据的直方图，其程序如下。

```
X = normrnd(10,5,1000,1);
z = hist(X);
```

输出的 hist 直方图如图 1.4 所示。

采用下面的程序也可以实现相同的功能。

```
X = normrnd(10,5,1000,1);
[count,center] = hist(X);
bar(center,count);
```

输出的 bar 直方图如图 1.5 所示。

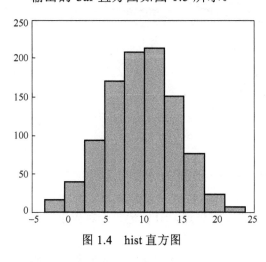

图 1.4　hist 直方图

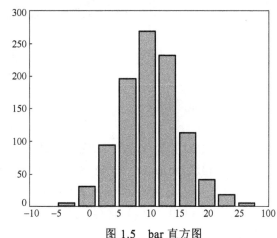

图 1.5　bar 直方图

（4）二维图形注释命令 grid

功能　给图形的坐标面增加分隔线。该命令会对当前坐标轴的属性有影响。

用法　grid on：给当前的坐标轴增加分隔线。

grid off：从当前的坐标轴中去掉分隔线。

grid：切换是否显示分隔线。

grid(axes_handle,on|off)：控制坐标轴 axes_handle 是否显示分隔线。

（5）空间曲线作图

与二维曲线作图 plot 相对应，MATLAB 提供了三维曲线作图 plot3。只要有三维向量，就可直接调用该函数。调用格式为：

```
plot3(x,y,z,'s')
```

其中，x、y 和 z 是长度相同的向量；s 表示线形和颜色，线形和颜色可以不设定，采用默认方式即可。

下面以作空间螺旋线为例，其程序如下（见 chap1_5.m）。

```
t = 0:0.01:8*pi;
```

```
x = cos(t);
y = sin(t);
z = t;
plot3(x,y,z,'r');
```

空间曲线图如图 1.6 所示。

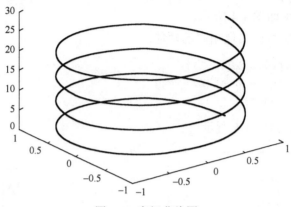

图 1.6　空间曲线图

（6）三维曲面作图

命令 1 mesh

功能　生成由 X，Y 和 Z 指定的网线面。

用法　利用 mesh(X,Y,Z) 画出三维网格图，并且与曲面的高度相匹配。

① 若 X 与 Y 均为向量，length(X) = n，length(Y) = m，而 [m,n] = size(Z)，空间中的点 (X(i),Y(j),Z(i,j)) 为所画曲面网线的交点，分别地，X 对应于 Z 的列，Y 对应于 Z 的行。

② 若 X 与 Y 均为矩阵，则空间中的点 (X(i,j),Y(i,j),Z(i,j)) 为所画曲面网线的交点。

mesh(Z) 由 [m, n] = size(Z) 可得，X = 1:n 与 Y = 1:m，其中，Z 是定义在矩形划分区域上的单值函数。

如画 z = cosx*siny 曲面图，程序如下（见 chap1_6.m）。

```
[X,Y] = meshgrid(-3:0.1:3,-4:0.1:4);
Z = cos(X)*sin(Y);
mesh(X,Y,Z);
xlabel('x');
ylabel('y');
zlabel('z');
```

利用 mesh 画图实例如图 1.7 所示。

命令 2　surf

功能　在矩形区域内显示三维带阴影的曲面图。

用法　surf(Z) 用于生成一个由矩阵 Z 确定的三维带阴影的曲面图，其中 [m,n] = size(Z)，而 X = 1:n，Y = 1:m。高度 Z 为定义在一个矩形区域内的单值函数，Z 同时指定曲面高度数据的颜色，所以颜色对于曲面高度是匹配的。

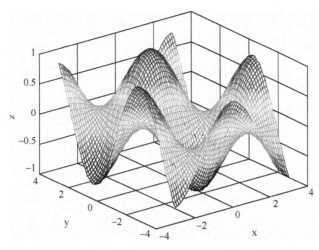

图 1.7　mesh 画图实例

surf(X,Y,Z) 中的数据 Z 同时为曲面高度，也是颜色数据。X 和 Y 为定义 X 坐标轴和 Y 坐标轴的曲面数据。若 X 与 Y 均为向量，length(X) = n，length(Y) = m，而 [m,n] = size(Z)，在这种情况下，空间曲面上的节点为 (X(i),Y(j),Z(i,j))。

相关程序如下（见 chap1_7.m）。

```
[X,Y] = meshgrid(-3:0.1:3,-4:0.1:4);
Z = cos(X)*sin(Y);
surf(X,Y,Z);
xlabel('x');
ylabel('y');
zlabel('z');
```

surf 画图实例如图 1.8 所示。

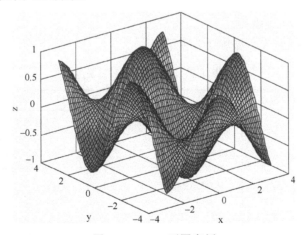

图 1.8　surf 画图实例

2. 基本语句

（1）for 语句

```
for  x = a:d:b
```

```
    (command)
  end
```

其中，a 为起始点，b 为终止点，d 为区间间隔。循环体内为执行语句。

如求 1+3+5+…+99。用 for 语句实现的程序如下。

```
s = 0;
for i = 1:2:99
    s = s+i;
end
s
```

结果为 2500。

（2）while 语句

```
while expression
    (command)
end
```

当遇到 while 指令时，首先检测 expression 值，当 expression 值为真时，执行循环体中语句，并循环执行，直到 expression 值为假才结束循环。

如求 1+3+5+…+99。用 while 语句实现的程序如下（见 chap1_8.m）。

```
s = 0;
 i = 1;
 while i<100
  s = s+i;
  i = i+2;
end
 s
```

（3）if…else…end 语句

该语句通常有三种形式，如表 1.1 所示。

表 1.1　if 语句的三种形式

单 分 支	双 分 支	多 分 支
if expression 　(command) 　end	if expression 　(command1) else 　(command2) 　　end	if expression1 　(command1) elseif expression2 　(command2) ... else 　(commandn) 　end

如用该语句分别求 1～100 中被 3 整除余 1 的数的和（s1），被 3 整除余 2 的数的和（s2），被 3 整除的数的和（s3）。程序如下（见 chap1_9.m）。

```
s1 = 0;s2 = 0; s3 = 0;
for i = 1:100
```

```
if(mod(i,3) == 1)s1 = s1+i;
elseif (mod(i,3) == 2)    s2 = s2+i;
else  s3 = s3+i;      end
end
fprintf('s1 = %3d  s2 = %3d  s3 = %3d\n',s1,s2,s3);
```

输出结果如下：

```
s1 = 1717  s2 = 1650  s3 = 1683
```

3．M 文件

MATLAB 中的 M 文件有两种：脚本 M 和函数 M。一个比较复杂的程序通常需要反复调试，而我们通常也要编写一大段程序，这时通常可建立一个脚本 M 文件将其存储起来，以便于随时调用计算。脚本 M 文件就是许多命令的简单组合。

建立脚本 M 文件的方法是：在 MATLAB 窗口中，依次单击"File"→"New"→"M-File"菜单命令。打开脚本 M 文件编辑窗口，在该窗口中输入程序，再以.m 为扩展名存储。若要运行该 M 文件，则可按 F5 键或在命令窗口中输入该文件名，然后按回车键即可。

当要编写一个函数便于主程序调用时，通常也需要将该函数写为 M 文件。这种 M 文件称为函数 M 文件。

函数 M 文件是文件名后缀为.m 的文件，这类文件的第一行必须以特殊字符 function 开始，格式为：

```
function    因变量名 = 函数名(自变量名)
```

下面各行是从自变量计算因变量的语句，可以有几条语句，也可以有很多语句。注意，一定要将最后的计算结果赋给因变量。特别要注意的是 M 文件的文件名必须与函数名完全一致。

函数 M 文件和脚本 M 文件主要存在以下差异。

（1）函数 M 文件的文件名必须与函数名相同，而脚本 M 文件则可以取任意合法的文件名。

（2）脚本 M 文件没有输入与输出参数，而函数 M 文件有输入与输出参数，对函数进行调用时，可以按少于函数 M 文件规定的输入与输出变量个数，但不能多于函数 M 文件规定的输入与输出变量个数。

（3）脚本 M 文件运行产生的所有变量都是全局变量，而函数 M 文件运行产生的所有变量除特别声明外都是局部变量。

如计算函数 $z = (x^2 - 2x) \cdot e^{-x^2-y^2-xy}$ 在点(0.1,0.2)处的函数值。

编写 M 文件 fun.m，相关程序如下。

```
function z = fun(x)
z = (x(1)^2-x(1)*2)*exp(-x(1)^2-x(2)^2-x(1)*x(2));
return;
```

在命令窗口中输入

```
>>x = [0.1,0.2]
>>z = fun(x)
```

得到的输出结果为：

```
z = -0.1772
```

1.3　LINGO 编程简介与实例

LINGO 是一种专门用于求解数学规划问题的软件包。由于 LINGO 执行速度快，易于方便地输入、求解和分析数学规划问题，因此在教学、科研和工业界得到广泛应用。LINGO 主要用于求解线性规划、非线性规划、二次规划和整数规划等问题，也可以用于求解一些线性方程组和非线性方程组及代数方程等问题。

本节介绍的 LINGO 可在 LINGO 5.0、LINGO 9.0、LINGO 12.0 及更高版本中使用。

1．LINGO 使用介绍

（1）LINGO 编写格式

LINGO 模型以 MODEL 开始，以 END 结束，中间为语句，分为以下四大部分（SECTION）。

① 集合部分（SETS）：这部分以 SETS:开始，以 ENDSETS 结束。这部分的作用是定义必要的变量，便于后面通过编程进行大规模计算，就像 C 语言在程序的第一部分定义变量和数组一样。在 LINGO 中，这部分称为集合（SET）及其元素（MEMBER 或 ELEMENT，类似于数组的下标）和属性（ATTRIBUTE，类似于数组）。

LINGO 中的集合有两类：一类是原始集合（PRIMITIVE SETS），其格式为：

```
SETNAME/member list(or 1..n)/:
attribute,attribute,etc.
```

另一类是导出集合（DERIVED SETS），即引用其他集合定义的集合，其格式为：

```
SETNAME (set1, set2, etc.): attribute, attribute, etc.
```

若要在程序中使用数组，则必须在该部分进行定义；否则不需要该部分。

② 目标与约束：这部分定义了目标函数、约束条件等。一般要用到 LINGO 的内部函数，可在后面的具体应用中学习其功能与用法。在求解优化问题时，该部分是必需的。

③ 数据部分（DATA）：这部分以 DATA:开始，以 END DATA 结束。这部分的作用是对集合的属性（数组）输入必要的数值，其格式为：

```
attribute = value_list
```

该部分主要是方便数据的输入。

④ 初始化部分（INIT）：这部分以 INIT:开始，以 END INIT 结束。这部分的作用是对集合的属性（数组）定义初值，其格式为：

```
attribute = value_list
```

由于在非线性规划求解时，通常得到的是局部最优解，而局部最优解受输入的初值影响，因此通常可改变初值来得到不同的解，从而发现更优的解。

编写 LINGO 程序要注意以下两点。

① 对于所有的语句 SETS、ENDSETS、DATA、ENDDATA、INIT、ENDINIT 和 MODEL，在 END 后必须以一个分号 ";" 结尾。

② 使用 LINGO 在求解非线性规划时，已约定各变量非负。

③ 注意，在 LINGO 中的所有关键词或变量不区分大小写。后续程序中所有大小写视为一致，不影响程序运行。

（2）LINGO 内部函数使用详解

使用 LINGO 在建立优化模型时，可以引用大量的内部函数，这些函数以 "@" 符号开头。

① 常用的数学函数如下。

@ABS(X) 返回变量 X 的绝对数值。

@COS(X) 返回 X 的余弦值，X 的单位为弧度。

@EXP(X) 返回 e^x 的值，其中 e 为自然对数的底，即 2.71828… 。

@FLOOR(X) 向 0 靠近返回 X 的整数部分。如 @FLOOR(3.7)，则返回 3；@FLOOR(-3.7)，则返回 -3。

@LGM(X) 返回 Γ 函数的自然对数值。

@LOG(X) 返回变量 X 的自然对数值。

@SIGN(X) 返回变量 X 的符号值，当 X<0 时符号值为 -1；当 X>0 时符号值为 1。

@SIN(X) 返回 X 的正弦值，X 的单位为弧度。

@SMAX(X1, X2,…, XN) 返回一组值 X1, X2,…, XN 中的最大值。

@SMIN(X1, X2,…, XN) 返回一组值 X1, X2,…, XN 中的最小值。

@TAN(X) 返回 X 的正切值，X 的单位为弧度。

② 集合函数。集合函数的用法如下：

```
set_operator (set_name|condition:expression)
```

其中，set_operator 是集合函数名（见下）；set_name 是数据集合名；expression 部分是表达式；|condition 是条件，用逻辑表达式描述（无条件时可省略）。逻辑表达式中可有 3 种逻辑算符，包括 #AND#（与），#OR#（或），#NOT#（非），以及 6 种关系算符，包括 #EQ#（等于），#NE#（不等于），#GT#（大于），#GE#（大于或等于），#LT#（小于），#LE#（小于或等于）。

常见的集合函数如下。

@FOR(set_name: constraint_expressions) 对集合（set_name）中的每个元素独立地生成约束，约束由约束表达式（constraint_expressions）描述。

@MAX(set_name: expression) 返回集合中的表达式（expression）的最大值。

@MIN(set_name: expression) 返回集合中的表达式（expression）的最小值。

@SUM(set_name: expression) 返回集合中的表达式（expression）的和。

@SIZE(set_name) 返回数据集 set_name 中包含元素的个数。

@IN(set_name, set_element)，若数据集 set_name 中包含元素 set_element，则返回 1；否则返回 0。

③ 变量界定函数。变量界定函数对变量的取值范围进行限制，共有以下 4 种。

@BND(L,X,U) 限制 L<=X<=U。

@BIN(X)限制 X 的符号为 0 或 1。

@FREE(X)取消对 X 的符号限制（可取任意实数值）。

@GIN(X)限制 X 为整数值。

2. LINGO 求解优化模型实例

【例 1.1】　假设已知某昼夜服务的公交线路，现需要对该线路上的司机和乘务人员进行排班，班次表每天各时间区段内需司机和乘务人员如表 1.2 所示。

表 1.2　班次表　　　　　　　　　　　　　　　单位：人

班　　次	时　　间	最少需要人数
1	6:00—10:00	60
2	10:00—14:00	70
3	14:00—18:00	60
4	18:00—22:00	50
5	22:00—2:00	20
6	2:00—6:00	30

设司机和乘务人员分别在各时间区段的起始时刻开始上班，并连续工作 8 小时，问该公交线路至少配备多少名司机和乘务人员？从第一班开始排班，试建立线性模型。

分析与求解

注意，在某时间段内，上班的司机和乘务人员中，既包括在该时间段内开始时报到的人员，还包括在上一时间段内工作的人员。这是因为每一时间段只有 4 个小时，而每名司机和乘务人员却要连续工作 8 个小时。因此每班需要的人员应理解为在该班次和上一班次开始时报到的人员。

设 x_i 为第 i（$i=1,2,\cdots,6$）班报到人员，可得到目标函数和约束条件线性模型如下：

$$\min Z = \sum_{i=1}^{6} x_i$$

$$\text{s.t.}\begin{cases} x_6 + x_1 \geq 60 \\ x_1 + x_2 \geq 70 \\ x_2 + x_3 \geq 60 \\ x_3 + x_4 \geq 50 \\ x_4 + x_5 \geq 20 \\ x_5 + x_6 \geq 60 \\ x_1, x_2, \cdots, x_6 \geq 0 \end{cases}$$

LINGO 程序如下（见 chap1_10.lg4）。

```
MODEL:
min = x1 + x2 + x3 + x4 + x5 + x6;
 x1 + x6 >= 60;
 x1 + x2 >= 70;
 x2 + x3 >= 60;
```

```
      x3 + x4 >= 50;
      x4 + x5 >= 20;
      x5 + x6 >= 30;
   END
```

输出结果为：

```
   x1 = 60, x2 = 10, x3 = 50, x4 = 0, x5 = 30, x6 = 0;
```

故配备的司机和乘务人员最少为 150 人。

【例 1.2】　某公司在各地有 4 项业务，选定了 4 位业务员去处理。由于业务能力、经验和其他情况不同，4 位业务员去处理 4 项业务的费用各不相同，业务费用表如表 1.3 所示。

表 1.3　业务费用表　　　　　　　　　　　　　单位：元

业　务　员	业　　务			
	1	2	3	4
1	1100	800	1000	700
2	600	500	300	800
3	400	800	1000	900
4	1100	1000	500	700

问题：应当怎样分配任务，才能使总费用最小？

分析：表 1.4 为分配方式示例。

表 1.4　分配方式示例

0	0	0	1
0	1	0	0
1	0	0	0
0	0	1	0

解：这是一个最优指派问题。引入如下变量：

$$x_{ij} = \begin{cases} 1, & \text{若分派第}i\text{个人做第}j\text{项业务} \\ 0, & \text{若不分派第}i\text{个人做第}j\text{项业务} \end{cases}$$

设矩阵 $A_{4\times4}$ 为指派矩阵，其中，$a(i,j)$ 为第 i 个业务员做第 j 项业务的费用，则可以建立如下模型：

$$\min Z = \sum_{i=1}^{4}\sum_{j=1}^{4} a_{ij}x_{ij}$$

$$\text{s.t.} \begin{cases} \sum_{i=1}^{4} x_{ij} = 1, & j = 1,2,3,4 \\ \sum_{j=1}^{4} x_{ij} = 1, & i = 1,2,3,4 \\ x_{ij} = 0 \text{ 或 } 1, & i,j = 1,2,3,4 \end{cases}$$

LINGO 程序如下（见 chap1_11.lg4）。

```
MODEL:
SETS:
person/1..4/;
task/1..4/;
assign(person,task):a,x;
ENDSETS
DATA:
a = 1100,800,1000,700,
    600,500,300,800,
400,800,1000,900,
1100,1000,500,700;
ENDDATA
min = @sum(assign:a*x);
@for(person(i):@sum(task(j):x(i,j))= 1);
@for(task(j):@sum(person(i):x(i,j))= 1);
@for(assign(i,j):@bin(x(i,j)));
END
```

输出的结果为：

```
x(1,1)= 0,x(1,2)= 0,x(1,3)= 0,x(1,4)= 1;
x(2,1)= 0,x(2,2)= 1,x(2,3)= 0,x(2,4)= 0;
x(3,1)= 1,x(3,2)= 0,x(3,3)= 0,x(3,4)= 0;
x(4,1)= 0,x(4,2)= 0,x(4,3)= 1,x(4,4)= 0;
```

故最小费用为 2100 元。即第 1 个业务员做第 4 项业务，第 2 个业务员做第 2 项业务，第 3 个业务员做第 1 项业务，第 4 个业务员做第 3 项业务。此时，总费用达到最小，为 2100 元。

LINGO 程序中输入的数据也可以从文本文件中读入，特别是当数据比较多时，将程序与数据分开，显得更方便。程序 chap1_11.lg4 也可以写成如下内容（见 chap1_12）。

```
MODEL:
SETS:
person/1..4/;
task/1..4/;
assign(person,task):a,x;
ENDSETS
DATA:
a = @file("d:\dat\chap1_data.txt");
ENDDATA
min = @sum(assign:a*x);
@for(person(i):@sum(task(j):x(i,j))= 1);
@for(task(j):@sum(person(i):x(i,j))= 1);
@for(assign(i,j):@bin(x(i,j)));
END
```

同时，在 d 盘 dat 目录下建立文本文件 chap1_data.txt，数据如下：

```
1100,800,1000,700
600,500,300,800
```

```
400,800,1000,900
1100,1000,500,700
```

该程序的输出结果同上。

【例 1.3】　已知有 4 种资源被用于生产 3 种产品，4 种资源（资源量、单件可变费用、单件售价、固定费用）及组织 3 种商品生产的固定费用如表 1.5 所示。现要求制订一个生产计划，使总收益最大。

表 1.5　数据详细表

资源	商品种类			资源量
	I	II	III	
A	2	4	8	500
B	2	3	4	300
C	1	2	3	100
D	3	5	7	700
单件可变费用/元	4	6	12	—
固定费用/元	100	150	200	—
单件售价/元	7	10	20	—

解：总收入等于销售收入减去生产产品的固定费用与可变费用。问题的困难之处在于事先不知道某种产品是否生产，因而不能确定是否有相应的固定费用。可引入用 0-1 变量来解决是否需要固定费用问题。

设 x_j 是第 j（$j=1,2,3$）种产品的产量，再设

$$y_j = \begin{cases} 1, & \text{若生产第}j\text{种产品（}x_j>0\text{）} \\ 0, & \text{若不生产第}j\text{种产品（}x_j=0\text{）} \end{cases}, \qquad j=1,2,3$$

销售一件第 I 种产品可收入 $7-4=3$（元），销售一件第 II 种产品可收入 $10-6=4$（元），销售一件第 III 种产品可收入 $20-12=8$（元）。

建立问题的整数规划模型为

$$\max Z = 3x_1 + 4x_2 + 8x_3 - 100y_1 - 150y_2 - 200y_3$$

$$\text{s.t.} \begin{cases} 2x_1 + 4x_2 + 8x_3 \leqslant 500 \\ 2x_1 + 3x_2 + 4x_3 \leqslant 300 \\ x_1 + 2x_2 + 3x_3 \leqslant 100 \\ 3x_1 + 5x_2 + 7x_3 \leqslant 700 \\ x_1 \leqslant M_1 y_1 \\ x_2 \leqslant M_2 y_2 \\ x_3 \leqslant M_3 y_3 \\ x_j \geqslant 0\text{且为整数}, j=1,2,3 \\ y_j = 0\text{或}1, j=1,2,3 \end{cases}$$

M_j 为 x_j 的某个上界，可取 $M=150$。如根据第 2 个约束条件，可取 $M_1=150, M_2=100$，$M_3=75$，也可统一取其最大值 $M=150$。

若生产第 j 种产品，则产量 $x_j > 0$。由约束条件 $x_j \leqslant M_j y_j$ 可知，$y_j = 1$，此时需要考虑相应的生产第 j 种产品的固定费用。

若不生产第 j 种产品，则产量 $x_j = 0$。由约束条件 $x_j \leqslant M_j y_j$ 可知，y_j 可为 0，也可为 1。但显然只有 $y_j = 0$ 有利于目标函数最大，从而不需要考虑相应的生产第 j 种产品的固定费用，因此引入 y_j 是合理的。

LINGO 程序如下（见 chap1_13.lg4）。

```
MODEL:
DATA:
M = 150;
ENDDATA
max = 3*x1+4*x2+8*x3-100*y1-150*y2-200*y3;        !目标函数;
2*x1+4*x2+8*x3< = 500;
2*x1+3*x2+4*x3< = 300;
x1+2*x2+3*x3< = 100;
3*x1+5*x2+7*x3< = 700;
x1< = M*y1;
x2< = M*y2;
x3< = M*y3;
@GIN(x1);@GIN(x2);@GIN(x3);                       !指定产品件数为整数;
@BIN(y1);@BIN(y2);@BIN(y3);                       !指定 0-1 变量;
End
```

输出结果为：

```
x1 = 100,x2 = 0,x3 = 0,y1 = 1,y2 = 0,y3 = 0
```

故最大值为 $Z = 200$ 元。

第2章 趣味数学建模问题

本章通过几个经典的智力问题，讲解状态转移与图论模型的巧妙结合。对这些问题，通常并不需要数学知识进行求解，但我们可以利用数学知识建立数学模型，然后将问题转化为标准图论模型进行求解。

2.1 状态转移模型巧用

问题1 人、狼、羊、菜渡河问题

一个摆渡人希望用一条小船把一头狼、一只羊和一篮菜从一条河的左岸渡到右岸，而船小只能容纳人、狼、羊、菜其中的两种，决不能在无人看守的情况下单独留下狼和羊，也不允许羊和菜单独在一起，应怎样渡河才能将人、狼、羊、菜都运过去？

解： 采用试探法可以得到以下两种方案。

方法1：

人、羊(去)→人(回)→人、狼(去)→人、羊(回)→人、菜(去)→人(回)→人、羊(去)

方法2：

人、羊(去)→人(回)→人、菜(去)→人、羊(回)→人、狼(去)→人(回)→人、羊(去)

对于这样的问题，如何采用数学的方法来获得最优解呢？这是我们要解决的问题。下面给出数学模型求解过程。

模型建立与求解

用 (x_1, x_2, x_3, x_4) 作为状态变量表示人、狼、羊、菜在左岸的状态，$x_1 = 0$ 表示人在右岸，$x_1 = 1$ 表示人在左岸。如 $(1,0,1,0)$ 表示人和羊在左岸，狼和菜在右岸。根据问题的要求，我们知道共有 10 个状态是安全的。该集合 S 为

$$S = \{(1,1,1,1), (1,1,1,0), (1,1,0,1), (1,0,1,1), (1,0,1,0), (0,0,0,0), (0,0,0,1), (0,0,1,0), (0,1,0,0), (0,1,0,1)\}$$

所有状态之间可转移关系可以通过图 2.1 表示。如状态 $(1,1,1,1)$ 转化为 $(0,1,0,1)$，表示人将羊运到右岸，反之也可以。初始状态到目标状态连接图如图 2.2 所示。

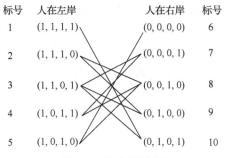

图 2.1 状态转移图

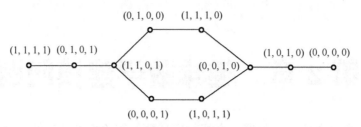

图 2.2　初始状态到目标状态连接图

由图 2.2 容易看出，从初始状态 (1,1,1,1) 到目标状态 (0,0,0,0) 的最短路径共有两条，都为 7 步。

问题 2　商人过河问题

有 3 名商人各带 1 名仆人乘船渡河，小船只能容纳两个人，由他们自己划船。仆人们约定，只要任意岸上的仆人的人数比商人多，仆人就杀人越货。但是如何乘船的大权掌握在商人手里。问商人怎样才能安全渡河？

问题分析

安全渡河问题是一个多步决策问题。每一步（即船由此岸驶向彼岸或从彼岸回到此岸）都要对船上的商人和仆人的个数做出决策。在保证安全的前提下，在有限步内使全部人员过河。采用状态变量表示某一岸的人员状况，决策变量表示船上人员状况。可以找出状态随决策变化的规律，问题转化为在状态允许范围内（安全渡河的条件），确定每一步的决策，达到安全渡河的条件。

模型建立

设第 k 次渡河前此岸的商人数为 x_k，仆人数为 y_k，$k=1,2,\cdots$。因此状态变量为 (x_k,y_k)，其中，x_k 与 y_k 的取值为 0,1,2,3。安全渡河条件下的状态集合为允许的状态集合，记作 S。容易知道该集合为

$$S = \{(0,0),(0,1),(0,2),(0,3),(3,0),(3,1),(3,2),(1,1),(2,2),(3,3)\}$$

S 共有 10 种状态。每种安全状态是指既要满足此岸安全，同时彼岸也要安全。

模型求解

方法一：直观法。对该问题，我们可以采用图解的方法进行直观求解。

在如图 2.3 所示的 xOy 平面上，画 3 行 3 列的格子。每个格子点 (x,y) 表示一种此岸状态。允许的 10 个状态在图 2.3 上用黑点标出。每次决策为过去或回来，过去时采用向下走 1～2 个格子，或者向左走 1～2 个格子，或者向左下走 2 个格子。回来时采用向上走 1～2 个格子，或者向右走 1～2 个格子，或者向右上走 2 个格子。每过去一次同时需要回来一次，直到从初始状态 (3,3) 到达目标状态 (0,0) 为止。求解过程如同下棋，详细过程见图 2.3 标出的箭头方向。

方法二：图论求解

方法一采用的是如下棋一样的手工操作。通常只能找到可行解，不能保证是最优解，而且通常不具有一般性。这里我们采用图论的方法进行一般求解。

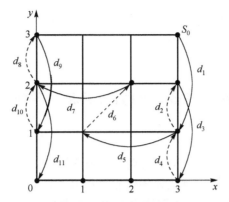

图 2.3　安全渡河示意图

由图 2.3 知，此岸共有 10 种状态，每种状态用二维向量 (x,y) 来表示。我们考虑每种状态可以转化的其他状态，由此构成一个图。但一种状态能否转化为另一种状态，不但与该状态是否安全有关，而且与船在此岸还是在彼岸有关。

为统一考虑状态之间的转化，我们采用三维向量 (x,y,z) 来表示。x 表示此岸商人人数（$x=0,1,2,3$），y 表示此岸仆人人数 $y=0,1,2,3$，z 表示船在此岸还是彼岸（$z=1$ 表示船在此岸，$z=0$ 表示船在彼岸），则共有 20 个状态，可建立具有 20 个顶点的图。

根据船每次最多装两个人，容易建立状态之间的转化关系。我们容易得到 20 种状态之间的转化关系，如图 2.4 所示。该图对 20 个状态分别标号，同时给出了各个状态之间的转化，两个状态之间的转化是相互的。对该图重新用标号进行连接，得到如图 2.5 所示的连接图（相连的两点表示两种状态之间可互相转化）。问题转化为求顶点 1 到顶点 20 的最短路径问题。显然由图 2.5 可知，最短路为：

$1\to13\to2\to14\to3\to16\to5\to18\to7\to19\to8\to20$ 或 $1\to15\to2\to14\to3\to16\to5\to18\to7\to19\to8\to20$。

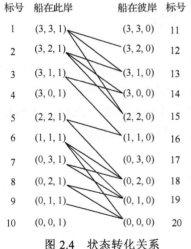

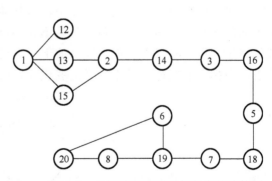

图 2.4　状态转化关系　　　　图 2.5　从初始状态到目标状态的连接图

故最短路径长度为 11，即最少经过 11 步可以由初始状态 $(3,3)$ 转化到目标状态 $(0,0)$，完成安全渡河。使用状态向量表示为（只表示此岸状态）：

$(3,3)\to(3,1)\to(3,2)\to(3,0)\to(3,1)\to(1,1)\to(2,2)\to(0,2)\to(0,3)\to(0,1)\to(0,2)\to(0,0)$ 或

$(3,3)\rightarrow(2,2)\rightarrow(3,2)\rightarrow(3,0)\rightarrow(3,1)\rightarrow(1,1)\rightarrow(2,2)\rightarrow(0,2)\rightarrow(0,3)\rightarrow(0,1)\rightarrow(0,2)\rightarrow(0,0)$。

故共有两种步数最少的渡河方法。

问题 3 等分酒问题

现有一个装满 8 斤酒的瓶子和两个分别装 5 斤和 3 斤酒的空瓶,如何才能将这 8 斤酒分成两等份?

解:手工操作法

设状态向量为(a,b,c),其中 a 表示装满 8 斤酒的瓶子,b 表示装满 5 斤酒的空瓶,c 表示装满 3 斤酒的空瓶。将该问题转化为如何使初始状态$(8,0,0)$达到目标状态$(4,4,0)$。其操作过程必须满足条件:任意两个瓶子之间操作必须满足其中一个瓶子清空或另一个瓶子装满。利用状态转移的方法和图论知识进行求解。

从初始状态$(8,0,0)$开始,依次推出新出现的状态,由新出现的状态再推出更新的状态,直到不能推出新状态为止,如图 2.6 所示。

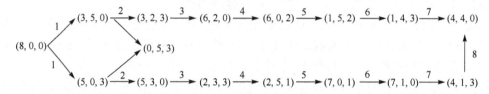

图 2.6 等分酒问题的状态转移图

从图 2.6 容易看出,从初始状态$(8,0,0)$到目标状态$(4,4,0)$有两种路径:一种方式是采用上面的路径,通过 7 步实现;另一种方式是采用下面的路径,通过 8 步实现。当然采用上面的方式是最少步数的方式。实现过程为:

$(8,0,0)\rightarrow(3,5,0)\rightarrow(3,2,3)\rightarrow(6,2,0)\rightarrow(6,0,2)\rightarrow(1,5,2)\rightarrow(1,4,3)\rightarrow(4,4,0)$

2.2 棋子颜色问题

任意拿出黑白两种颜色的棋子共 n 个,将其随机排成一个圆圈;然后在两颗颜色相同的棋子中间放一颗黑色棋子,在两颗颜色不同的棋子中间放一颗白色棋子,放完后拿走原来所放的棋子,再重复以上过程,这样放下一圈后就拿走前一次的一圈棋子,问这样重复进行下去,各棋子的颜色会发生怎样的变化呢?棋子颜色变化示意图如图 2.7 所示。

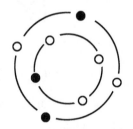

图 2.7 棋子颜色变化示意图

分析与求解

由于在两颗同色棋子中放一颗黑色棋子，两颗不同色的棋子中间放一颗白色棋子，故可将黑色棋子用 1 表示，白色棋子用 -1 表示。这是因为 $-1\times(-1)=1$，$1\times 1=1$，这表示两颗同色棋子中放一颗黑色棋子；$1\times(-1)=-1$，这表示两颗不同色的棋子中间放一颗白色棋子。

设棋子数为 n，$a_1,a_2,\cdots,a_n$ 为初始状态。

当 $n=2$ 时

步数	状态	
0	a_1	a_2
1	a_1a_2	a_2a_1
2	a_1a_2	a_1a_2

经过两步，最后全为 1，即全变为黑色棋子。

当 $n=3$ 时，第 4 步进入第 1 步状态，从而开始循环。

步数	状态（舍掉偶次项）		
0	a_1	a_2	a_3
1	a_1a_2	a_2a_3	a_3a_1
2	a_1a_3	a_1a_2	a_2a_3
3	a_2a_3	a_1a_3	a_1a_2
4	a_1a_2	a_2a_3	a_3a_1

说明当 $n=3$ 时，经过 3 步进入初始状态。

当 $n=4$ 时

步数	状态（舍掉偶次项）			
0	a_1	a_2	a_3	a_4
1	a_1a_2	a_2a_3	a_3a_4	a_4a_1
2	a_1a_3	a_2a_4	a_1a_3	a_2a_4
3	$a_1a_2a_3a_4$	$a_1a_2a_3a_4$	$a_1a_2a_3a_4$	$a_1a_2a_3a_4$
4	$a_1^2a_2^2a_3^2a_4^2$	$a_1^2a_2^2a_3^2a_4^2$	$a_1^2a_2^2a_3^2a_4^2$	$a_1^2a_2^2a_3^2a_4^2$

说明当 $n=4$ 时，经过 4 步全变为黑色棋子。

当 $n=5$ 时

步数	状态（舍掉偶次项）				
0	a_1	a_2	a_3	a_4	a_5
1	a_1a_2	a_2a_3	a_3a_4	a_4a_5	a_5a_1
2	a_1a_3	a_2a_4	a_3a_5	a_1a_4	a_2a_5
3	$a_1a_2a_3a_4$	$a_2a_3a_4a_5$	$a_1a_3a_4a_5$	$a_1a_2a_4a_5$	$a_1a_2a_3a_5$
4	a_1a_5	a_1a_2	a_2a_3	a_3a_4	a_4a_5
5	a_2a_5	a_1a_3	a_2a_4	a_3a_5	a_1a_4
6	$a_1a_2a_3a_5$	$a_1a_2a_3a_4$	$a_2a_3a_4a_5$	$a_1a_3a_4a_5$	$a_1a_2a_4a_5$

说明当 $n=5$ 时，经过 6 步后，既不循环也不全为黑色棋子。

结论：当棋子数为 2^n 时，至多经过 2^n 次操作，就可以将棋子全部变为黑色棋子；当棋子数不为 2^n 时，一般不能全变为黑色棋子。

MATLAB 程序如下（见 chap2_1.m）。

```
%棋子颜色问题演示
%1——黑色棋子，-1——白色棋子
n = 4;                           %定义棋子数
times = 6;                       %定义迭代次数
x0 = zeros(1,n);
x1 = zeros(1,n);                 %定义数组
for i = 1:n
 k = rand(1,1);
 if(k > 0.5)x0(i) = 1;
 else x0(i) = -1;
 end
end;                             %赋初值
x0
for i = 1:times
  i
  for k = 1:n - 1
   x1(k)= x0(k) * x0(k + 1);
  end
  x1(n)= x0(n) * x0(1);
  x1                             %显示各次结果
  x0 = x1;
end
```

程序语句解释：

（1）zeros(m,n)产生一个 m*n 的 0 矩阵，通常用于定义一个指定大小的矩阵。zeros(1,n)则产生一个全部为 0 的行向量。

（2）rand(m,n)产生一个 m*n 的随机矩阵，每个元素都服从[0,1]上的均匀分布。rand(1,1)则产生一个服从[0,1]上的均匀分布的数字。

2.3 四人追逐问题

如图 2.8 所示，在正方形 *ABCD* 的 4 个顶点上各有一个人。设在初始时刻 $t=0$ 时，4 个人同时出发，以速度 v 匀速沿顺时针走向下一个人。如果他们始终以下一个人的位置为目标，最终结果会如何？分别画出 4 个人的运动轨迹。

解：该问题可以通过计算机模拟来实现，需要将时间离散化。设时间间隔为 Δt ，j 时刻表示时间 $t=j \cdot \Delta t$ 。设第 i 个人 j 时刻的位置坐标为 $(x_{ij}, y_{ij}),(i=1,2,3,4 \quad j=1,2,3,\cdots)$ 。位置坐标示意图如图 2.9 所示。

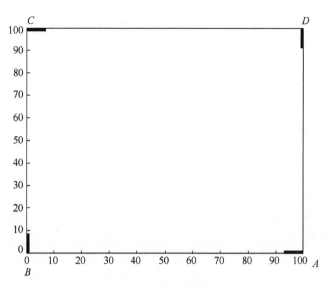

图 2.8　追逐示意图

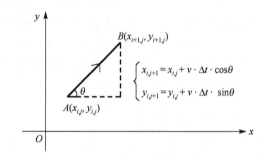

图 2.9　位置坐标示意图

前面 3 个人的位置表达式为

$$\begin{cases} x_{i,j+1} = x_{i,j} + v \cdot \Delta t \cdot \cos\theta \\ y_{i,j+1} = y_{i,j} + v \cdot \Delta t \cdot \sin\theta \end{cases}, \quad i = 1,2,3 \tag{2.1}$$

其中

$$\cos\theta = \frac{x_{i+1,j} - x_{i,j}}{\sqrt{(x_{i+1,j} - x_{i,j})^2 + (y_{i+1,j} - y_{i,j})^2}}, \quad i = 1,2,3$$

$$\sin\theta = \frac{y_{i+1,j} - y_{i,j}}{\sqrt{(x_{i+1,j} - x_{i,j})^2 + (y_{i+1,j} - y_{i,j})^2}}, \quad i = 1,2,3$$

第 4 个人的位置表达式为

$$\begin{cases} x_{4,j+1} = x_{4,j} + v \cdot \Delta t \cdot \cos\theta \\ y_{4,j+1} = y_{4,j} + v \cdot \Delta t \cdot \sin\theta \end{cases} \tag{2.2}$$

其中

$$\cos\theta = \frac{x_{1,j} - x_{4,j}}{\sqrt{(x_{1,j} - x_{4,j})^2 + (y_{1,j} - y_{4,j})^2}}$$

$$\sin\theta = \frac{y_{1,j} - y_{4,j}}{\sqrt{(x_{1,j} - x_{4,j})^2 + (y_{1,j} - y_{4,j})^2}}$$

MATLAB 实现程序如下（见 chap2_2.m）。

```
%模拟运动
clear;
n = 240;
x = zeros(4,n);
y = zeros(4,n);
dt = 0.05;                        %时间间隔
v = 10;                           %速度

x(1,1)= 100; y(1,1)= 0;           %第 1 个人的初始坐标
x(2,1)= 0;   y(2,1)= 0;           %第 2 个人的初始坐标
x(3,1)= 0;   y(3,1)= 100;         %第 3 个人的初始坐标
x(4,1)= 100; y(4,1)= 100;         %第 4 个人的初始坐标


for j = 1:n-1
   for i = 1:3
 d = sqrt((x(i+1,j)-x(i,j))^2+(y(i+1,j)-y(i,j))^2);
      %第(i+1)个人和第 i 个人距离
 cosx = (x(i+1,j)-x(i,j))/d;      %求 cos 值
 sinx = (y(i+1,j)-y(i,j))/d;      %求 sin 值
 x(i,j+1)= x(i,j)+v*dt*cosx;      %求新 x 坐标
 y(i,j+1)= y(i,j)+v*dt*sinx;      %求新 y 坐标
   end %考虑第 1、2、3 人运动一步
    d = sqrt((x(1,j)-x(4,j))^2+(y(1,j)-y(4,j))^2);
    %第 4 个人和第 1 个人之间的距离
    cosx = (x(1,j)-x(4,j))/d;     %求 cos 值
    sinx = (y(1,j)-y(4,j))/d;     %求 sin 值
    x(4,j+1)= x(4,j)+v*dt*cosx;   %求第 4 个人的新 x 坐标
    y(4,j+1)= y(4,j)+v*dt*sinx;   %求第 4 个人的新 y 坐标
    plot(x(1,j),y(1,j),'r.',x(2,j),y(2,j),'b.',x(3,j),y(3,j),'g.',
x(4,j),y(4,j),'y.')                %作点图
    hold on
pause(0.1)                        %暂停 0.1s
end
```

模拟结果如图 2.10 所示。

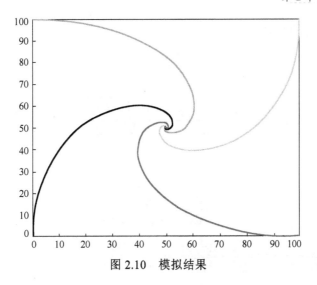

图 2.10　模拟结果

2.4　舰艇追击问题

某缉私舰雷达发现距 $d = 10\text{km}$ 处有一艘走私船正以匀速 $u = 8\text{km/h}$ 沿直线行驶，缉私舰立即以速度 $v = 12\text{km/h}$ 追赶，若用雷达进行跟踪，则保持缉私舰的瞬时速度方向始终指向走私船，试求缉私舰追逐路线和追上走私船的时间。

1．理论求解

该问题采用微分方程求解，其坐标示意图如图 2.11 所示。

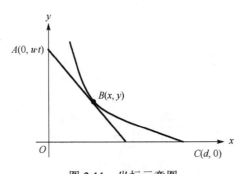

图 2.11　坐标示意图

如图 2.11 建立坐标系，设开始时走私船位于坐标原点，沿 y 轴以速度 u 行驶，t 时刻位置为 $A(0, u \cdot t)$，开始缉私舰位于 x 上的点 $C(d, 0)$。缉私舰沿走私船方向以速度 v 运动，t 时刻位置为 $B(x, y)$。直线 AB 与缉私舰行走路线相切，故几何关系有

$$\frac{\mathrm{d}y}{\mathrm{d}x} = \tan\alpha = \frac{y - ut}{x} \tag{2.3}$$

即

$$x \cdot \frac{\mathrm{d}y}{\mathrm{d}x} = y - ut \tag{2.4}$$

对式（2.4）两边的 x 求导有

$$x \cdot \frac{\mathrm{d}^2 y}{\mathrm{d}x^2} = -u \frac{\mathrm{d}t}{\mathrm{d}x} \tag{2.5}$$

$$\frac{\mathrm{d}t}{\mathrm{d}x} = \frac{\mathrm{d}t}{\mathrm{d}s} \cdot \frac{\mathrm{d}s}{\mathrm{d}x} = -\frac{1}{v} \cdot \sqrt{1 + \left(\frac{\mathrm{d}y}{\mathrm{d}x}\right)^2}$$

则

$$x \cdot \frac{\mathrm{d}^2 y}{\mathrm{d}x^2} = \frac{u}{v} \sqrt{1 + \left(\frac{\mathrm{d}y}{\mathrm{d}x}\right)^2} \tag{2.6}$$

令 $k = \frac{u}{v} < 1$，$\frac{\mathrm{d}y}{\mathrm{d}x} = p$，则 $\frac{\mathrm{d}^2 y}{\mathrm{d}x^2} = \frac{\mathrm{d}p}{\mathrm{d}x}$。

方程转换为

$$x \cdot \frac{\mathrm{d}p}{\mathrm{d}x} = k\sqrt{1 + p^2} \tag{2.7}$$

初始条件为

$$p(d) = \frac{\mathrm{d}y}{\mathrm{d}x}\bigg|_{x=d} = 0$$

则方程转换为

$$\begin{cases} \frac{\mathrm{d}p}{\sqrt{1+p^2}} = \frac{k}{x} \cdot \mathrm{d}x \\ p(d) = 0 \end{cases} \tag{2.8}$$

对式（2.8）两边积分有

$$\ln\left(p + \sqrt{1+p^2}\right) = \ln\left(\frac{x}{d}\right)^k \tag{2.9}$$

$$p = \frac{\mathrm{d}y}{\mathrm{d}x} = \frac{1}{2}\left[\left(\frac{x}{d}\right)^k - \left(\frac{d}{x}\right)^k\right] \tag{2.10}$$

初始条件为 $y(d) = 0$。两边积分得到追击曲线为

$$y = \frac{d}{2}\left[\frac{1}{1+k}\left(\frac{x}{d}\right)^{1+k} - \frac{1}{1-k}\left(\frac{x}{d}\right)^{1-k}\right] + \frac{d \cdot k}{1-k^2} \tag{2.11}$$

当 $x = 0$ 时，走私船的坐标 $y = \frac{d \cdot k}{1-k^2} = \frac{d \cdot v \cdot u}{v^2 - u^2}$。

所花时间为

$$t = \frac{y}{u} = \frac{d \cdot v}{v^2 - u^2}$$

已知 $d = 10$，$u = 8$，$v = 12$，则走私船坐标 $y = 12\,\mathrm{km}$，所花时间 $t = 1.5\,\mathrm{h}$。

2．计算机模拟

该问题可以通过计算机仿真来实现，需要将时间离散化。设时间间隔为 Δt，j 时刻表示时间 $t = j \cdot \Delta t$。设走私船 j 时刻的位置坐标为 $(x_{1,j}, y_{1,j}), (j=1,2,3,\cdots)$，缉私舰 j 时刻的位置坐标为 $(x_{2,j}, y_{2,j}), (j=1,2,3,\cdots)$，则走私船 j 时刻运动表达式为

$$\begin{cases} x_{1,j} = 0 \\ y_{1,j} = u \cdot j \cdot \Delta t \end{cases}, \quad j=1,2,\cdots$$

缉私舰 j 时刻运动离散表达式为

$$\begin{cases} x_{2,j+1} = x_{2,j} + v \cdot \Delta t \cdot \cos\theta \\ y_{2,j+1} = y_{2,j} + v \cdot \Delta t \cdot \sin\theta \end{cases}, \quad j=1,2,\cdots \tag{2.12}$$

其中

$$\cos\theta = \frac{x_{1,j} - x_{2,j}}{\sqrt{(x_{1,j} - x_{2,j})^2 + (y_{1,j} - y_{1,j})^2}}, \quad j=1,2,\cdots$$

$$\sin\theta = \frac{y_{1,j} - y_{2,j}}{\sqrt{(x_{1,j} - x_{2,j})^2 + (y_{1,j} - y_{2,j})^2}}, \quad j=1,2,\cdots$$

仿真 MATLAB 程序如下（见 chap2_3.m）。

```
clear;
dt = 0.01;
 n = 151;
 d = 10;
 u = 8;
 v = 12;
 T = d*v/(v*v-u*u);                      %理论时间

x1 = zeros(n,1); y1 = zeros(n,1);
x2 = zeros(n,1); y2 = zeros(n,1);
x1(1)= 0; y1(1)= 0;                      %走私船的开始位置
x2(1)= d; y2(1)= 0;                      %缉私舰的开始位置

plot([0,0],[0,15]);                      %限定图形范围
hold on
 %仿真曲线
for j = 1:n-1
   x1(j)= 0;                             %走私船的横坐标
   y1(j)= (j+1)*dt*u;                    %走私船的纵坐标
   ct = (x1(j)-x2(j))/sqrt((x1(j)-x2(j))^2+(y1(j)-y2(j))^2);
   st = (y1(j)-y2(j))/sqrt((x1(j)-x2(j))^2+(y1(j)-y2(j))^2);
   x2(j+1)= x2(j)+v*dt*ct;              %缉私舰的横坐标
   y2(j+1)= y2(j)+v*dt*st;              %缉私舰的纵坐标
   plot(x1(j),y1(j),'r.',x2(j),y2(j),'b.');   %动态演示追逐曲线
```

```
        hold on
        pause(0.1);
    end

    %理论曲线
    x = d:-0.01:0;
    k = u/v;
    y = d/2*((x/d).^(1+k)/(1+k)-(x/d).^(1-k)/(1-k))+d*k/(1-k^2);
    plot(x,y,'r');                                    %画出理论曲线
```

仿真曲线与理论曲线比较图如图 2.12 所示。

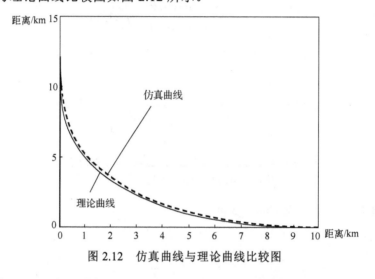

图 2.12　仿真曲线与理论曲线比较图

该程序动态展示了追逐过程，并且画出了仿真曲线和理论曲线，二者十分吻合。

2.5　等额还款问题

在银行贷款中，通常采用等额还款。假定银行贷款的年利率为 p，贷款为 K 元，分 m 年采用每月等额还款方式还清。问每月还款多少元？总共还款多少元？每月还款中还本金和利息各是多少元？分别考虑每月等额还款和每月等额还本金，并对比二者的不同。

如贷款是 160000 元，分 5 年还清，年利率为 4.032%。给出两种方案每月的还款额，以及各自总共还款是多少元？

方案一：每月等额还款

解： 设第 i 月还本金 x_i 元，月利率为 $r = p/12$，每月还款为 a 元，第 i 个月后所剩本金为 y_i。则第 n 个月后所剩本金为

$$y_n = y_{n-1} - x_n = K - \sum_{i=1}^{n} x_i$$

故第 1 个月共还款为

$$a = x_1 + Kr \tag{2.13}$$

第 2 个月还款满足

$$a = x_2 + y_1 r = x_2 + (K - x_1)r \tag{2.14}$$

第 3 个月还款满足

$$a = x_3 + y_2 r = x_3 + (K - x_1 - x_2)r \tag{2.15}$$

第 n 个月还款满足

$$a = x_n + y_{n-1}r = x_n + (K - x_1 - x_2 - \cdots - x_{n-1})r \tag{2.16}$$

第 $n+1$ 个月还款满足

$$a = x_{n+1} + y_n r = x_{n+1} + (K - x_1 - x_2 - \cdots - x_{n-1} - x_n)r \tag{2.17}$$

式（2.13）−式（2.14）有

$$x_2 = x_1(1+r)$$

式（2.14）−式（2.15）有

$$x_3 = x_2(1+r) = x_1(1+r)^2$$

式（2.16）−式（2.17）有

$$x_{n+1} = x_n(1+r) = x_1(1+r)^n$$

贷款分 m 年还清，共 $12m$ 个月，则有

$$\sum_{i=1}^{12m} x_i = K \tag{2.18}$$

即

$$\sum_{i=1}^{12m} x_1(1+r)^{i-1} = K$$

则

$$x_1 \frac{(1+r)^{12m}-1}{r} = K \tag{2.19}$$

所以

$$x_1 = \frac{Kr}{(1+r)^{12m}-1}$$

每月还款

$$a = \frac{Kr}{(1+r)^{12m}-1} + Kr = Kr\frac{(1+r)^{12m}}{(1+r)^{12m}-1} \tag{2.20}$$

其中，本金每月为

$$x_1 = \frac{Kr}{(1+r)^{12m}-1}, \cdots, x_{n+1} = x_n(1+r) = x_1(1+r)^n$$

利息每月为

$$L_1 = Kr, \cdots, L_n = y_{n-1}r$$

故总共还款 Total $= 12 \times m \times a$ 元。如贷款 160000 元，分 5 年还清，年利率为 4.032%。MATLAB 程序如下（见 chap2_4.m）。

```
K = 160000;                          %贷款金额
m = 5;                               %还款年限
p = 0.04032;                         %年利率

r = p/12;                            %月利率

n = m*12;

x = zeros(1,n);                      %每月所还本金
y = zeros(1,n);                      %每月所剩本金
L = zeros(1,n);                      %每月所还利息

a = K*r*(1+r)^n/((1+r)^n-1);         %每月等额还款

L(1)= K*r;
x(1)= a-L(1);
y(1)= K-x(1);

for i = 2:n
 L(i)= y(i-1)*r;
 x(i)= a-L(i);
 y(i)= y(i-1)-x(i);
end

fprintf('贷款%6d元,总还款%5.2f元\n\n',K,n*a);
fprintf('月    还款金额    还本金    还利息    余本金\n');
for i = 1:n
 fprintf('%2d  %5.2f  %5.2f  %5.2f  %5.2f\n',i,a,x(i),L(i),y(i));
end
```

如贷款 160000 元，分 5 年还清，年利率为 4.032%，则输出结果如下。

```
贷款 160000 元，总还款 176937.28 元
月       还款金额      还本金        还利息        余本金
1        2948.95      2411.35       537.60        157588.65
2        2948.95      2419.46       529.50        155169.19
3        2948.95      2427.59       521.37        152741.60
4        2948.95      2435.74       513.21        150305.86
```

5	2948.95	2443.93	505.03	147861.93
6	2948.95	2452.14	496.82	145409.79
7	2948.95	2460.38	488.58	142949.42
8	2948.95	2468.64	480.31	140480.77
9	2948.95	2476.94	472.02	138003.83
10	2948.95	2485.26	463.69	135518.57
11	2948.95	2493.61	455.34	133024.96
12	2948.95	2501.99	446.96	130522.97
13	2948.95	2510.40	438.56	128012.57
14	2948.95	2518.83	430.12	125493.74
15	2948.95	2527.30	421.66	122966.44
16	2948.95	2535.79	413.17	120430.66
17	2948.95	2544.31	404.65	117886.35
18	2948.95	2552.86	396.10	115333.49
19	2948.95	2561.43	387.52	112772.06
20	2948.95	2570.04	378.91	110202.02
21	2948.95	2578.68	370.28	107623.34
22	2948.95	2587.34	361.61	105036.00
23	2948.95	2596.03	352.92	102439.97
24	2948.95	2604.76	344.20	99835.21
25	2948.95	2613.51	335.45	97221.70
26	2948.95	2622.29	326.66	94599.41
27	2948.95	2631.10	317.85	91968.31
28	2948.95	2639.94	309.01	89328.37
29	2948.95	2648.81	300.14	86679.56
30	2948.95	2657.71	291.24	84021.85
31	2948.95	2666.64	282.31	81355.21
32	2948.95	2675.60	273.35	78679.61
33	2948.95	2684.59	264.36	75995.01
34	2948.95	2693.61	255.34	73301.40
35	2948.95	2702.66	246.29	70598.74
36	2948.95	2711.74	237.21	67887.00
37	2948.95	2720.85	228.10	65166.14
38	2948.95	2730.00	218.96	62436.15
39	2948.95	2739.17	209.79	59696.98
40	2948.95	2748.37	200.58	56948.61
41	2948.95	2757.61	191.35	54191.00
42	2948.95	2766.87	182.08	51424.13
43	2948.95	2776.17	172.79	48647.96
44	2948.95	2785.50	163.46	45862.46
45	2948.95	2794.86	154.10	43067.60
46	2948.95	2804.25	144.71	40263.35
47	2948.95	2813.67	135.28	37449.68
48	2948.95	2823.12	125.83	34626.56
49	2948.95	2832.61	116.35	31793.95
50	2948.95	2842.13	106.83	28951.82
51	2948.95	2851.68	97.28	26100.15

52	2948.95	2861.26	87.70	23238.89
53	2948.95	2870.87	78.08	20368.02
54	2948.95	2880.52	68.44	17487.50
55	2948.95	2890.20	58.76	14597.30
56	2948.95	2899.91	49.05	11697.40
57	2948.95	2909.65	39.30	8787.74
58	2948.95	2919.43	29.53	5868.32
59	2948.95	2929.24	19.72	2939.08
60	2948.95	2939.08	9.88	0

方案二：每月等额还本金

设每月还本金相等，均为 b 元，则 $b = K/12m$，月利率 $r = p/12$，则第 1 个月还利息为 $L_1 = Kr$，总还款为 $x_1 = b + L_1$；第 2 个月还利息为 $L_2 = (K-b)r$，总还款为 $x_2 = b + L_2$；第 $n+1$ 个月还利息为 $L_{n+1} = (K-nb)r$，总还款为 $x_{n+1} = b + L_{n+1}$。

m 年总共还利息为

$$L = \sum_{i=1}^{12m} L_i = \sum_{i=1}^{12m} [K-(i-1)b]r = [12mK - 6m(12m-1)b]r \qquad (2.21)$$

总还款为

$$Total = K + [12mK - 6m(12m-1)b]r \qquad (2.22)$$

MATLAB 程序如下（见 chap2_5.m）。

```
K = 160000;                              %贷款金额
m = 5;                                   %还款年限
p = 0.04032;                             %年利率

r = p/12;                                %月利率

n = m*12;

x = zeros(1,n);                          %每月总还款
y = zeros(1,n);                          %每月所剩本金
L = zeros(1,n);                          %每月所还利息

b = K/n;                                 %每月所还本金

for i = 1:n
L(i)= (K-(i-1)*b)*r;                     %每月所还利息
x(i)= b+L(i);                            %每月总还款
y(i)= K-i*b;                             %剩余本金
end

s1 = sum(L);                             %总利息
s2 = (12*m*K-6*m*(12*m-1)*b)*r;          %总利息

Total = K+s1;                            %总还款
```

```
fprintf('贷款%6d 元,总还款%5.2f 元\n\n',K,Total);
fprintf('月    还款金额    还本金      还利息     余本金\n');
for i = 1:n
 fprintf('%2d   %5.2f  %5.2f    %5.2f    %5.2f\n',i,x(i),b,L(i),y(i));
end
```

如贷款 160000 元，分 5 年还清，年利率为 4.032%，则输出结果如下。

贷款 160000 元，总还款 176396.80 元

月	还款金额	还本金	还利息	余本金
1	3204.27	2666.67	537.60	157333.33
2	3195.31	2666.67	528.64	154666.67
3	3186.35	2666.67	519.68	152000.00
4	3177.39	2666.67	510.72	149333.33
5	3168.43	2666.67	501.76	146666.67
6	3159.47	2666.67	492.80	144000.00
7	3150.51	2666.67	483.84	141333.33
8	3141.55	2666.67	474.88	138666.67
9	3132.59	2666.67	465.92	136000.00
10	3123.63	2666.67	456.96	133333.33
11	3114.67	2666.67	448.00	130666.67
12	3105.71	2666.67	439.04	128000.00
13	3096.75	2666.67	430.08	125333.33
14	3087.79	2666.67	421.12	122666.67
15	3078.83	2666.67	412.16	120000.00
16	3069.87	2666.67	403.20	117333.33
17	3060.91	2666.67	394.24	114666.67
18	3051.95	2666.67	385.28	112000.00
19	3042.99	2666.67	376.32	109333.33
20	3034.03	2666.67	367.36	106666.67
21	3025.07	2666.67	358.40	104000.00
22	3016.11	2666.67	349.44	101333.33
23	3007.15	2666.67	340.48	98666.67
24	2998.19	2666.67	331.52	96000.00
25	2989.23	2666.67	322.56	93333.33
26	2980.27	2666.67	313.60	90666.67
27	2971.31	2666.67	304.64	88000.00
28	2962.35	2666.67	295.68	85333.33
29	2953.39	2666.67	286.72	82666.67
30	2944.43	2666.67	277.76	80000.00
31	2935.47	2666.67	268.80	77333.33
32	2926.51	2666.67	259.84	74666.67
33	2917.55	2666.67	250.88	72000.00
34	2908.59	2666.67	241.92	69333.33
35	2899.63	2666.67	232.96	66666.67
36	2890.67	2666.67	224.00	64000.00
37	2881.71	2666.67	215.04	61333.33
38	2872.75	2666.67	206.08	58666.67

39	2863.79	2666.67	197.12	56000.00
40	2854.83	2666.67	188.16	53333.33
41	2845.87	2666.67	179.20	50666.67
42	2836.91	2666.67	170.24	48000.00
43	2827.95	2666.67	161.28	45333.33
44	2818.99	2666.67	152.32	42666.67
45	2810.03	2666.67	143.36	40000.00
46	2801.07	2666.67	134.40	37333.33
47	2792.11	2666.67	125.44	34666.67
48	2783.15	2666.67	116.48	32000.00
49	2774.19	2666.67	107.52	29333.33
50	2765.23	2666.67	98.56	26666.67
51	2756.27	2666.67	89.60	24000.00
52	2747.31	2666.67	80.64	21333.33
53	2738.35	2666.67	71.68	18666.67
54	2729.39	2666.67	62.72	16000.00
55	2720.43	2666.67	53.76	13333.33
56	2711.47	2666.67	44.80	10666.67
57	2702.51	2666.67	35.84	8000.00
58	2693.55	2666.67	26.88	5333.33
59	2684.59	2666.67	17.92	2666.67
60	2675.63	2666.67	8.96	0

如贷款 160000 元，分 5 年还清，年利率为 4.032%，两种方案对比结果如下，MATLAB 程序如下（见 chap2_6.m）。

```
%方案一：每月等额还款
K = 160000;                              %贷款金额
m = 5;                                   %还款年限
p = 0.04032;                             %年利率

r = p/12;                                %月利率

n = m*12;

x1 = zeros(1,n);                         %每月所还本金
y1 = zeros(1,n);                         %每月所剩本金
L1 = zeros(1,n);                         %每月所还利息

a = K*r*(1+r)^n/((1+r)^n-1);             %每月等额还款

L1(1)= K*r;
x1(1)= a-L1(1);
y1(1)= K-x1(1);

for i = 2:n
  L1(i)= y1(i-1)*r;
```

```
  x1(i)= a-L1(i);
  y1(i)= y1(i-1)-x1(i);
end
Total1 = n*a;                          %总还款


%方案 2:每月等额还本金
x2 = zeros(1,n);                       %每月总还款
y2 = zeros(1,n);                       %每月所剩本金
L2 = zeros(1,n);                       %每月所还利息

b = K/n;                               %每月所还本金

for i = 1:n
L2(i)= (K-(i-1)*b)*r;                  %每月所还利息
x2(i)= b+L2(i);                        %每月总还款
y2(i)= K-i*b;                          %余本金
end

s1 = sum(L2);                          %总利息
s2 = (12*m*K-6*m*(12*m-1)*b)*r;        %总利息

Total2 = K+s1;                         %总还款

fprintf('贷款%6d 元,方案一总还款%5.2f 元,方案二总还款%5.2f 元 \n\n',K,
Total1,Total2);
    fprintf('        方案一                    方案二\n');
    fprintf('月 还款金额 还本金 还利息 余本金 还款金额 还本金 还利息 余本金\n');
    for i = 1:n
     fprintf('%2d   %5.2f %5.2f   %5.2f   %5.2f       %5.2f %5.2f   %5.2f
%5.2f\n',i,a,x1(i),L1(i),y1(i),x2(i),b,L2(i),y2(i));
    end

    u = 1:12*m;
    plot(u,y1,'r',u,y2,'b');
```

输出结果如下。

贷款 160000 元, 方案一总还款 176937.28 元, 方案二总还款 176396.80 元

	方案一				方案二			
月	还款金额	还本金	还利息	余本金	还款金额	还本金	还利息	余本金
1	2948.95	2411.35	537.60	157588.65	3204.27	2666.67	537.60	157333.33
2	2948.95	2419.46	529.50	155169.19	3195.31	2666.67	528.64	154666.67
3	2948.95	2427.59	521.37	152741.60	3186.35	2666.67	519.68	152000.00
4	2948.95	2435.74	513.21	150305.86	3177.39	2666.67	510.72	149333.33
5	2948.95	2443.93	505.03	147861.93	3168.43	2666.67	501.76	146666.67
6	2948.95	2452.14	496.82	145409.79	3159.47	2666.67	492.80	144000.00
7	2948.95	2460.38	488.58	142949.42	3150.51	2666.67	483.84	141333.33
8	2948.95	2468.64	480.31	140480.77	3141.55	2666.67	474.88	138666.67

9	2948.95	2476.94	472.02	138003.83	3132.59	2666.67	465.92	136000.00
10	2948.95	2485.26	463.69	135518.57	3123.63	2666.67	456.96	133333.33
11	2948.95	2493.61	455.34	133024.96	3114.67	2666.67	448.00	130666.67
12	2948.95	2501.99	446.96	130522.97	3105.71	2666.67	439.04	128000.00
13	2948.95	2510.40	438.56	128012.57	3096.75	2666.67	430.08	125333.33
14	2948.95	2518.83	430.12	125493.74	3087.79	2666.67	421.12	122666.67
15	2948.95	2527.30	421.66	122966.44	3078.83	2666.67	412.16	120000.00
16	2948.95	2535.79	413.17	120430.66	3069.87	2666.67	403.20	117333.33
17	2948.95	2544.31	404.65	117886.35	3060.91	2666.67	394.24	114666.67
18	2948.95	2552.86	396.10	115333.49	3051.95	2666.67	385.28	112000.00
19	2948.95	2561.43	387.52	112772.06	3042.99	2666.67	376.32	109333.33
20	2948.95	2570.04	378.91	110202.02	3034.03	2666.67	367.36	106666.67
21	2948.95	2578.68	370.28	107623.34	3025.07	2666.67	358.40	104000.00
22	2948.95	2587.34	361.61	105036.00	3016.11	2666.67	349.44	101333.33
23	2948.95	2596.03	352.92	102439.97	3007.15	2666.67	340.48	98666.67
24	2948.95	2604.76	344.20	99835.21	2998.19	2666.67	331.52	96000.00
25	2948.95	2613.51	335.45	97221.70	2989.23	2666.67	322.56	93333.33
26	2948.95	2622.29	326.66	94599.41	2980.27	2666.67	313.60	90666.67
27	2948.95	2631.10	317.85	91968.31	2971.31	2666.67	304.64	88000.00
28	2948.95	2639.94	309.01	89328.37	2962.35	2666.67	295.68	85333.33
29	2948.95	2648.81	300.14	86679.56	2953.39	2666.67	286.72	82666.67
30	2948.95	2657.71	291.24	84021.85	2944.43	2666.67	277.76	80000.00
31	2948.95	2666.64	282.31	81355.21	2935.47	2666.67	268.80	77333.33
32	2948.95	2675.60	273.35	78679.61	2926.51	2666.67	259.84	74666.67
33	2948.95	2684.59	264.36	75995.01	2917.55	2666.67	250.88	72000.00
34	2948.95	2693.61	255.34	73301.40	2908.59	2666.67	241.92	69333.33
35	2948.95	2702.66	246.29	70598.74	2899.63	2666.67	232.96	66666.67
36	2948.95	2711.74	237.21	67887.00	2890.67	2666.67	224.00	64000.00
37	2948.95	2720.85	228.10	65166.14	2881.71	2666.67	215.04	61333.33
38	2948.95	2730.00	218.96	62436.15	2872.75	2666.67	206.08	58666.67
39	2948.95	2739.17	209.79	59696.98	2863.79	2666.67	197.12	56000.00
40	2948.95	2748.37	200.58	56948.61	2854.83	2666.67	188.16	53333.33
41	2948.95	2757.61	191.35	54191.00	2845.87	2666.67	179.20	50666.67
42	2948.95	2766.87	182.08	51424.13	2836.91	2666.67	170.24	48000.00
43	2948.95	2776.17	172.79	48647.96	2827.95	2666.67	161.28	45333.33
44	2948.95	2785.50	163.46	45862.46	2818.99	2666.67	152.32	42666.67
45	2948.95	2794.86	154.10	43067.60	2810.03	2666.67	143.36	40000.00
46	2948.95	2804.25	144.71	40263.35	2801.07	2666.67	134.40	37333.33
47	2948.95	2813.67	135.28	37449.68	2792.11	2666.67	125.44	34666.67
48	2948.95	2823.12	125.83	34626.56	2783.15	2666.67	116.48	32000.00
49	2948.95	2832.61	116.35	31793.95	2774.19	2666.67	107.52	29333.33
50	2948.95	2842.13	106.83	28951.82	2765.23	2666.67	98.56	26666.67
51	2948.95	2851.68	97.28	26100.15	2756.27	2666.67	89.60	24000.00
52	2948.95	2861.26	87.70	23238.89	2747.31	2666.67	80.64	21333.33
53	2948.95	2870.87	78.08	20368.02	2738.35	2666.67	71.68	18666.67
54	2948.95	2880.52	68.44	17487.50	2729.39	2666.67	62.72	16000.00
55	2948.95	2890.20	58.76	14597.30	2720.43	2666.67	53.76	13333.33

56	2948.95	2899.91	49.05	11697.40		2711.47	2666.67	44.80	10666.67
57	2948.95	2909.65	39.30	8787.74	2702.51	2666.67	35.84	8000.00
58	2948.95	2919.43	29.53	5868.32	2693.55	2666.67	26.88	5333.33
59	2948.95	2929.24	19.72	2939.08	2684.59	2666.67	17.92	2666.67
60	2948.95	2939.08	9.88	0	2675.63	2666.67	8.96	0

分析

从方案一与方案二两者对比结果来看，贷款 160000 元，分 5 年还清，方案一总还款 176937.28 元，方案二总还款 176396.80 元。因此等额还款对银行更有利，因此银行采用此方式。

若提前还贷，如半年后一次性还清，则方案一需要还款 145409.79 元，而方案二只需还款 144000.00 元。如一年后一次性还清，方案一需要还款 130522.97 元，而方案二只需要还款 128000.00 元。如两年后一次性还清，方案一需要还款 99835.21 元，而方案二只需要还款 96000.00 元。但采用方案二对贷款人来说，前 29 个月都比方案一每个月还款多。从图 2.13 也可以看出，方案一每月余下的本金比方案二多，这也说明方案二是一种更划算的还款方式。

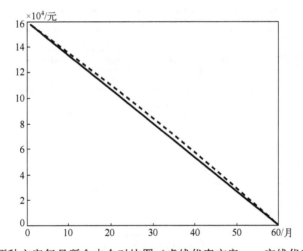

图 2.13　两种方案每月所余本金对比图（虚线代表方案一，实线代表方案二）

第3章 优化模型

本章介绍几个典型的优化模型，并提供相应的 LINGO 程序。

3.1 两辆平板车装货问题

已知有 7 种规格的包装箱要装到两辆平板车上，包装箱的宽和高是一样的，但厚度 t（cm）和重量 w（kg）是不同的。表 3.1 给出了每种包装箱的厚度、重量及件数。每辆平板车长为 10.2m，载重为 40t。由于地区货运的限制，对 C_5, C_6, C_7 类包装箱的总数有一个特别的限制，即这 3 类包装箱所占的空间（厚度）不能超过 302.7cm。

表 3.1　包装箱参数信息

包装箱类型	C_1	C_2	C_3	C_4	C_5	C_6	C_7
厚度 t/cm	48.7	52.0	61.3	72.0	48.7	52.0	64.0
重量 w/kg	2000	3000	1000	500	4000	2000	1000
件数/件	8	7	9	6	6	4	8

问题要求：设计一种装车方案，使剩余的空间最小。

分析与解答

设 C_i 类包装箱厚度为 t_i cm，重量为 w_i kg，件数为 n_i 件。设第一辆车装载 C_i 类包装箱为 x_i 件，第二辆车装载 C_i 类包装箱为 y_i 件，其中 $i = 1, 2, \cdots, 7$。

第一辆车剩余空间为

$$Z_1 = 1020 - \sum_{i=1}^{7} t_i \cdot x_i$$

第二辆车剩余空间为

$$Z_2 = 1020 - \sum_{i=1}^{7} t_i \cdot y_i$$

因总剩余空间最小为目标，则目标函数为

$$\min Z = Z_1 + Z_2$$

该问题需要满足以下条件。

（1）件数满足 $x_i + y_i \leqslant n_i$，且 x_i, y_i 为整数。

（2）各辆车载重量不能超过 40000kg，则有

$$\sum_{i=1}^{7} w_i \cdot x_i \leqslant 40000, \qquad \sum_{i=1}^{7} w_i \cdot y_i \leqslant 40000$$

（3）各辆车载长度均不能超过 1020cm，则有

$$Z_1 \geq 0, Z_2 \geq 0$$

（4）C_5, C_6, C_7 类包装箱的厚度均不能超过 302.7cm，则有

$$\sum_{i=5}^{7} t_i \cdot (x_i + y_i) \leq 302.7$$

由此得到整数线性规划模型为

$$\min Z = \left(1020 - \sum_{i=1}^{7} t_i \cdot x_i\right) + \left(1020 - \sum_{i=1}^{7} t_i \cdot y_i\right)$$

$$\text{s.t.} \begin{cases} \sum_{i=1}^{7} t_i \cdot x_i \leq 1020 \\ \sum_{i=1}^{7} t_i \cdot y_i \leq 1020 \\ x_i + y_i \leq n_i, \quad i = 1, 2, \cdots, 7 \\ \sum_{i=1}^{7} w_i \cdot x_i \leq 40000 \\ \sum_{i=1}^{7} w_i \cdot y_i \leq 40000 \\ \sum_{i=5}^{7} t_i \cdot (x_i + y_i) \leq 302.7 \\ x_i, y_i \text{为非负整数} \end{cases}$$

得到的解为

$$x_1 = 5, x_2 = 1, x_3 = 5, x_4 = 3, x_5 = 2, x_6 = 2, x_7 = 0$$

$$y_1 = 3, y_2 = 6, y_3 = 4, y_4 = 3, y_5 = 1, y_6 = 1, y_7 = 0$$

故目标值 $Z = 0.6\text{cm}$。其中，第一辆平板车剩余空间 $Z_1 = 0.6\text{cm}$；第二辆平板车剩余空间 $Z_2 = 0\text{cm}$。

LINGO 程序如下。

```
!两辆平板车装货问题见 chap3_1.lg4。
model:
sets:
num/1..7/:w,t,n,x,y;
endsets
data:
t=48.7,52.0,61.3,72.0,48.7,52.0,64.0;
w=2000,3000,1000,500,4000,2000,1000;
n=8,7,9,6,6,4,8;
enddata
```

```
min=z1+z2;
z1=1020-@sum(num(i):t(i)*x(i));
z2=1020-@sum(num(i):t(i)*y(i));
@sum(num(i):t(i)*x(i))<=1020;
@sum(num(i):t(i)*y(i))<=1020;
@sum(num(i):w(i)*x(i))<=40000;
@sum(num(i):w(i)*y(i))<=40000;
@for(num(i):x(i)+y(i)<=n(i));
@sum(num(i)|i#GE#5#AND#i#LE#7:(x(i)+y(i))*t(i))<=302.7;
@for(num(i):@GIN(x(i)));
@for(num(i):@GIN(y(i)));
end
```

LINGO 输出界面如图 3.1 所示。

图 3.1　LINGO 输出界面

3.2　选修课策略问题

某学校规定，运筹学专业的学生在毕业时必须至少学习过两门数学课、三门运筹学课和两门计算机课。这些课程编号、课程名称、学分、所属类别和先修课程要求如表 3.2 所示。那么，毕业时学生最少可以学习这些课程中的哪些课程？

如果某名学生既希望选修课程的数量少，又希望获得的学分高，那么他可以选修哪些课程？

表 3.2　课程要求

课程编号	课程名称	学　分	所属类别	先修课程要求
1	微积分	5	数学	—
2	线性代数	4	数学	—
3	最优化方法	4	数学、运筹学	微积分、线性代数
4	数据结构	3	数学、计算机	计算机编程

课程编号	课程名称	学分	所属类别	先修课程要求
5	应用统计	4	数学；运筹学	微积分、线性代数
6	计算机模拟	3	计算机；运筹学	计算机编程
7	计算机编程	2	计算机	—
8	预测理论	2	运筹学	应用统计
9	数学实验	3	运筹学；计算机	微积分、线性代数

模型建立

1. 不考虑学分情形

记 $i=1,2,\cdots,9$ 表示 9 门课程的编号。设 $x_i=1$ 表示选修第 i 门课程，$x_i=0$ 表示不选修第 i 门课程。目标为选修的课程总数最少，即

$$\min Z = \sum_{i=1}^{9} x_i$$

约束条件包括以下两个方面。

第一个方面是对课程数量的约束：

每个人至少要学习 2 门数学课程，则

$$x_1 + x_2 + x_3 + x_4 + x_5 \geq 2$$

每个人至少要学习 3 门运筹学课程，则

$$x_3 + x_5 + x_6 + x_8 + x_9 \geq 3$$

每个人至少要学习 2 门计算机课程，则

$$x_4 + x_6 + x_7 + x_9 \geq 2$$

第二个方面是对先修课程的关系约束：如"数据结构 x_4"的先修课程是"计算机编程 x_7"，这意味着若 $x_4=1$，则必须 $x_7=1$，这个条件可以表示为 $x_4 \leq x_7$（注意，当 $x_4=0$ 时，对 x_7 没有限制）。这样，所有课程的先修课程要求可表示为如下的约束：

（1）"最优化方法 x_3"的先修课程是"微积分"和"线性代数"，有 $x_3 \leq x_1, x_3 \leq x_2$。

（2）"数据结构 x_4"的先修课程是"计算机编程"，有 $x_4 \leq x_7$。

（3）"应用统计 x_5"的先修课程是"微积分"和"线性代数"，有 $x_5 \leq x_1, x_5 \leq x_2$。

（4）"计算机模拟 x_6"的先修课程是"计算机编程"，有 $x_6 \leq x_7$。

（5）"预测理论 x_8"的先修课程是"应用统计"，有 $x_8 \leq x_5$。

（6）"数学实验 x_9"的先修课程是"微积分"和"线性代数"，有 $x_9 \leq x_1, x_9 \leq x_2$。

总的 0-1 规划模型为

$$\min Z = \sum_{i=1}^{9} x_i$$

$$\text{s.t.}\begin{cases} x_1 + x_2 + x_3 + x_4 + x_5 \geq 2 \\ x_3 + x_5 + x_6 + x_8 + x_9 \geq 3 \\ x_4 + x_6 + x_7 + x_9 \geq 2 \\ x_3 \leq x_1, x_3 \leq x_2 \\ x_4 \leq x_7 \\ x_5 \leq x_1, x_5 \leq x_2 \\ x_6 \leq x_7 \\ x_8 \leq x_5 \\ x_9 \leq x_1, x_9 \leq x_2 \\ x_1, x_2, \cdots, x_9 = 0\text{或}1 \end{cases}$$

解得

$$x_1 = 1, x_2 = 1, x_3 = 1, x_6 = 1, x_7 = 1, x_9 = 1$$

故选修课程为微积分、线性代数、最优化方法、计算机模拟、计算机编程、数学实验。
LINGO 程序如下（见 chap3_2.lg4）。

```
model:
sets:
item/1..9/:c,x;
endsets
data:
c=5,4,4,3,4,3,2,2,3;
enddata
min=@sum(item(i):x(i));!课程最少;
x(1)+x(2)+x(3)+x(4)+x(5)>=2;
x(3)+x(5)+x(6)+x(8)+x(9)>=3;
x(4)+x(6)+x(7)+x(9)>=2;
x(3)<=x(1);
x(3)<=x(2);
x(4)<=x(7);
x(5)<=x(1);
x(5)<=x(2);
x(6)<=x(7);
x(8)<=x(5);
x(9)<=x(1);
x(9)<=x(2);
@for(item(i):@bin(x(i)));
end
```

2. 考虑学分情形

当要求学分最高时，设各门课程学分为 c_i，则学分最高的目标函数为

$$\max Z = \sum_{i=1}^{9} c_i x_i$$

这样总的双目标 0-1 规划模型为

$$\min Z_1 = \sum_{i=1}^{9} x_i$$

$$\max Z_2 = \sum_{i=1}^{9} c_i x_i$$

$$\text{s.t.} \begin{cases} x_1 + x_2 + x_3 + x_4 + x_5 \geq 2 \\ x_3 + x_5 + x_6 + x_8 + x_9 \geq 3 \\ x_4 + x_6 + x_7 + x_9 \geq 2 \\ x_3 \leq x_1, x_3 \leq x_2 \\ x_4 \leq x_7 \\ x_5 \leq x_1, x_5 \leq x_2 \\ x_6 \leq x_7 \\ x_8 \leq x_5 \\ x_9 \leq x_1, x_9 \leq x_2 \\ x_1, x_2, \cdots, x_9 = 0或1 \end{cases}$$

当把选修课程指定为 6 门时，对学分最高求最优解，解得

$$x_1 = 1, x_2 = 1, x_3 = 1, x_5 = 1, x_7 = 1, x_9 = 1$$

故选修课程为微积分、线性代数、最优化方法、应用统计、计算机编程、数学实验。最高学分达到 22 分。

LINGO 程序如下（见 chap3_3.lg4）。

```
model:
sets:
item/1..9/:c,x;
endsets
data:
c=5,4,4,3,4,3,2,2,3;
enddata
max=@sum(item(i):c(i)*x(i));
@sum(item(i):x(i))=6;  !课程为 6 门;
x(1)+x(2)+x(3)+x(4)+x(5)>=2;
x(3)+x(5)+x(6)+x(8)+x(9)>=3;
x(4)+x(6)+x(7)+x(9)>=2;
x(3)<=x(1);
x(3)<=x(2);
x(4)<=x(7);
```

```
x(5)<=x(1);
x(5)<=x(2);
x(6)<=x(7);
x(8)<=x(5);
x(9)<=x(1);
x(9)<=x(2);
@for(item(i):@bin(x(i)));
end
```

3.3　最优组队问题

某车间要参加单位举办的技术操作比赛，比赛设有 5 个单项比赛和 1 个全能比赛（参加 5 个单项比赛）。

问题 1：比赛规定如下：

（1）每个车间可派 14 人参加比赛，每人至少参赛 1 项；

（2）参加比赛的队员中必须有 3 人参加全能比赛，其他队员参加单项比赛，且参加每个单项比赛的队员数不得超过 6 人（不包括全能队员）；

（3）参加全能比赛的队员不能参加单项比赛；

（4）参加单项比赛的队员至多可以参加 3 个单项比赛；

（5）参加单项比赛的队员得分是其参加项目得分之和，参加全能比赛的队员得分是其参加项目得分之和的 4/5，车间的得分是车间所有参赛队员得分之和。

某车间参加岗位技术比赛队员的期望得分如表 3.3 所示。问如何安排参加比赛得分最高？

表 3.3　某车间参加岗位技术比赛队员的期望得分

队员	1	2	3	4	5	6	7	8	9	10	11	12	13	14
单项 1	10	1	4	10	5	5	4	6	2	4	8	6	10	9
单项 2	9	5	6	4	4	7	4	7	8	6	7	8	1	4
单项 3	7	5	5	6	7	7	8	8	7	10	2	6	4	5
单项 4	3	5	9	5	8	6	9	10	6	6	5	4	2	4
单项 5	3	10	8	2	8	7	7	5	8	6	9	8	3	7

模型建立

建立决策变量：考察参加全能比赛的情况，$y_j = 1$ 表示第 j 人参加全能比赛；$y_j = 0$ 表示第 j 人不参加全能比赛。

参加全能比赛的人数为 3 人，则有

$$\sum_{j=1}^{14} y_j = 3$$

考察参加单项比赛的情况，$x_{ij} = 1$ 表示第 j 人参加第 i 项单项比赛；$x_{ij} = 0$ 表示第 j 人不参加第 i 项单项比赛。

参加全能比赛的队员不能参加单项比赛，则有

$$x_{ij} \leq 1 - y_j, \quad j = 1, 2, \cdots, 14; \quad i = 1, \cdots, 5$$

该约束表示当第 j 人参加全能比赛时（ $y_j = 1$ ），第 j 人不参加所有单项比赛，因此必有 $x_{ij} = 0$ ， $i = 1, \cdots, 5$ ；当第 j 人不参加全能比赛时（ $y_j = 0$ ），第 j 人可参加也可不参加单项比赛，即 $x_{ij} = 0$ 或 1。这样就把参加单项比赛和参加全能比赛分开考虑，分别计算两类比赛的得分。最后考虑总得分，方便建立模型和计算。

根据比赛规则，参加单项比赛的队员至少参加 1 项，则有

当 $y_j = 0$ 时，要求 $\sum_{i=1}^{5} x_{ij} \geq 1$ ，则有 $\sum_{i=1}^{5} x_{ij} \geq 1 - y_j$ ， $j = 1, \cdots, 14$ ；

当 $y_j = 1$ 时，则有 $\sum_{i=1}^{5} x_{ij} \geq 1 - y_j = 0$ 。

根据比赛规则，参加单项比赛的队员至多参加 3 项，则有 $\sum_{i=1}^{5} x_{ij} \leq 3$ ， $j = 1, \cdots, 14$ 。

根据比赛规则，参加单项比赛的队员，每个项目最多允许 6 人参加，则有

$$\sum_{j=1}^{14} x_{ij} \leq 6, \quad i = 1, \cdots, 5$$

设 a_{ij} 表示第 j 人参加第 i 个项目的期望得分，该数据已知。设 s_j 表示第 j 人参加 5 个项目的总得分。则有

$$s_j = \sum_{i=1}^{5} a_{ij}, \quad j = 1, 2, \cdots, 14$$

参加全能比赛队员的总得分为

$$z_1 = 0.8 \sum_{j=1}^{14} s_j \cdot y_j$$

参加单项比赛队员的总得分为

$$z_2 = \sum_{i=1}^{5} \sum_{j=1}^{14} a_{ij} \cdot x_{ij}$$

则车间 14 人参加比赛总得分为

$$z = z_1 + z_2 = 0.8 \sum_{j=1}^{14} s_j \cdot y_j + \sum_{i=1}^{5} \sum_{j=1}^{14} a_{ij} \cdot x_{ij}$$

我们的目标函数是参加比赛队员的总得分最高，故目标函数为

$$z = 0.8 \sum_{j=1}^{14} s_j \cdot y_j + \sum_{i=1}^{5} \sum_{j=1}^{14} a_{ij} \cdot x_{ij}$$

故总的 0-1 线性规划模型为

$$z = 0.8 \sum_{j=1}^{14} s_j \cdot y_j + \sum_{i=1}^{5} \sum_{j=1}^{14} a_{ij} \cdot x_{ij}$$

$$\text{s.t.}\begin{cases} \sum_{j=1}^{14} y_j = 3 \\ x_{ij} \leq 1 - y_j, \ j=1,2,\cdots,14; \ i=1,\cdots,5 \\ \sum_{i=1}^{5} x_{ij} \geq 1 - y_j, \ j=1,\cdots,14 \\ \sum_{i=1}^{5} x_{ij} \leq 3, \ j=1,\cdots,14 \\ \sum_{j=1}^{14} x_{ij} \leq 6, \ i=1,\cdots,5 \\ s_j = \sum_{i=1}^{5} a_{ij}, \ j=1,2,\cdots,14 \\ x_{ij}=0\text{或}1, \ j=1,2,\cdots,14; \ i=1,\cdots,5 \\ y_j = 0\text{或}1, \ j=1,2,\cdots,14 \end{cases}$$

LINGO 程序如下（见 chap3_4.lg4）。

```
model:
sets:
person/1..14/:y,s;
item/1..5/;
assign(item,person):x,A;
endsets
data:
A=10    1    4   10    5    5    4    6    2    4    8    6   10    9
    9    5    6    4    4    7    4    7    8    6    7    8    1    4
    7    5    5    6    7    7    8    8    7   10    2    6    4    5
    3    5    9    5    8    6    9   10    6    6    5    4    2    4
    3   10    8    2    8    7    7    5    8    6    9    8    3    7;
enddata
max=z;
z=z1+z2;                                    !车间总得分;
z1=0.8*@sum(person(j):y(j)*s(j));          !参加全能比赛的总得分;
z2=@sum(assign(i,j):a(i,j)*x(i,j));        !参加单项比赛的总得分;
@for(person(j):@sum(item(i):x(i,j))>=1-y(j));
                                           !每名参加单项比赛的队员至少参加1项;
@for(person(j):@sum(item(i):x(i,j))<=3); !每名参加单项比赛的队最多不超过3项;
@for(item(i):@sum(person(j):x(i,j))<=6); !每名项目最多允许6人参加;
@for(assign(i,j):x(i,j)<=1-y(j));        !参加全能比赛的队能参加单项比赛;
@sum(person(j):y(j))=3;                  !总共只有3名队员参加全能比赛;
@for(person(j):s(j)=@sum(item(i):a(i,j))); !每名队员所得分数;
@for(assign(i,j):@bin(x(i,j)));
@for(person(j):@bin(y(j)));
end
```

求解结果为：总得分 $z=309.8$，其中全能比赛得分 $z_1=76.8$，单项比赛得分 $z_2=233$。

$y_5 = 1, y_6 = 1, y_{12} = 1$ 表示第 5、第 6、第 12 名队员参加全能比赛。其他 11 名队员参加单项比赛，其比赛情况如表 3.4 所示。

表 3.4 其他 11 名队员参加单项比赛情况

队员	1	2	3	4	7	8	9	10	11	13	14
单项 1	1	0	0	1	0	1	0	0	1	1	1
单项 2	1	1	1	0	0	0	1	1	1	0	0
单项 3	1	0	0	1	1	1	1	1	0	0	0
单项 4	0	1	1	1	1	1	0	1	0	0	0
单项 5	0	1	1	0	1	0	1	0	1	0	1

3.4 钢管下料问题

1. 钢管下料问题

某钢管零售商从钢管厂进货，将钢管按照客户的要求切割后售出，从钢管厂进货时得到的原料钢管的长度都是 19m。

（1）现在其客户需要 50 根 4m、20 根 6m 和 15 根 8m 的钢管。应如何下料最节省？

（2）零售商如果采用多种不同切割模式，那么将会导致生产过程复杂化，从而增加生产和管理成本，所以该零售商采用不超过 3 种的切割模式。此外，该客户除需要（1）中的三种钢管外，还需要 10 根 5m 的钢管，那么应如何使下料最节省？

问题（1）分析与模型建立

采用将 1 根长度为 19m 的钢管分别切割成长度为 4m、6m、8m 的钢管，三种长度的钢管分别用 (k_1, k_2, k_3) 表示。

所有模式相当于求解不等式方程

$$4k_1 + 6k_2 + 8k_3 \leqslant 19$$

的整数解。但要求剩余材料 $r = 19 - (4k_1 + 6k_2 + 8k_3) < 4$。钢管切割模式如表 3.5 所示。

表 3.5 钢管切割模式

模式	4m	6m	8m	余料/m
1	4	0	0	3
2	3	1	0	1
3	2	0	1	3
4	0	0	2	3
5	0	3	0	1
6	1	1	1	1
7	1	2	0	3

决策变量 用 x_i 表示按照第 i 种切割模式（$i = 1, 2, \cdots, 7$）切割的原料钢管的根数。

决策目标 以切割原料钢管的总根数最少为目标，则有

$$\min z_1 = \sum_{i=1}^{7} x_i$$

以切割后剩余的总余料最小为目标，设第 i 种切割模式的余料为 r_i m，则由表 1 可得

$$\min z_2 = \sum_{i=1}^{7} r_i x_i$$

设在第 i 种切割模式下，4m 长的钢管有 a_i 根，6m 长的钢管有 b_i 根，8m 长的钢管有 c_i 根，10m 长的钢管有 d_i 根，则约束条件有

4m 长的钢管至少需要 50 根，则有

$$\sum_{i=1}^{7} a_i x_i \geq 50$$

6m 长的钢管至少需要 20 根，则有

$$\sum_{i=1}^{7} b_i x_i \geq 20$$

8m 长的钢管至少需要 15 根，则有

$$\sum_{i=1}^{7} c_i x_i \geq 15$$

因此模型为

$$\min z_1 = \sum_{i=1}^{7} x_i$$

$$\min z_2 = \sum_{i=1}^{7} r_i x_i$$

$$\text{s.t.} \begin{cases} \sum_{i=1}^{7} a_i x_i \geq 50 \\ \sum_{i=1}^{7} b_i x_i \geq 20 \\ \sum_{i=1}^{7} c_i x_i \geq 15 \\ x_i \text{取整}, \ i=1,2,\cdots,7 \end{cases}$$

解得

$$x_1 = 0, x_2 = 15, x_3 = 0, x_4 = 5, x_5 = 0, x_6 = 5, x_7 = 0$$

目标值 $z_1=25$，$z_2=35$。即 15 根钢管采用切割模式 2：3 根 4m，1 根 6m，余料为 1m。5 根钢管采用切割模式 4：2 根 8m，余料为 3m。5 根钢管采用切割模式 6：1 根 4m，1 根 6m，1 根 8m，余料 1m。切割模式采用了 3 种，使用钢管为 25 根，余料为 35m。当固定 $z_1=25$ 时，求 z_2 最小结果也一样。说明在该问题中当使用钢管数最少时，余料也最少。

LINGO 程序如下（见 chap3_5.lg4）：

```
model:
sets:
```

```
model/1..7/:a,b,c,r,x;
endsets
data:
a=4,3,2,0,0,1,1;
b=0,1,0,0,3,1,2;
c=0,0,1,2,0,1,0;
r=3,1,3,3,1,1,3;
enddata

min=z1;
z1=@sum(model(i):x(i));                !钢管总数;
z2=@sum(model(i):r(i)*x(i));           !余料;
@sum(model(i):a(i)*x(i))>=50;          !4m 长的钢管约束;
@sum(model(i):b(i)*x(i))>=20;          !6m 长的钢管约束;
@sum(model(i):c(i)*x(i))>=15;          !8m 长的钢管约束;
@for(model(i):@gin(x(i)));
end
```

问题（2）模型建立

首先分析将 1 根 19m 长的钢管分别切割为 4m、6m、8m、5m 长的钢管的模式，所有模式相当于求解不等式方程

$$4k_1 + 6k_2 + 8k_3 + 5k_4 \leq 19$$

的整数解。但要求剩余材料 $r = 19 - (4k_1 + 6k_2 + 8k_3 + 5k_4) < 4$。

利用 MATLAB 程序求出钢管切割模式如表 3.6 所示。

表 3.6　钢管切割模式

模　式	4m	6m	8m	5m	余料/m
1	0	0	1	2	1
2	0	0	2	0	3
3	0	1	0	2	3
4	0	1	1	1	0
5	0	2	0	1	2
6	0	3	0	0	1
7	1	0	0	3	0
8	1	0	1	1	2
9	1	1	1	0	1
10	1	2	0	0	3
11	2	0	0	2	1
12	2	0	1	0	3
13	2	1	0	1	0
14	3	0	0	1	2
15	3	1	0	0	1
16	4	0	0	0	3

MATLAB 程序如下（见 chap3_6.m）。

```
number=0;
for k1=0:4
    for k2=0:3
        for k3=0:2
            for k4=0:3
r=19-(4*k1+6*k2+8*k3+5*k4);
if(r>=0)&&(r<4)
    number=number+1;
    fprintf('%2d %2d %2d %2d %2d %2d\n',number,k1,k2,k3,k4,r);
end
        end
    end
end
end
```

决策变量 用 x_i 表示按照第 i 种模式（$i=1,2,\cdots,16$）切割的原料钢管的根数。

决策目标 以切割原料钢管的总根数最少为目标，则有

$$\min z_1 = \sum_{i=1}^{16} x_i$$

以切割后剩余的总余料量最小为目标，设第 i 种模式的余料为 r_i m，则由表 3.6 可得

$$\min z_2 = \sum_{i=1}^{16} r_i x_i$$

设第 i 种切割模式下 4m 长的钢管有 a_i 根，6m 长的钢管有 b_i 根，8m 长的钢管有 c_i 根，5m 长的钢管有 d_i 根，则约束条件如下：

4m 长的钢管至少为 50 根，则有

$$\sum_{i=1}^{16} a_i x_i \geqslant 50$$

6m 长的钢管至少为 20 根，则有

$$\sum_{i=1}^{16} b_i x_i \geqslant 20$$

8m 长的钢管至少为 15 根，则有

$$\sum_{i=1}^{16} c_i x_i \geqslant 15$$

5m 长的钢管至少为 10 根，则有

$$\sum_{i=1}^{16} d_i x_i \geqslant 10$$

最多使用 3 种切割模式，增设 0-1 变量 y_i。当 $y_i = 0$ 时，$x_i = 0$，表示不使用第 i 种切割模式；当 $y_i = 1$ 时，$x_i \geq 1$，表示使用第 i 种切割模式。因此有 $x_i \geq y_i$，$x_i \leq M \cdot y_i$，其中，$i = 1, 2, \cdots, 16$。M 足够大，如这里取 100。

$$\sum_{i=1}^{16} y_i \leq 3$$

因此模型为

$$\min z_1 = \sum_{i=1}^{16} x_i$$

$$\min z_2 = \sum_{i=1}^{16} r_i \cdot x_i$$

$$\text{s.t.} \begin{cases} \sum_{i=1}^{16} a_i x_i \geq 50, & \sum_{i=1}^{16} b_i x_i \geq 20 \\ \sum_{i=1}^{16} c_i x_i \geq 15, & \sum_{i=1}^{16} d_i x_i \geq 10 \\ x_i \leq M \cdot y_i, & i = 1, 2, \cdots, 16 \\ x_i \geq y_i, & i = 1, 2, \cdots, 16 \\ \sum_{i=1}^{16} y_i \leq 3 \\ x_i \text{取整数}, & i = 1, 2, \cdots, 16 \\ y_i = 0 \text{或} 1, & i = 1, 2, \cdots, 16 \\ M \text{足够大} \end{cases}$$

当使钢管数 z_1 最小时，求得的解为 $x_2 = 8, x_{13} = 10, x_{15} = 10$，其余为 0。目标值 $z_1 = 28, z_2 = 34$。即 8 根钢管采用切割模式 2：2 根 8m，余料为 3m。10 根钢管采用切割模式 13：2 根 4m，1 根 6m，1 根 5m，余料为 0m。10 根钢管采用切割模式 15：3 根 4m，1 根 6m，余料为 1m。切割模式采用了 3 种，使用钢管为 $z_2 = 28$ 根，余料为 $z_1 = 34$m。当固定 $z_1 = 28$ 时，求 z_2 最小结果也一样。说明在该问题中当使用钢管数最少时，余料也最少。

LINGO 程序如下（见 chap3_7.lg4）。

```
model:
sets:
model/1..16/:a,b,c,d,r,x,y;
endsets
data:
a=0,0,0,0,0,0,1,1,1,1,2,2,2,3,3,4;
b=0,0,1,1,2,3,0,0,1,2,0,0,1,0,1,0;
c=1,2,0,1,0,0,0,1,1,0,0,1,0,0,0,0;
d=2,0,2,1,1,0,3,1,0,0,2,0,1,1,0,0;
r=1,3,3,0,2,1,0,2,1,3,1,3,0,2,1,3;
```

```
        enddata

        min=z1;
        z1=@sum(model(i):x(i));              !钢管总数;
        z2=@sum(model(i):r(i)*x(i));         !余料;
        @sum(model(i):a(i)*x(i))>=50;        !4m长的钢管约束;
        @sum(model(i):b(i)*x(i))>=20;        !6m长的钢管约束;
        @sum(model(i):c(i)*x(i))>=15;        !8m长的钢管约束;
        @sum(model(i):d(i)*x(i))>=10;        !5m长的钢管约束;
        @for(model(i):x(i)>=y(i));
        @for(model(i):x(i)<=1000*y(i));
        @sum(model(i):y(i))<=3;
        @for(model(i):@gin(x(i)));
        @for(model(i):@bin(y(i)));
        end
```

3.5 易拉罐下料问题

某工厂采用一套冲压设备生产一种罐装饮料的易拉罐，这种易拉罐是用镀锡板冲压制成的。易拉罐为圆柱形，包括罐身、罐盖和罐底，罐身高为 10cm，罐盖和罐底的直径均为 5cm。该工厂使用两种不同规格的镀锡板原料，规格 1：镀锡板为正方形，边长均为 24cm；规格 2：镀锡板为长方形，长、宽分别为 32cm 和 28cm。由于生产设备和生产工艺的限制，对于规格 1 的镀锡板原料，只可以按照图 3.2 中的模式 1、模式 2 或模式 3 进行冲压；对于规格 2 的镀锡板原料只能按照图 3.2 中的模式 4 进行冲压。使用模式 1、模式 2、模式 3、模式 4 进行每次冲压所需要的时间分别为 1.5s、2s、1s、3s。

该工厂每周工作 40 小时，每周可供使用的规格 1、规格 2 的镀锡板原料分别为 5 万张和 2 万张。目前每个易拉罐的利润为 0.10 元，原料余料损失为 0.001 元/cm^2（如果有罐身、上盖或下底不能配套组装成易拉罐，也将其看成原料余料损失）。

问：工厂应如何安排每周的生产？

分析与解答

计算出每种模式下的余料、罐身面积、罐底或罐盖面积。

罐身面积：$s_1 = \pi \times 5 \times 10 = 157.08 (\text{cm}^2)$

罐底或罐盖面积：$s_2 = \pi \times 5^2 / 4 = 19.63 (\text{cm}^2)$

模式 1 的余料：$r_1 = 24 \times 24 - s_1 - 10 \times s_2 = 222.62 (\text{cm}^2)$

模式 2 的余料：$r_2 = 24 \times 24 - 2 \times s_1 - 4 \times s_2 = 183.3 (\text{cm}^2)$

模式 3 的余料：$r_3 = 24 \times 24 - 16 \times s_2 = 261.92 (\text{cm}^2)$

模式 4 的余料：$r_4 = 32 \times 28 - 4 \times s_1 - 5 \times s_2 = 169.5 (\text{cm}^2)$

将 4 种冲压模式的相关信息列于表 3.7 中。

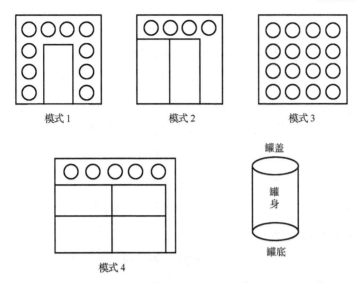

图 3.2 模式与易拉罐示意图

表 3.7 4 种冲压模式的相关信息

模　　式	罐身个数/个	罐底、罐盖个数/个	余料损失/cm²	冲压时间/s	变　　量
模式 1	1	10	222.62	1.5	x_1
模式 2	2	4	183.3	2	x_2
模式 3	0	16	261.92	1	x_3
模式 4	4	5	169.5	3	x_4

模型建立

决策变量　用 x_i 表示按照第 i（$i=1,2,3,4$）种模式的冲压次数，k 表示一周生产的易拉罐个数。为计算不能配套组装的罐身、罐底和罐盖造成的原料损失，用 L_1 表示不配套的罐身个数，L_2 表示不配套的罐底和罐盖个数。其中，x_i, k, L_1, L_2 均是整数。

决策目标　假设每周生产的易拉罐均能够全部售出，工厂每周的销售利润是 $0.1\times k$。原料余料损失包括两部分：4 种冲压模式下的余料损失和不配套的罐身、罐底和罐盖造成的原料损失，则总的余料损失为

$$0.001\times\left(\sum_{i=1}^{4} r_i \cdot x_i + 157.08 L_1 + 19.64 L_2\right)$$

目标函数为收益最大，即

$$\max z = 0.1\times k - 0.001\times\left(\sum_{i=1}^{4} r_i \cdot x_i + 157.08 L_1 + 19.64 L_2\right)$$

约束条件

时间约束：每周工作时间不超过 40 小时=144000s，则有

$$1.5x_1 + 2x_2 + x_3 + 3x_4 \leqslant 144000$$

原料约束：每周可使用的规格 1 的镀锡板原料为 50000 张，则有

$$x_1 + x_2 + x_3 \leqslant 50000$$

每周可使用的规格 2 的镀锡板原料 20000 张，则有

$$x_4 \leqslant 20000$$

配套约束

由冲压模式可知，每周生产的罐身个数与易拉罐个数满足

$$k \leqslant x_1 + 2x_2 + 4x_4$$

一周生产的罐底、罐盖个数与易拉罐个数满足

$$2k \leqslant 10x_1 + 4x_2 + 16x_3 + 5x_4$$

不配套的罐身个数 L_1 满足

$$L_1 = x_1 + 2x_2 + 4x_4 - k$$

不配套的罐底、罐盖个数 L_2 满足

$$L_2 = 10x_1 + 4x_2 + 16x_3 + 5x_4 - 2k$$

则总的整数线性规划模型为

$$\max z = 0.1 \times k - 0.001 \times \left(\sum_{i=1}^{4} r_i \cdot x_i + 157.08 L_1 + 19.64 L_2 \right)$$

$$\text{s.t.} \begin{cases} 1.5x_1 + 2x_2 + x_3 + 3x_4 \leqslant 144000 \\ x_1 + x_2 + x_3 \leqslant 50000 \\ x_4 \leqslant 20000 \\ k \leqslant x_1 + 2x_2 + 4x_4 \\ 2k \leqslant 10x_1 + 4x_2 + 16x_3 + 5x_4 \\ L_1 = x_1 + 2x_2 + 4x_4 - k \\ L_2 = 10x_1 + 4x_2 + 16x_3 + 5x_4 - 2k \\ x_1, x_2, x_3, x_4 \text{取整数} \\ k, L_1, L_2 \text{取整数} \end{cases}$$

其中，$r_1 = 222.57, r_2 = 183.3, r_3 = 261.84, r_4 = 169.5$。

利用 LINGO 解得：目标值 z=4298.188，$x_1 = 7500, x_2 = 36375, x_3 = 0, x_4 = 20000$，$k = 160250$，$L_1 = 0, L_2 = 0$。

说明冲压第 1 种模式的镀锡板为 7500 张，第 2 种模式的镀锡板为 36375 张，第 3 种模式的镀锡板为 0 张，第 4 种模式的镀锡板为 20000 张，则规格 1 的镀锡板剩余 $50000 - (7500 + 36375) = 6125$（张），规格 2 的镀锡板无剩余。故生产易拉罐为 160250 个，罐身、罐底和罐盖都无剩余。总销售利润为 4298.188 元。

LINGO 程序如下（见 chap3_8.lg4）。

```
model:
sets:
```

```
model/1..4/:r,x;
endsets
data:
r=222.57,183.3,261.84,169.5;
enddata
max=0.1*k-0.001*(@sum(model(i):x(i)*r(i))+157.08*L1+19.64*L2);
1.5*x(1)+2*x(2)+x(3)+3*x(4)<=144000;      !时间约束;
x(1)+x(2)+x(3)<=50000;                    !规格1的镀锡板张数约束;
x(4)<=20000;                              !规格2的镀锡板张数约束;
k<=x(1)+2*x(2)+4*x(4);                     !罐身个数满足条件;
2*k<=10*x(1)+4*x(2)+16*x(3)+5*x(4);        !罐底、罐盖个数满足约束;
L1=x(1)+2*x(2)+4*x(4)-k;                   !不配套的罐身个数;
L2=10*x(1)+4*x(2)+16*x(3)+5*x(4)-2*k;      !不配套的罐底、罐盖个数;
@for(model(i):@gin(x(i)));
@gin(k);@gin(L1);@gin(L2);
end
```

3.6 天然肠衣问题

天然肠衣制作加工是我国的一个传统产业，肠衣的出口量占世界首位。肠衣经过清洗整理后被分割成长度不等的小段（原料），然后进入组装工序。传统的生产方式依靠人工，边测量原料长度边进行计算，将原料按指定根数和总长度组装出成品（捆）。

原料按长度分档，通常以 0.5m 为一档，如 14～14.4m 按 14m 计算，14.5～14.9m 按 14.5m 计算，其余的依此类推。为了提高生产效率，公司计划改变组装工艺，先测量所有原料，建立一个原料表，表 3.8 为某批次原料表。然后根据以上成品和原料描述，设计一个原料搭配方案，工人根据这个方案进行生产。每捆标准长度为 89m，根数为 5 根。

表 3.8 某批次原料表

长度/m	14～14.4	14.5～14.9	15～15.4	15.5～15.9	16～16.4	16.5～16.9	17～17.4
根数/根	35	29	30	42	28	42	45
长度/m	17.5～17.9	18～18.4	18.5～18.9	19～19.4	19.5～19.9	20～20.4	20.5～20.9
根数/根	49	50	64	52	63	49	35
长度/m	21～21.4	21.5～21.9	22～22.4	22.5～22.9	23.5～23.9	25.5～25.9	—
根数/根	27	16	12	2	6	1	—

公司对搭配方案有以下具体要求。

（1）对于给定的一批原料，装出的成品捆数越多越好。

（2）对于成品捆数相同的方案，由于每捆产品的原材料中的最短长度并不相同，所以要求最短长度越长的产品越多越好。

（3）为提高原料使用率，总长度允许有±0.5m 的误差，总根数允许比标准少 1 根。

（4）为减少组装的复杂性，要求组装的模式尽可能最少。这里同种模式表示各种长度的肠衣构成情况相同。

建立上述问题的数学模型，并给出求解方法，并对表 3.8 给出的实际数据进行求解，给出组装方案（该题根据全国数学建模竞赛 2011D 改编）。

问题求解

首先求出 20 种肠衣根据原料可组装成捆的所有模式，然后建立线性规划模型求解。

编写 MATLAB 程序求出 20 种肠衣根据原料可组装成捆的所有模式，然后在模式中选择最佳的组装模式。

问题分析

（1）最大捆数分析

将原料根数为 0 的去掉，这样总共有 20 种原料。设第 i 种原料的长度为 l_i m，根数为 a_i 根，$i=1,2,\cdots,20$。其中，$l_i = 14,14.5,15,15.5,16,16.5,17,17.5,18,18.5,19,19.5,20,20.5,21,21.5,22,22.5,23.5,25.5$，$a_i = 35,29,30,42,28,42,45,49,50,64,52,63,49,35,27,16,12,2,6,1$。

20 种原料中，总长度为

$$L = \sum_{i=1}^{20} a_i \cdot l_i = 12159.5 \text{(m)}$$

每捆长度最短为 88.5m，因此捆数最多为

$$K \leqslant [12195.5 / 88.5] = [137.8] = 137 \text{ （捆）}$$

其中，[.] 表示取整数。

20 种原料的总根数为

$$T = \sum_{i=1}^{20} a_i = 677 \text{ （根）}$$

每捆最少为 4 根，因此捆数最多为

$$K \leqslant [677 / 4] = [169.25] = 169 \text{ （捆）}$$

两者取最小值，因此 $K \leqslant 137$。

（2）每捆成品的组装模式分析

每捆成品可以有不同的组装模式，每种模式由一个向量 $(x_1, x_2, \cdots, x_{20})$ 构成。x_i 表示第 i 种材料的根数，则各 x_i 取值的最大整数值为

$$M_i = \min\left\{a_i, \left[\frac{89.5}{l_i}\right], 5\right\}, \quad i=1,2,\cdots,20$$

计算得到各 x_i 的最大取值 M_i 分别为 5, 5, 5,5, 5, 5, 5, 5, 4, 4, 4, 4, 4, 4, 4, 4, 4, 2, 3, 1。

如果直接对各 x_i 从 0~ M_i 进行完全枚举所有符合条件的模式，则计算量为

$$T = \prod_{i=1}^{20} (M_i + 1) = (5+1)^8 (4+1)^9 (2+1)(3+1)(1+1) \approx 7.87 \times 10^{13}$$

如此巨大的计算量很难进行枚举，故我们通过剪枝计算减少计算量。采用 MATLAB 编程，可在不到 1s 的时间内计算出所有模式，其模式总数为 2783 种。实现的 MATLAB 程序见后文 chap3_9.m。部分模式向量示意图如图 3.3 所示。

```
14   14.5 15 15.5 — — — — — — — — — — — 22 22.5 23.5 25.5

0  0  0  0  0  0  0  0  0  0  0  0  0  0  0  0  2  2  0  0
0  0  0  0  0  0  0  0  0  0  0  0  0  0  0  0  3  0  1  0
0  0  0  0  0  0  0  0  0  0  0  0  0  0  0  0  3  1  0  0
0  0  0  0  0  0  0  0  0  0  0  0  0  0  0  1  1  1  1  0
0  0  0  0  0  0  0  0  0  0  0  0  0  0  0  1  1  2  0  0
0  0  0  0  0  0  0  0  0  0  0  0  0  0  0  1  2  0  1  0
0  0  0  0  0  0  0  0  0  0  0  0  0  0  0  2  0  1  1  0
0  0  0  0  0  0  0  0  0  0  0  0  0  0  0  2  1  0  1  0
0  0  0  0  0  0  0  0  0  0  0  0  0  0  0  1  0  0  2  1
0  0  0  0  0  0  0  0  0  0  0  0  0  0  0  1  0  1  1  0
0  0  0  0  0  0  0  0  0  0  0  0  0  0  0  1  0  0  2  0
0  0  0  0  0  0  0  0  0  0  0  0  0  0  0  1  1  0  1  0
0  0  0  0  0  0  0  0  0  0  0  0  0  0  0  2  0  1  0  1

2  1  0  0  0  0  0  0  0  0  0  0  0  0  0  0  0  0  2  0
2  1  0  0  0  0  0  0  0  0  0  0  0  0  0  0  0  1  1  0
2  1  0  0  0  0  0  0  0  0  0  0  0  0  0  0  1  0  0  1
2  1  0  0  0  0  0  0  0  0  0  0  0  0  1  0  0  0  0  1
2  1  0  0  0  0  0  0  0  0  0  0  0  1  0  0  0  0  0  1
3  0  0  0  0  0  0  0  0  0  0  0  0  0  0  0  0  0  0  2
3  0  0  0  0  0  0  0  0  0  0  0  0  0  0  0  0  1  1  0
3  0  0  0  0  0  0  0  0  0  0  0  0  0  1  0  0  0  0  1
3  0  0  0  0  0  0  0  0  0  0  0  0  0  1  0  0  0  0  1
```

图 3.3　部分模式向量示意图

（3）模型建立

设共有 n（$n=2783$）种模式，每种模式均为一个 20 维的列向量，表示一种符合条件的模式，即根数满足 4 根或 5 根，长度为 88.5m 或 89m 或 89.5m 为一捆。所有这些模式用矩阵 $\boldsymbol{B}_{2073\times20}$ 表示。b_{ij} 表示第 i 种模式中第 j 种长度的肠衣的根数，$i=1,2,\cdots,2783$；$j=1,2,\cdots,20$。所有模式向量均可以由前面计算得到。

决策变量为第 i 种模式 x_i 捆，则成品捆数最多的目标函数为

$$\max Z_1 = \sum_{i=1}^{2783} x_i$$

现设法找到所有模式中最短长度档位中的最长成品模式。在 MATLAB 中通过编程进行剪枝计算，在得到的 2783 种模式中，每捆最短长度档位中的最长成品有 3 种模式，第一种是模式 1，由 2 根 22m 和 2 根 22.5m 构成；第二种是模式 2，由 3 根 22m 和 1 根 22.5m 构成；第三种是模式 3，由 3 根 22m 和 1 根 23.5m 构成，则第二目标要求最短长度档位中的最长成品捆数最多，有

$$\max Z_2 = x_1 + x_2 + x_3$$

需要满足的约束条件为各种长度的原料数量，则有

$$\sum_{i=1}^{2783} x_i b_{ij} \leqslant a_j,\ j=1,2,\cdots,20$$

其中，a_j 表示第 j 种长度的原料的根数。

更进一步地，从实际问题出发，当组装模式比较多时，会增加组装操作的复杂性，导致花费更长的组装时间，因此要求使组装的模式尽量少。因此我们在前面两个目标情况下，考虑使组装模式最少的方案。

建立决策变量

$$y_i = \begin{cases} 1, & \text{第}i\text{种模式被选中} \\ 0, & \text{第}i\text{种模式未被选中} \end{cases}, \quad i = 1, 2, \cdots, 2783$$

我们建立的第三目标为总模式数最小，即

$$\min Z_3 = \sum_{i=1}^{2783} y_i$$

需要满足的约束有：当第 i 种模式未被选中时，不能选取该种模式，且选中时不影响 x_i 的取值，则有

$$x_i \leqslant M \cdot y_i, \quad i = 1, 2, \cdots, 2783$$

其中，M 为一个足够大的整数，如可取 $M = 200$。

当第 i 种模式被选中时，该种模式下一定有成品，则有

$$x_i \geqslant y_i, \quad i = 1, 2, \cdots, 2783$$

则总的模型为

$$\max Z_1 = \sum_{i=1}^{2783} x_i$$

$$\max Z_2 = x_1 + x_2 + x_3$$

$$\min Z_3 = \sum_{i=1}^{2783} y_i$$

$$\text{s.t.} \begin{cases} \sum_{i=1}^{2783} x_i b_{ij} \leqslant a_j, & j = 1, 2, \cdots, 20 \\ x_i \leqslant M \cdot y_i, & i = 1, 2, \cdots, 2783 \\ x_i \geqslant y_i, & i = 1, 2, \cdots, 2783 \\ x_i \text{为整数}, y_i = 0\text{或}1, & i = 1, 2, \cdots, 2783 \end{cases}$$

其中，a =35,29,30,42,28,42,45,49,50,64,52,63,49,35,27,16,12,2,6,1。

实现该问题的 LINGO 程序见后文的 chap3_10.lg4。

令第一目标 Z_1 最大，利用 LINGO 计算得到 $Z_1 = 137$，最短长度为 22m 的有 2 捆，其模式由 3 根 22m 和 1 根 23.5m 构成。该结果还不是最优解。

将 $Z_1 = 137$ 变为约束条件，令 Z_2 最大，利用 LINGO 求解，得到 $Z_2 = 3$ 的最优解，在这种情况下，原料无剩余，但使用模式有 32 种。

再将 $Z_1 = 137, Z_2 = 3$ 作为约束，使目标 Z_3 最小，利用 LINGO 得到总模式为 16 种的搭配方案。

具体搭配方案如表 3.9 所示。该结果由后文的 MATLAB 程序 chap3_9.m 生成。

在该方案中，总捆数为 137 捆，达到最大，共使用模式为 16 种，达到最小。最短长度为 22m 的有 3 捆，分别为：1 捆模式为 2 根 22m 和 2 根 22.5m 的原料。2 捆模式为 3 根 22m 和 1 根 23.5m 的原料。总共使用原材料 677 根，总长度为 12159.5m，恰好将全部原料用完。该搭配方案达到最优。

表3.9 具体搭配方案（粗体为最短长度中的最长成品方案）

序号	模　式	长度/m	根数/根	捆数/捆
1	**22.0m 2 根，22.5m 2 根**	89.0	4	1
2	**22.0m 3 根，23.5m 1 根**	89.5	4	2
3	21.5m 2 根，22.0m 1 根，23.5m 1 根	88.5	4	4
4	21.0m 1 根，21.5m 2 根，25.5m 1 根	89.5	4	1
5	16.5m 1 根，17.0m 1 根，18.0m 1 根，18.5m 1 根，19.5m 1 根	89.5	5	5
6	16.5m 1 根，17.0m 1 根，17.5m 1 根，18.5m 1 根，19.5m 1 根	89.0	5	15
7	16.5m 2 根，17.0m 2 根，21.5m 1 根	88.5	5	1
8	15.5m 1 根，17.5m 1 根，18.0m 1 根，18.5m 1 根，19.0m 1 根	88.5	5	34
9	15.5m 1 根，16.5m 1 根，18.0m 1 根，19.0m 1 根，19.5m 1 根	88.5	5	8
10	15.0m 1 根，16.0m 1 根，16.5m 1 根，19.5m 1 根，21.5m 1 根	88.5	5	2
11	14.5m 1 根，18.0m 1 根，18.5m 1 根，19.0m 1 根，19.5m 1 根	89.5	5	3
12	14.5m 1 根，16.0m 1 根，17.0m 1 根，20.0m 1 根，21.0m 1 根	88.5	5	23
13	14.5m 1 根，16.0m 1 根，16.5m 1 根，21.0m 1 根，21.5m 1 根	89.5	5	3
14	14.0m 1 根，16.5m 1 根，18.5m 1 根，19.0m 1 根，20.5m 1 根	88.5	5	7
15	14.0m 1 根，15.0m 1 根，19.5m 1 根，20.0m 1 根，20.5m 1 根	89.0	5	26
16	14.0m 1 根，15.0m 1 根，19.5m 2 根，20.5m 1 根	88.5	5	2
总计				137

以下是输出结果，也是最终方案。

　　序号1，模式：22.0m 2 根，22.5m 2 根，长度89.0m，4根，1捆．
　　序号2，模式：22.0m 3 根，23.5m 1 根，长度89.5m，4根，2捆．
　　序号3，模式：21.5m 2 根，22.0m 1 根，23.5m 1 根，长度88.5m，4根，4捆．
　　序号4，模式：21.0m 1 根，21.5m 2 根，25.5m 1 根，长度89.5m，4根，1捆．
　　序号5，模式：16.5m 1 根，17.0m 1 根，18.0m 1 根，18.5m 1 根，19.5m 1 根，长度89.5m，5根，5捆．
　　序号6，模式：16.5m 1 根，17.0m 1 根，17.5m 1 根，18.5m 1 根，19.5m 1 根，长度89.0m，5根，15捆．
　　序号7，模式：16.5m 2 根，17.0m 2 根，21.5m 1 根，长度88.5m，5根，1捆．
　　序号8，模式：15.5m 1 根，17.5m 1 根，18.0m 1 根，18.5m 1 根，19.0m 1 根，长度88.5m，5根，34捆．
　　序号9，模式：15.5m 1 根，16.5m 1 根，18.0m 1 根，19.0m 1 根，19.5m 1 根，长度88.5m，5根，8捆．
　　序号10，模式：15.0m 1 根，16.0m 1 根，16.5m 1 根，19.5m 1 根，21.5m 1 根，长度88.5m，5根，2捆．
　　序号11，模式：14.5m 1 根，18.0m 1 根，18.5m 1 根，19.0m 1 根，19.5m 1 根，长度89.5m，5根，3捆．
　　序号12，模式：14.5m 1 根，16.0m 1 根，17.0m 1 根，20.0m 1 根，21.0m 1 根，长度88.5m，5根，23捆．
　　序号13，模式：14.5m 1 根，16.0m 1 根，16.5m 1 根，21.0m 1 根，21.5m 1 根，长度89.5m，5根，3捆．
　　序号14，模式：14.0m 1 根，16.5m 1 根，18.5m 1 根，19.0m 1 根，20.5m 1 根，长度88.5m，5根，7捆．

序号 15，模式：14.0m 1 根，15.0m 1 根，19.5m 1 根，20.0m 1 根，20.5m 1 根，长度 89.0m，5 根，26 捆.

序号 16，模式：14.0m 1 根，15.0m 1 根，19.5m 2 根，20.5m 1 根，长度 88.5m，5 根，2 捆.

输出所有模式的 MATLAB 程序如下（见 chap3_9.m），该程序采用剪枝法枚举所有模式。输出文件为 changyi.txt，该文件按行存储所有模式。方便后面的 LINGO 程序调用该数据文件。

```
%20 种长度
l=[14,14.5,15,15.5,16,16.5,17,17.5,18,18.5,19,19.5,20,20.5,21,21.5,22,22.5,23.5,25.5];
a=[35,29,30,42,28,42,45,49,50,64,52,63,49,35,27,16,12,2,6,1];
                                    %20 种原料的根数
L=l*a';                             %总长度
Total=floor(L/88.5);                %最多根数
 fprintf('最大捆数:%2d\n',Total);
n=length(l);

g=zeros(1,n);
for i=1:n
    t=min(5,floor(89.5/l(i)));
    g(i)=min(t,a(i));               %获得各种长度的类型肠衣的最多根数
end

Model=zeros(1,20);                  %记录模式
 L=zeros(1,300);                    %记录每种模式的最短长度

Total=0;
fid=fopen('d:\lingo12\dat\changyi.txt','w');
                                    %指定输出所有模式的文件名，即模型中的矩阵 B

for i1=0:g(1)
    Len=i1*l(1);
    Gen=i1;
  if  Len>89.5 || Gen>5 break; end  %若长度或根数超过限制则跳出该循环，下同
    for i2=0:g(2)
        Len=i1*l(1)+i2*l(2);
        Gen=i1+i2;
        if Len>89.5 ||Gen>5 break; end
        for i3=0:g(3)
            Len=i1*l(1)+i2*l(2)+i3*l(3);
        Gen=i1+i2+i3;
        if Len>89.5 ||Gen>5 break; end

          for i4=0:g(4)
              Len=i1*l(1)+i2*l(2)+i3*l(3)+i4*l(4);
            Gen=i1+i2+i3+i4;
```

```
            if Len>89.5 ||Gen>5 break; end

    for i5=0:g(5)
        Len=i1*l(1)+i2*l(2)+i3*l(3)+i4*l(4)+i5*l(5);
        Gen=i1+i2+i3+i4+i5;
        if Len>89.5 ||Gen>5 break; end

      for i6=0:g(6)
          Len=i1*l(1)+i2*l(2)+i3*l(3)+i4*l(4)+i5*l(5)+ i6*l(6);
          Gen=i1+i2+i3+i4+i5+i6;
          if Len>89.5 ||Gen>5 break; end

        for i7=0:g(7)
            Len=i1*l(1)+i2*l(2)+i3*l(3)+i4*l(4)+i5*l(5)+
                i6*l(6)+i7*l(7);
            Gen=i1+i2+i3+i4+i5+i6+i7;
            if Len>89.5 ||Gen>5 break; end

          for i8=0:g(8)
          Len=i1*l(1)+i2*l(2)+i3*l(3)+i4*l(4)+i5*l(5)+
                i6*l(6)+i7*l(7);
          Len=Len+i8*l(8);
          Gen=i1+i2+i3+i4+i5+i6+i7+i8;
          if Len>89.5 ||Gen>5 break; end

            for i9=0:g(9)
            Len=i1*l(1)+i2*l(2)+i3*l(3)+i4*l(4)+i5*l(5)+
                i6*l(6)+i7*l(7);
            Len=Len+i8*l(8)+i9*l(9);
            Gen=i1+i2+i3+i4+i5+i6+i7+i8+i9;
            if Len>89.5 ||Gen>5 break; end

            for i10=0:g(10)
            Len=i1*l(1)+i2*l(2)+i3*l(3)+i4*l(4)+i5*l(5)+
                i6*l(6)+i7*l(7);
            Len=Len+i8*l(8)+i9*l(9)+i10*l(10);
            Gen=i1+i2+i3+i4+i5+i6+i7+i8+i9+i10;
            if Len>89.5 ||Gen>5 break; end

            for i11=0:g(11)
            Len=i1*l(1)+i2*l(2)+i3*l(3)+i4*l(4)+i5*l(5)+
                i6*l(6)+i7*l(7);
            Len=Len+i8*l(8)+i9*l(9)+i10*l(10)+ i11*l(11);
            Gen=i1+i2+i3+i4+i5+i6+i7+i8+i9+i10+i11;
            if Len>89.5 ||Gen>5 break; end

            for i12=0:g(12)
```

```
                      Len=i1*l(1)+i2*l(2)+i3*l(3)+i4*l(4)+ i5*l(5)+
                            i6*l(6)+i7*l(7);
                      Len=Len+i8*l(8)+i9*l(9)+i10*l(10)+i11*l(11)+
                            i12*l(12);
                      Gen=i1+i2+i3+i4+i5+i6+i7+i8+i9+i10+i11+i12;
                      if Len>89.5 ||Gen>5 break; end

                       for i13=0:g(13)
                      Len=i1*l(1)+i2*l(2)+i3*l(3)+i4*l(4)+i5*l(5)+
                            i6*l(6)+i7*l(7);
            Len=Len+i8*l(8)+i9*l(9)+i10*l(10)+i11*l(11)+i12*l(12)+i13*l(13);
                      Gen=i1+i2+i3+i4+i5+i6+i7+i8+i9+i10+ i11+i12+i13;
                      if Len>89.5 ||Gen>5 break; end

                       for i14=0:g(14)
                      Len=i1*l(1)+i2*l(2)+i3*l(3)+i4*l(4)+i5*l(5)+
                            i6*l(6)+i7*l(7);
            Len=Len+i8*l(8)+i9*l(9)+i10*l(10)+i11*l(11)+i12*l(12)+i13*l(13);
                      Len=Len+i14*l(14);
                      Gen=i1+i2+i3+i4+i5+i6+i7+i8+i9+i10+i11+i12+
                            i13+i14;
                      if Len>89.5 ||Gen>5 break; end

                       for i15=0:g(15)
                      Len=i1*l(1)+i2*l(2)+i3*l(3)+i4*l(4)+i5*l(5)+
                            i6*l(6)+i7*l(7);
            Len=Len+i8*l(8)+i9*l(9)+i10*l(10)+i11*l(11)+i12*l(12)+i13*l(13);
                      Len=Len+i14*l(14)+i15*l(15);
            Gen=i1+i2+i3+i4+i5+i6+i7+i8+i9+i10+i11+i12+i13+i14+i15;
                      if Len>89.5 ||Gen>5 break; end
                       for i16=0:g(16)
                      Len=i1*l(1)+i2*l(2)+i3*l(3)+i4*l(4)+i5*l(5)+
                            i6*l(6)+i7*l(7);
            Len=Len+i8*l(8)+i9*l(9)+i10*l(10)+i11*l(11)+i12*l(12)+i13*l(13);
                      Len=Len+i14*l(14)+i15*l(15)+i16*l(16);
            Gen=i1+i2+i3+i4+i5+i6+i7+i8+i9+i10+i11+ i12+i13+i14+i15+i16;
                      if Len>89.5 ||Gen>5 break; end
                 for i17=0:g(17)
                Len=i1*l(1)+i2*l(2)+i3*l(3)+i4*l(4)+i5*l(5)+i6*l(6)+i7*l(7);
            Len=Len+i8*l(8)+i9*l(9)+i10*l(10)+i11*l(11)+i12*l(12)+i13*l(13);
                 Len=Len+i14*l(14)+i15*l(15)+i16*l(16)+i17*l(17);
               Gen=i1+i2+i3+i4+i5+i6+i7+i8+i9+i10+i11+i12+i13+i14+i15+i16+i17;
                      if Len>89.5 ||Gen>5 break; end

                       for i18=0:g(18)
            Len=i1*l(1)+i2*l(2)+i3*l(3)+i4*l(4)+ i5*l(5)+i6*l(6)+i7*l(7);
            Len=Len+i8*l(8)+i9*l(9)+i10*l(10)+ i11*l(11)+i12*l(12)+i13*l(13);
```

```
Len=Len+i14*l(14)+i15*l(15)+i16*l(16)+ i17*l(17)+i18*l(18);
Gen=i1+i2+i3+i4+i5+i6+i7+i8+i9+i10+i11+i12+ i13+i14+i15+i16+i17+i18;
            if Len>89.5 ||Gen>5 break; end
        for i19=0:g(19)
Len=i1*l(1)+i2*l(2)+i3*l(3)+i4*l(4)+ i5*l(5)+i6*l(6)+i7*l(7);
Len=Len+i8*l(8)+i9*l(9)+i10*l(10)+i11*l(11)+ i12*l(12)+i13*l(13);
Len=Len+i14*l(14)+i15*l(15)+i16*l(16)+i17*l(17)+i18*l(18)+i19*l(19);
Gen=i1+i2+i3+i4+i5+i6+i7+i8+i9+i10+i11+i12+i13+i14+i15+i16+i17+i18+i19;
            if Len>89.5 ||Gen>5 break; end
        for i20=0:g(20)
Len=i1*l(1)+i2*l(2)+i3*l(3)+i4*l(4)+ i5*l(5)+i6*l(6)+i7*l(7);
Len=Len+i8*l(8)+i9*l(9)+i10*l(10)+i11*l(11)+ i12*l(12)+i13*l(13)+i14*l(14);
Len=Len+i15*l(15)+i16*l(16)+i17*l(17)+ i18*l(18)+i19*l(19)+i20*l(20);
Gen=i1+i2+i3+i4+i5+i6+i7+i8+i9+i10+i11+i12+i13+i14+i15+i16+i17+i18+i19+i20;

            if Len>=88.5&&Len<=89.5&&Gen>=4&&Gen<=5
            Total=Total+1; %统计总模式
            Model(1)=i1; Model(2)=i2; Model(3)=i3; Model(4)=i4;
            Model(5)=i5; Model(6)=i6; Model(7)=i7; Model(8)=i8;
            Model(9)=i9; Model(10)=i10; Model(11)=i11;
            Model(12)=i12; Model(13)=i13; Model(14)=i14;
            Model(15)=i15; Model(16)=i16; Model(17)=i17;
            Model(18)=i18; Model(19)=i19; Model(20)=i20;

    s1=0; s2=0;
 for j=1:20
 s1=s1+l(j)*Model(j);    %计算该模式的长度
 s2=s2+Model(j); %统计该模式的根数,再一次检查是否符合要求,注意不是必需的
 end

        for j=1:20
        if Model(j)>0 L(Total)=l(j); break; end
                        %获得该种模式的最短长度
         end
         for j=1:20
         fprintf(fid,'%2d ',Model(j)); %输出该模式到指定文件中
         end
         fprintf (fid,'\n');

            end
            end
            end
            end
            end
            end
            end
            end
```

```
                    end
                  end
                end
              end
            end
                      end
                    end
                  end
                end
              end
            end
          end
        end
      end

    fclose(fid);
     fprintf('总模式%2d ',Total);
```

进行优化计算的 LINGO 程序如下（见 chap3_10.lg4）。

```
    model:
    sets:
    kind/1..2783/:x,y;
    type/1..20/:l,a,R;
    assign(kind,type):model;
    endsets
    data:
    l=14,14.5,15,15.5,16,16.5,17,17.5,18,18.5,19,19.5,20,20.5,21,21.5,22,
22.5,23.5,25.5;
    a=35,29,30,42,28,42,45,49,50,64,52,63,49,35,27,16,12,2,6,1;
    model=@file('d:\lingo12\dat\changyi.txt');  !注意修改路径;
    @text()=@writefor(kind(i)|x(i)#GT#0:'x(',i,')=',x(i),';');
    @text()=@writefor(type(j)|R(j)#GT#0:'R(',j,')=',R(j),';');
    enddata

     max=z1;
      z1=@sum(kind(i):x(i));                         !目标函数1;
      z2=x(1)+x(2)+x(3);                             !目标函数2;
      z3=@sum(kind(i):y(i));                         !目标函数3;
     @for(type(j):@sum(kind(i):x(i)*model(i,j))<=a(j));   !原料约束;
     @for(type(j):R(j)=a(j)-@sum(kind(i):x(i)*model(i,j)));
     @for(kind(i):x(i)<=200*y(i));
     @for(kind(i):x(i)>=y(i));
     @for(kind(i):@gin(x(i)));
     @for(kind(i):@bin(y(i)));
     end
```

输出便于查看的表达形式的 MATLAB 程序如下（见 chap3_11.m），该程序是利用
chap3_10.lg4 计算得到的结果，调用 chap3_9.m 生成的文件 changyi.txt，生成便于查看的表达形式。

```
clear;
    load d:\lingo12\dat\changyi.txt    %注意修改路径
    Model=changyi;
    Len=length(Model);
    x=zeros(1,Len);
    %将 LINGO 程序计算结果复制在下面，便于输出、便于查看的结果形式
x(1)=1;x(2)=2;x(8)=4;x(14)=1;x(156)=5;x(165)=15;x(230)=1;x(496)=34;x(574)=8;
x(1089)=2;x(1357)=3;x(1605)=23;x(1615)=3;x(2154)=7;x(2437)=26;x(2441)=2;
%20 种长度
    l=[14,14.5,15,15.5,16,16.5,17,17.5,18,18.5,19,19.5,20,20.5,21,21.5,2
2,22.5,23.5,25.5];
    a=[35,29,30,42,28,42,45,49,50,64,52,63,49,35,27,16,12,2,6,1];
                        %20 种原料的根数
    n=length(l);
    %输出 LINGO 结果对应的模式
    %对根数和长度的限制
        number=0;
        S=[];
        G=[];
        P=[];
        Gen=0;                          %总计总根数
        Kun=0;                          %总捆数
        TotalLen=0;                     %计算总长度
    for i=1:Len
      if x(i)>0
        s1=0;
        g1=0;
        number=number+1;
        for j=1:n
            s1=s1+Model(i,j)*l(j);      %计算长度
            g1=g1+Model(i,j);           %计算根数
        end
        S=[S,s1];
        G=[G,g1];
        P=[P,x(i)];
        fprintf('序号%2d,模式:',number);
        for j=1:n
            if Model(i,j)>0 fprintf('%3.1fm%1d 根, ',l(j),Model(i,j));  end
        end
        fprintf('长度%3.1f m ,%1d 根,%2d 捆.',s1,g1,x(i));
          fprintf('\n');
          Gen=Gen+g1*x(i);                      %计算总根数
          Kun=Kun+x(i);                         %计算总捆数
          TotalLen=TotalLen+s1*x(i);            %计算总长度
      end  % end if x(i)>0
    end
    fprintf('总长度%6.1fm总根数%1d根 总捆数%1d捆\n',TotalLen,Gen,Kun);
```

程序运行结果如下：

序号1,模式:22.0m 2根, 22.5m 2根, 长度89.0m ,4根, 1捆.
序号2,模式:22.0m 3根, 23.5m 1根, 长度89.5m ,4根, 2捆.
序号3,模式:21.5m 2根, 22.0m 1根, 23.5m 1根, 长度88.5m ,4根, 4捆.
序号4,模式:21.0m 1根, 21.5m 2根, 25.5m 1根, 长度89.5m ,4根, 1捆.
序号5,模式:16.5m 1根, 17.0m 1根, 18.0m 1根, 18.5m 1根, 19.5m 1根, 长度89.5m ,5根, 5捆.
序号6,模式:16.5m 1根, 17.0m 1根, 17.5m 1根, 18.5m 1根, 19.5m 1根, 长度89.0m ,5根,15捆.
序号7,模式:16.5m 2根, 17.0m 2根, 21.5m 1根, 长度88.5m ,5根, 1捆.
序号8,模式:15.5m 1根, 17.5m 1根, 18.0m 1根, 18.5m 1根, 19.0m 1根, 长度88.5m ,5根,34捆.
序号9,模式:15.5m 1根, 16.5m 1根, 18.0m 1根, 19.0m 1根, 19.5m 1根, 长度88.5m ,5根, 8捆.
序号10,模式:15.0m 1根, 16.0m 1根, 16.5m 1根, 19.5m 1根, 21.5m 1根, 长度88.5m ,5根, 2捆.
序号11,模式:14.5m 1根, 18.0m 1根, 18.5m 1根, 19.0m 1根, 19.5m 1根, 长度89.5m ,5根, 3捆.
序号12,模式:14.5m 1根, 16.0m 1根, 17.0m 1根, 20.0m 1根, 21.0m 1根, 长度88.5m ,5根,23捆.
序号13,模式:14.5m 1根, 16.0m 1根, 16.5m 1根, 21.0m 1根, 21.5m 1根, 长度89.5m ,5根, 3捆.
序号14,模式:14.0m 1根, 16.5m 1根, 18.5m 1根, 19.0m 1根, 20.5m 1根, 长度88.5m ,5根, 7捆.
序号15,模式:14.0m 1根, 15.0m 1根, 19.5m 1根, 20.0m 1根, 20.5m 1根, 长度89.0m ,5根,26捆.
序号16,模式:14.0m 1根, 15.0m 1根, 19.5m 2根, 20.5m 1根, 长度88.5m,5根, 2捆.
总长度12159.5m 总根数 677 根 总捆数 137 捆

该结果已在表 3.9 中体现。

第 4 章 图 论 模 型

4.1 图论中最短路径算法与程序实现

图论中的最短路径问题（包括无向图和有向图）是一个基本且经常遇到的问题，其主要算法有 Dijkstra 算法和 Floyd 算法。其中，Dijkstra 算法用于求出指定两点之间的最短路径，算法复杂度为 $O(n^2)$；Floyd 算法用于求出任意两点之间的最短路径，算法复杂度为 $O(n^3)$，其中 n 为顶点数。

1．Dijkstra 算法

假定给出一个网络 $N=(V,E,W)$，现在要求出任意点 i 到任意点 j 之间的最短路径，算法描述如下：

（1）给出初始点集合 $P=\{i\}$，剩余点集合 $Q=\{1,2,\cdots,n\}-P$。初始点 i 到各点的直接距离 $U_r=w_{ir}$，$r=1,2,\cdots,n$。

（2）在 Q 中寻找到点 i 距离最短的点 k，使得 $U_k=\min\limits_{r\in Q}\{U_r\}$，并使

$$P\bigcup\{k\}\to P,\qquad Q-\{k\}\to Q$$

（3）对于 Q 中的每个 r，若 $U_k+w_{kr}<U_r$，则

$$U_k+w_{kr}\to U_r$$

然后返回步骤（2）直到找到点 j 为止。

注：步骤（2）和步骤（3）实际上是每找到一个到点 i 距离最短的点 k，就更新一次从点 i 出发，通过集合 P 中的点到达 Q 中的点的最短距离。

该算法经过 $n-1$ 次循环结束。在整个算法过程中，步骤（2）最多进行 $\frac{1}{2}(n-1)(n-2)$ 次比较，步骤（3）最多进行 $\frac{1}{2}(n-1)(n-2)$ 次加法和比较，因此总的计算量是 $O(n^2)$。因此该算法是有效算法。

2．Floyd 算法

（1）根据已知的部分节点之间的连接信息，建立初始距离矩阵 $\boldsymbol{B}(i,j)$，$i,j=1,2,\cdots,n$，对于其中没有给出距离的两点，赋予其距离一个足够大数值，以便于更新。

（2）进行迭代计算。对于任意两点 (i,j)，若存在 k，使 $\boldsymbol{B}(i,k)+\boldsymbol{B}(k,j)<\boldsymbol{B}(i,j)$，则更新

$$\boldsymbol{B}(i,j)=\boldsymbol{B}(i,k)+\boldsymbol{B}(k,j)$$

（3）直到所有点的距离不再更新才停止计算，则得到最短路径距离矩阵 $\boldsymbol{B}(i,j)$，$i,j=1,2,\cdots,n$。

Floyd 算法程序如下：

```
for k=1:n
for i=1:n
    for j=1:n
        t=B(i,k)+B(k,j);
        if t<B(i,j)  B(i,j)=t; end
    end
end
end
```

实例 1 已知 50 个区域之间相互连接信息如表 4.1 所示，求最短距离矩阵。

表 4.1 50 个区域之间相互连接信息

区　域　号	区　域　号	距离/m
1	2	400
1	3	450
2	4	300
2	21	230
2	47	140
3	4	600
4	5	210
4	19	310
5	6	230
5	7	200
6	7	320
6	8	340
7	8	170
7	18	160
8	9	200
8	15	285
9	10	180
10	11	150
10	15	160
11	12	140
11	14	130
12	13	200
13	34	400
14	15	190
14	26	190
15	16	170
15	17	250
16	17	140
16	18	130

区　域　号	区　域　号	距离/m
17	27	240
18	19	204
18	25	180
19	20	140
19	24	175
20	21	180
20	24	190
21	22	300
21	23	270
21	47	350
22	44	160
22	45	270
22	48	180
23	24	240
23	29	210
23	30	290
23	44	150
24	25	170
24	28	130
26	27	140
26	34	320
27	28	190
28	29	260
29	31	190
30	31	240
30	42	130
30	43	210
31	32	230
31	36	260
31	50	210
32	33	190
32	35	140
32	36	240
33	34	210
35	37	160
36	39	180
36	40	190
37	38	135
38	39	130
39	41	310

区　域　号	区　域　号	距离/m
40	41	140
40	50	190
42	50	200
43	44	260
43	45	210
45	46	240
46	48	280
48	49	200

实现程序如下（见 chap4_1.m）。

```
n=50;                        %使用MATLAB实现的Floyd算法
A=zeros(n,n);
for i=1:n
    for j=1:n
        if(i==j) A(i,j)=0;
        else A(i,j)=100000;
        end
    end
end                          %赋直接距离信息
A(1,2)=400;A(1,3)=450; A(2,4)=300;A(2,21)=230; A(2,47)=140;A(3,4)=600;
A(4,5)=210;A(4,19)=310;A(5,6)=230;A(5,7)=200;  A(6,7)=320; A(6,8)=340;
A(7,8)=170;A(7,18)=160;A(8,9)=200;A(8,15)=285; A(9,10)=180; A(10,11)=150;
A(10,15)=160; A(11,12)=140; A(11,14)=130; A(12,13)=200; A(13,34)=400;
A(14,15)=190;A(14,26)=190; A(15,16)=170;  A(15,17)=250; A(16,17)=140;
A(16,18)=130; A(17,27)=240; A(18,19)=204; A(18,25)=180; A(19,20)=140;
A(19,24)=175; A(20,21)=180; A(20,24)=190; A(21,22)=300; A(21,23)=270;
A(21,47)=350;A(22,44)=160;A(22,45)=270;A(22,48)=180;A(23,24)=240;
A(23,29)=210;A(23,30)=290;A(23,44)=150;A(24,25)=170;A(24,28)=130;
A(26,27)=140;A(26,34)=320;A(27,28)=190;A(28,29)=260;A(29,31)=190;
A(30,31)=240;A(30,42)=130;A(30,43)=210;A(31,32)=230;A(31,36)=260;
A(31,50)=210;A(32,33)=190;A(32,35)=140;A(32,36)=240;A(33,34)=210;
A(35,37)=160;A(36,39)=180;A(36,40)=190;A(37,38)=135;A(38,39)=130;
A(39,41)=310;A(40,41)=140;A(40,50)=190;A(42,50)=200;A(43,44)=260;
A(43,45)=210;A(45,46)=240;A(46,48)=280;A(48,49)=200;
for j=1:n
    for i=1:j-1
        A(j,i)=A(i,j);          %使矩阵对称
    end
end
B=A;
%利用Floyd算法计算最短距离矩阵
for k=1:n
  for i=1 :n
    for j=1:n
```

```
            t=B(i,k)+B(k,j);
          if t<B(i,j)  B(i,j)=t; end
       end
    end
end
%输出距离矩阵到文件
fid=fopen('distance.txt','w');
  for i=1:n
     for j=1:n
        fprintf(fid,'%4d ',B(i,j));
     end
     fprintf(fid,'\n');
  end
  fclose(fid);
```

4.2 图论中 TSP 问题及 LINGO 求解技巧

巡回旅行商问题（Traveling Salesman Problem，TSP）也称货郎担问题。最早可以追溯到 1759 年 Euler 提出的骑士旅行问题。1948 年，由美国兰德公司推动，TSP 成为近代组合优化领域的一个典型难题，该问题已经被证明属于 NP 难题。

使用图论描述 TSP，给出一个图 $G=(V,E)$，每边 $e \in E$ 上有非负权值 $w(e)$，寻找图 G 中的 Hamilton 圈 C，使得 C 的总权 $W(C) = \sum\limits_{e \in E(C)} w(e)$ 最小。

几十年来，出现了很多近似优化算法，如近邻法、贪心算法、最近插入法、最远插入法、模拟退火算法及遗传算法。这里我们介绍利用 LINGO 求解问题的方法。

实例 2 设有一个售货员从 10 个城市中的某一个城市出发,去其他 9 个城市推销产品。10 个城市相互之间的距离如表 4.2 所示。要求售货员每次到达一个城市后，都要回到原出发城市。问他应如何选择路线，使总路程最短。

表 4.2 10 个城市相互之间的距离　　　　　　　　　　　　　　　　　单位：km

城市	1	2	3	4	5	6	7	8	9	10
1	0	7	4	5	8	6	12	13	11	18
2	7	0	3	10	9	14	5	14	17	17
3	4	3	0	5	9	10	21	8	27	12
4	5	10	5	0	14	9	10	9	23	16
5	8	9	9	14	0	7	8	7	20	19
6	6	14	10	9	7	0	13	5	25	13
7	12	5	21	10	8	13	0	23	21	18
8	13	14	8	9	7	5	23	0	18	12
9	11	17	27	23	20	25	21	18	0	16
10	18	17	12	16	19	13	18	12	16	0

我们采用线性规划的方法求解。

设城市之间距离用矩阵 d 来表示，d_{ij} 表示城市 i 与城市 j 之间的距离。设 0-1 矩阵 X 用来表示经过的各城市之间的路线。设

$$x_{ij} = \begin{cases} 0, & \text{若城市} i \text{不到城市} j \\ 1, & \text{若城市} i \text{到城市} j, \text{且} i \text{在} j \text{前} \end{cases}$$

考虑每个城市后只有一个城市，则

$$\sum_{\substack{j=1 \\ j \neq i}}^{n} x_{ij} = 1, \quad i = 1, \cdots, n \tag{4.1}$$

考虑每个城市前只有一个城市，则

$$\sum_{\substack{i=1 \\ i \neq j}}^{n} x_{ij} = 1, \quad j = 1, \cdots, n \tag{4.2}$$

两种方案示例如下。

设有 6 个城市，下面的矩阵各表示一种方案。

$$A = \begin{bmatrix} 0 & 1 & 0 & 0 & 0 & 0 \\ 0 & 0 & 1 & 0 & 0 & 0 \\ 0 & 0 & 0 & 1 & 0 & 0 \\ 0 & 0 & 0 & 0 & 1 & 0 \\ 0 & 0 & 0 & 0 & 0 & 1 \\ 1 & 0 & 0 & 0 & 0 & 0 \end{bmatrix} \qquad B = \begin{bmatrix} 0 & 1 & 0 & 0 & 0 & 0 \\ 0 & 0 & 1 & 0 & 0 & 0 \\ 1 & 0 & 0 & 0 & 0 & 0 \\ 0 & 0 & 0 & 0 & 1 & 0 \\ 0 & 0 & 0 & 0 & 0 & 1 \\ 0 & 0 & 0 & 1 & 0 & 0 \end{bmatrix}$$

矩阵 A 表示一种合理方案：$1 \to 2 \to 3 \to 4 \to 5 \to 6 \to 1$。矩阵 B 表示一种不合理方案：$1 \to 2 \to 3 \to 1 \to 4 \to 5 \to 6 \to 4$，该方案中含有回路。但仅以上述约束条件不能避免在一次遍历中产生多于一个互不连通的回路。为此我们引入额外变量 u_i $(i = 1, \cdots, n)$，附加以下充分约束条件

$$u_i - u_j + n x_{ij} \leq n - 1, \quad 1 < i \neq j \leq n \tag{4.3}$$

对该约束的解释为：假设 i 与 j 不构成回路，若构成回路，有 $x_{ij} = 1$，$x_{ji} = 1$，则 $u_i - u_j \leq -1$，$u_j - u_i \leq -1$，从而有 $0 \leq -2$，导致矛盾。假设 i, j 与 k 不构成回路，若构成回路，有 $x_{ij} = 1$，$x_{jk} = 1$，$x_{ki} = 1$，则 $u_i - u_j \leq -1$，$u_j - u_k \leq -1$，$u_k - u_i \leq -1$ 从而有 $0 \leq -3$，导致矛盾。其他情况依此类推。

我们得到以下模型

$$\min Z = \sum_{i=1}^{n} \sum_{j=1}^{n} d_{ij} x_{ij}$$

$$\text{s.t.} \begin{cases} \displaystyle\sum_{\substack{i=1 \\ i \neq j}}^{n} x_{ij} = 1, & j = 1, \cdots, n \\[4mm] \displaystyle\sum_{\substack{j=1 \\ j \neq i}}^{n} x_{ij} = 1, & i = 1, \cdots, n \\[4mm] u_i - u_j + n x_{ij} \leq n - 1, & 1 < i \neq j \leq n \\ x_{ij} = 0 \text{或} 1, & i, j = 1, \cdots, n \\ u_i \text{为实数}, & i = 1, \cdots, n \end{cases} \tag{4.4}$$

该模型的 LINGO 程序如下（见 chap4_2.lg4）。

```
!TSP question;
MODEL:
SETS:
city/1..10/:u;
link(city,city):d,x;
ENDSETS
DATA:
d= 0    7    4    5    8    6    12   13   11   18
   7    0    3    10   9    14   5    14   17   17
   4    3    0    5    9    10   21   8    27   12
   5    10   5    0    14   9    10   9    23   16
   8    9    9    14   0    7    8    7    20   19
   6    14   10   9    7    0    13   5    25   13
   12   5    21   10   8    13   0    23   21   18
   13   14   8    9    7    5    23   0    18   12
   11   17   27   23   20   25   21   18   0    16
   18   17   12   16   19   13   18   12   16   0;
@text()=@writefor(link(i,j)|x(i,j)#GT#0:'x(',i,',',j,')=',x(i,j));
ENDDATA
  MIN=@SUM(link:d*x);
  @for(city(j):@sum(city(i)|j#ne#i:x(i,j))=1); !城市 j 前有一个城市;
  @for(city(i):@sum(city(j)|j#ne#i:x(i,j))=1); !城市 i 后有一个城市;
  @for(link(i,j)|i#NE#j#and#i#gt#1:u(i)-u(j)+10*x(i,j)<=9);
@FOR(link:@BIN(x));
End
```

得到的结果如下：

X(3,2)=1,x(4,1)=1,x(4,3)=1,x(6,5)=1,x(7,2)=1,x(7,5)=1,x(8,6)=1,x(9,1)=1,x(10,8)=1,x(10, 9)=1，其他全为 0。其最短路线为 1→4→3→2→7→5→6→8→10→9→1，最短距离为 77km。

实例 3 比赛项目排序问题。

全民健身计划是 1995 年在国务院领导下，由国家体委会同有关部门、各群众组织和社会团体共同推行的一项依托社会、全民参与的体育健身计划，是与实现社会主义现代化目标相配套的社会系统工程和跨世纪的发展战略规划。现在，以全民健身为主要内容的群众性体育活动蓬勃开展，举国上下形成了全民健身的热潮，人民群众健康水平不断提高，同时也扩大了竞技体育的社会影响，提高了竞技体育水平。现在各级、各类、各种运动比赛比比皆是，这不但提高了全民的身体素质，而且使一批运动员脱颖而出，成为运动健将，为国家争得了荣誉。

在各种运动比赛中，为了使比赛公平、公正、合理的举行，一个基本要求是：在比赛项目排序过程中，尽可能使每名运动员不连续参加两项比赛，以便运动员恢复体力，发挥正常水平。

（1）表 4.3 是某个小型运动会的比赛报名表（table1.txt）。表中共有 14 个比赛项目，40 名运动员参加比赛。表 4.3 中的第 2 行表示 14 个比赛项目，第 1 列表示 40 名运动员，其中"#"号位置表示运动员参加此项比赛。建立此问题的数学模型，并且合理安排比赛项目顺序，使连续参加两项比赛的运动员人数尽可能少。

（2）文件"运动员报名表（table2.txt）"给出了某个运动比赛的报名情况。共有 61 个比赛项目，1050 名运动员参加比赛。请给出算法及其流程图，同时给出合理的比赛项目排序表，使连续参加两项比赛的运动员人数尽可能少。

（3）说明上述算法的合理性。

（4）对根据问题（2）的比赛项目排序结果，给出解决运动员连续参加两项比赛的建议及方案。（注：后文只给出问题(1)与问题(2)的答案）

表 4.3　某个小型运动会的比赛报名表

运动员	项目													
	1	2	3	4	5	6	7	8	9	10	11	12	13	14
1		#	#						#				#	
2								#			#	#		
3		#		#						#				
4			#					#				#		
5											#		#	#
6					#	#								
7												#	#	
8										#				#
9		#		#							#	#		
10	#	#		#			#							
11		#		#									#	#
12								#		#				
13					#					#				#
14			#	#				#						
15			#					#				#		
16									#		#	#		
17						#								#
18							#					#		
19			#							#				
20	#			#										
21									#					#
22		#			#									
23							#					#		
24							#	#					#	#
25	#	#								#				
26					#									#
27						#					#			
28		#						#						
29	#										#	#		
30				#	#									

续表

运动员	项　目													
	1	2	3	4	5	6	7	8	9	10	11	12	13	14
31						#		#				#		
32							#			#				
33				#		#								
34	#		#										#	#
35					#	#						#		
36				#			#							
37	#								#	#				
38						#		#		#				
39					#			#	#				#	
40						#	#		#				#	

问题（1）解答：

若项目 i 和项目 j 相邻，则可以计算出同时参加这两个项目的人数，并将其作为 i 和 j 的距离 d_{ij}。问题转化为求项目 1 到项目 14 的一个排列，使相邻距离和最小，我们采用 TSP 问题求解。但由于开始项目和结束项目没有连接，可考虑引入虚拟项目 15，该虚拟项目与各个项目的距离都为 0。

距离矩阵 $\boldsymbol{D}$ 的求法如下：

首先将该报名表用矩阵 $\boldsymbol{A}_{40\times14}$ 表示为

$$a_{ij} = \begin{cases} 1, & \text{第}i\text{个人参加项目}j \\ 0, & \text{第}i\text{个人不参加项目}j \end{cases}$$

则

$$d_{ij} = \sum_{k=1}^{40} a_{ki} \cdot a_{kj}, \quad i \neq j, \quad i, j = 1, 2, \cdots, 14 \tag{4.5}$$

$$d_{ii} = 0, \quad i = 1, 2, \cdots, 14$$

另外

$$d_{i,15} = 0, d_{15,i} = 0, \quad i = 1, 2, \cdots, 15$$

由于问题（1）中 40 名运动员参加 14 个项目的比赛报名表是 Word 表，可将其复制到 Excel 表中，然后将#替换为 1，将空格替换为 0，形成 0-1 表，并将其复制到数据文件 table1.txt 中。将问题（2）中 1050 名运动员参加的 61 个项目比赛的 Access 数据库中的表保存为 Excel 表，然后在表中将#替换为 1，将空格替换为 0，形成 0-1 表，并将其复制到数据文件 table2.txt 中。

利用 MATLAB 编写程序（chap4_3.m），形成距离矩阵。

```
load table1.txt;
a=table1;

[m,n]=size(a);
```

```
        d=zeros(n+1,n+1);                           %定义距离矩阵

    for i=1:n
    for j=1:n
      for k=1:m
       d(i,j)=d(i,j)+a(k,i)*a(k,j);               %计算不同项目之间距离
      end
    end
    end

    for i=1:n+1
        d(i,i)=0;
    end

      %输出文件
    fid=fopen('d:\lingo12\dat\ds1.txt','w');
    for i=1:n+1
     for j=1:n+1
       fprintf(fid,'%1d ',d(i,j));
      end
    fprintf(fid,'\r\n');
    end
    fclose(fid);
```

输出的距离矩阵 **D** 为（见 ds1.txt）：

```
0 2 1 2 0 0 1 0 1 2 1 1 1 1 0
2 0 1 4 1 0 1 1 1 3 1 0 2 1 0
1 1 0 1 0 0 0 3 1 1 0 2 2 1 0
2 4 1 0 1 1 2 1 0 2 1 0 1 1 0
0 1 0 1 0 2 0 1 1 1 0 1 1 2 0
0 0 0 1 2 0 1 2 1 1 1 2 1 2 0
1 1 0 2 0 1 0 1 1 1 0 2 2 1 0
0 1 3 1 1 2 1 0 1 2 1 4 2 2 0
1 1 1 0 1 1 1 1 0 1 1 1 3 1 0
2 3 1 2 1 1 1 2 1 0 1 0 0 3 0
1 1 0 1 0 1 0 1 1 1 0 3 1 1 0
1 0 2 0 1 2 2 4 1 0 3 0 1 0 0
1 2 2 1 1 1 2 2 3 0 1 1 0 4 0
1 1 1 1 2 2 1 2 1 3 1 0 4 0 0
0 0 0 0 0 0 0 0 0 0 0 0 0 0 0
```

LINGO 程序如下（见 chap4_4.lg4）。

```
!求解第（1）个问题的程序:
!比赛项目排序问题;
MODEL:
SETS:
  item / 1.. 15/: u;
```

```
      link( item, item):dist,x;
    endsets
      n = @size( item);
    data:                                    !距离矩阵;
    dist=@file('d:\lingo12\dat\ds1.txt');    !文件路径;
     !输出为 1 的变量;
    @text()=@writefor(link(i,j)|x(i,j)#GT#0:' x(',i,',',j,')=',x(i,j));
    enddata

      MIN=@SUM(link:dist*x);
      @for(item(j):@sum(item(i)|j#ne#i:x(i,j))=1);  !点 j 前有一个点与其相连;
      @for(item(i):@sum(item(j)|j#ne#i:x(i,j))=1);  !点 i 后有一个点与其相连;
    !保证不出现子圈;
      @for(link(i,j)|i#NE#j#and#i#gt#1:u(i)-u(j)+n*x(i,j)<=n-1);
      @FOR(link:@BIN(x));                              !定义 X 为 0-1 变量;
    end
```

其中，数据文件 ds1.txt 在 MATLAB 程序 chap4_2.m 中输出。

LINGO 求解结果如下：

```
      目标值 z=2
        x(1,8)=1    x(2,6)=1     x(3,11)=1    x(4,13)=1    x(5,1)=1     x(6,3)=1
x(7,5)=1    x(8,15)=1   x(9,4)=1     x(10,12)=1 x(11,7)=1   x(12,14)=1 x(13,10)=1
x(14,2)=1 x(15,9)=1
```

由于 15 是虚拟项，因此将其去掉后对应序列为

```
9-4-13-10-12-14-2-6-3-11-7-5-1-8
```

则项目排序如下，其中箭头上的数字为连续参加相邻两个项目的运动员人数。

$$9 \xrightarrow{0} 4 \xrightarrow{1} 13 \xrightarrow{0} 10 \xrightarrow{0} 12 \xrightarrow{0} 14 \xrightarrow{1} 2 \xrightarrow{0}$$
$$6 \xrightarrow{0} 3 \xrightarrow{0} 11 \xrightarrow{0} 7 \xrightarrow{0} 5 \xrightarrow{0} 1 \xrightarrow{0} 8$$

即有两名运动员连续参加比赛。

问题（2）的解答与问题（1）的解答相同，只是项目变成 61 个，引入虚拟项目后变为 62 个，运动员为 1050 名。模型建立同问题（1）。在问题（1）中的 MATLAB 程序中只需将表 table1.txt 改为 table2.txt，将输出数据文件 ds1.txt 改为 ds2.txt 即可。

在 LINGO 程序中，将项目数由 15 修改为 62，使用的数据文件由 15 改为 62，同样可以运行，只是运行时间较长，本程序在 LINGO 中大约运行 6min。由于原始数据文件 table2.txt 和 MATLAB 输出的距离矩阵文件 ds2.txt 的数据较多，因此这里不列出。

LINGO 程序如下（见 chap4_5.lg4）。

```
!求解第（2）个问题的程序;
!比赛项目排序问题;
model:
sets:
  item / 1.. 62/: u;
  link( item, item):dist,x;
```

```
        endsets
          n = @size( item);
        data:                                            !距离矩阵;
        dist=@file('d:\lingo12\dat\ds2.txt');            !文件路径;
                                                         !输出为 1 的变量;
        @text()=@writefor(link(i,j)|x(i,j)#GT#0:' x(',i,',',j,')=',x(i,j));
        enddata

          MIN=@SUM(link:dist*x);
          @for(item(j):@sum(item(i)|j#ne#i:x(i,j))=1);   !点 j 前有一个点与其相连;
          @for(item(i):@sum(item(j)|j#ne#i:x(i,j))=1);   !点 i 后有一个点与其相连;
        !保证不出现子圈;
          @for(link(i,j)|i#NE#j#and#i#gt#1:u(i)-u(j)+n*x(i,j)<=n-1);
        @FOR(link:@BIN(x));                              !定义 X 为 0-1 变量;
        end
```

利用 LINGO 的求解结果如下：

```
        目标值 z=5
        x(1,19)=1   x(2,44)=1   x(3,50)=1   x(4,25)=1   x(5,20)=1   x(6,15)=1
        x(7,42)=1   x(8,59)=1   x(9,35)=1   x(10,3)=1   x(11,54)=1  x(12,21)=1
        x(13,32)=1  x(14,41)=1  x(15,40)=1  x(16,57)=1  x(17,22)=1  x(18,9)=1
        x(19,60)=1  x(20,6)=1   x(21,10)=1  x(22,37)=1  x(23,14)=1  x(24,51)=1
        x(25,13)=1  x(26,27)=1  x(27,29)=1  x(28,17)=1  x(29,24)=1  x(30,58)=1
        x(31,12)=1  x(32,56)=1  x(33,47)=1  x(34,23)=1  x(35,46)=1  x(36,45)=1
        x(37,30)=1  x(38,49)=1  x(39,31)=1  x(40,48)=1  x(41,1)=1   x(42,52)=1
        x(43,38)=1  x(44,4)=1   x(45,7)=1   x(46,62)=1  x(47,55)=1  x(48,34)=1
        x(49,26)=1  x(50,36)=1  x(51,16)=1  x(52,18)=1  x(53,39)=1  x(54,43)=1
        x(55,5)=1   x(56,11)=1  x(57,53)=1  x(58,61)=1  x(59,28)=1  x(60,8)=1
        x(61,2)=1   x(62,33)=1
```

由于 62 是虚拟项，因此去掉其后对应序列如下：

```
33-47-55-5-20-6-15-40-48-34-23-14-41-1-19-60-8-59-28-
17-22-37-30-58-61-2-44-4-25-13-32-56-11-54-43-38-49-
26-27-29-24-51-16-57-53-39-31-12-21-10-3-50-36-45-7-
42-52-18-9-35-46
```

可以验证，其中 d(14,41)=1, d(51,16)=1, d(31,12)=1, d(10,3)=1, d(45,7)=1。其余相邻两个项目没有两名运动员连续参加，即有 5 名运动员连续参加比赛。

另外，该问题解不唯一，单目标值都为 5。

```
        x(1,41)=1   x(2,61)=1   x(3,10)=1   x(4,44)=1   x(5,55)=1   x(6,20)=1
        x(7,45)=1   x(8,60)=1   x(9,18)=1   x(10,21)=1  x(11,54)=1  x(12,31)=1
        x(13,32)=1  x(14,23)=1  x(15,6)=1   x(16,57)=1  x(17,28)=1  x(18,52)=1
        x(19,1)=1   x(20,5)=1   x(21,12)=1  x(22,17)=1  x(23,34)=1  x(24,51)=1
        x(25,4)=1   x(26,27)=1  x(27,29)=1  x(28,59)=1  x(29,24)=1  x(30,37)=1
        x(31,39)=1  x(32,56)=1  x(33,62)=1  x(34,48)=1  x(35,9)=1   x(36,50)=1
        x(37,22)=1  x(38,49)=1  x(39,13)=1  x(40,15)=1  x(41,14)=1  x(42,7)=1
        x(43,38)=1  x(44,2)=1   x(45,36)=1  x(46,35)=1  x(47,33)=1  x(48,40)=1
        x(49,26)=1  x(50,3)=1   x(51,16)=1  x(52,42)=1  x(53,25)=1  x(54,43)=1
        x(55,47)=1  x(56,11)=1  x(57,53)=1  x(58,30)=1  x(59,8)=1   x(60,19)=1
        x(61,58)=1  x(62,46)=1
```

4.3　最优树问题及 LINGO 求解

树：连通且不含圈的无向图称为树，常用 T 表示。树中的边称为树枝，树中度为 1 的顶点称为树叶。图 4.1 为一棵树的示例图。

生成树：若 T 是包含图 G 的全部顶点的子图，且它又是树，则称 T 是 G 的生成树。

最小生成树：设 $T = (V, E_1)$ 是赋权图 $G = (V, E)$ 的一棵生成树，则称 T 中全部边上的权数之和为**生成树的权**，记为 $w(T)$，即 $w(T) = \sum_{e \in E_1} w(e)$。

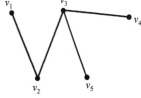

图 4.1　一棵树的示例图

如果生成树 T^* 的权 $w(T^*)$ 是 G 的所有生成树的权中最小者，则称 T^* 是 G 的最优树，即 $w(T^*) = \sum_{T} \min\{w(T)\}$，该式表示取遍 G 的所有生成树 T，然后取权值最小的生成树。

在许多实际问题中，如在许多城市间建立公路网、输电网或通信网络，都可以归结为赋权图的最优树问题。如在一个城市中，要向若干个居民点供应自来水，已经预算出连接各居民点间的直接管道的价格，要求给出一个总价最低的铺设方案。

求解图论中最优树的算法通常有两种：Kruskal 算法（避圈法）和 Prim 算法（破圈法）。

这里我们给出利用 LINGO 求解最优树的方法。设无向图共有 n 个节点，其赋权图的邻接矩阵为 $d_{n \times n}$。d_{ij} 表示节点 i 到 j 的距离，d 为对称矩阵。令 $d_{ii} = 0$，现求根节点 1 到各节点生成的最优树，要求各线路上的权值和最小，其线性规划模型为

$$x_{ij} = \begin{cases} 1, & \text{节点} i \text{与节点} j \text{连通} \\ 0, & \text{节点} i \text{与节点} j \text{不连通} \end{cases}$$

目标函数为寻找一条从起始点 1 到各节点生成的最优树，要求各线路上的权值和最小，故目标函数为

$$\min Z = \sum_{i=1}^{n} \sum_{j=1}^{n} d_{ij} \cdot x_{ij} \tag{4.6}$$

（1）至少有一条路可以从起始点 1 出去，故有

$$\sum_{j=2}^{n} x_{1j} \geq 1 \tag{4.7}$$

（2）恰有一条路进入其他各节点，故有

$$\sum_{\substack{k=1 \\ k \neq i}}^{n} x_{ki} = 1, \quad i = 2, 3, \cdots, n \tag{4.8}$$

（3）若要求所有节点不出现圈，则约束为

$$u_i - u_j + n \cdot x_{ij} \leq n - 1, \quad i, j = 1, 2, \cdots, n \tag{4.9}$$

总线性规划模型为

$$\min Z = \sum_{i=1}^{n}\sum_{j=1}^{n}d_{ij}\cdot x_{ij}$$

$$\text{s.t.}\begin{cases} \sum_{j=2}^{n}x_{1j}\geq 1 \\ \sum_{\substack{k=1\\k\neq i}}^{n}x_{ki}=1, & i=2,3,\cdots,n \\ u_i-u_j+nx_{ij}\leq n-1, & i,j=1,2,\cdots,n \\ x_{ij}=0\text{或}1 \end{cases} \tag{4.10}$$

实例 4 10 个城镇地理位置示意图如图 4.2 所示，它们之间的距离如表 4.4 所示。城镇①处有一条河流，现需要从各城镇之间铺设管道，使城镇①处的水可以输送到其他各城镇，求铺设管道最短的设计方式。

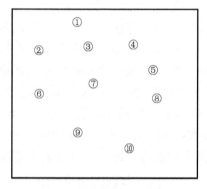

图 4.2　10 个城镇地理位置示意图

表 4.4　10 个城镇之间的距离　　　　　　　　　　　　　　　　单位：km

城 镇	距 离									
	①	②	③	④	⑤	⑥	⑦	⑧	⑨	⑩
①	0	8	5	9	12	14	12	16	17	22
②	8	0	9	15	16	8	11	18	14	22
③	5	9	0	7	9	11	7	12	12	17
④	9	15	7	0	3	17	10	7	15	15
⑤	12	16	9	3	0	8	10	6	15	15
⑥	14	8	11	17	8	0	9	14	8	16
⑦	12	11	7	10	10	9	0	8	6	11
⑧	16	18	12	7	6	14	8	0	11	11
⑨	17	14	12	25	15	8	6	11	0	10
⑩	22	22	17	15	15	16	11	11	10	0

该问题实际上是求从起始点 1 出发的最优树问题，其 LINGO 实现程序如下（见chap4_6.lg4）。

```
! 最优树的 LINGO 程序;
model:
```

```
sets:
point/1..10/:u;
link(point,point):d,x;

endsets
data:
d=0,8,5,9,12,14,12,16,17,22,
  8,0,9,15,16,8,11,18,14,22,
  5,9,0,7,9,11,7,12,12,17,
  9,15,7,0,3,17,10,7,15,15,
  12,16,9,3,0,8,10,6,15,15,
  14,8,11,17,8,0,9,14,8,16,
  12,11,7,10,10,9,0,8,6,11,
  16,18,12,7,6,14,8,0,11,11,
  17,14,12,25,15,8,6,11,0,10,
  22,22,17,15,15,16,11,11,10,0;
@text()=@writefor(link(i,j)|x(i,j)#GT#0:'x(',i,',',j,')=',x(i,j),' ');
enddata
min=@sum(link(i,j)|i#ne#j:d(i,j)*x(i,j));
n=@size(point);
@sum(point(j)|j#gt#1:x(1,j))>=1;        !至少有一条路可以从起始点1出来;
@for(point(i)|i#ne#1:@sum(point(j)|j#ne#i:x(j,i))=1);
                                  !除起始点1外，每点只有一条路可以进入;
@for(link(i,j):@bin(x(i,j)));
@for(link(i,j)|i#ne#j:u(i)-u(j)+n*x(i,j)<=n-1);    !不构成圈;
end
```

运行结果如下：

```
minZ=60
x(1,2)=1  x(1,3)=1   x(3,4)=1  x(4,5)=1
x(9,6)=1  x(3,7)=1   x(7,9)=1  x(5,8)=1  x(9,10)=1
```

故最优树（最佳铺设管道的方式）如图4.3所示。

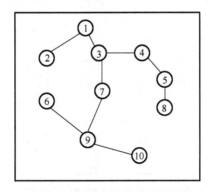

图4.3 最优树示意图（最佳铺设管道的方式）

第5章 离散模型

5.1 层次分析法与应用

层次分析法（Analytic Hierarchy Process，AHP）是美国运筹家 T.L.Saaty 在 20 世纪 70 年代初提出来的，它是将半定性、半定量的问题转化为定量计算的一种行之有效的方法。该方法通过把复杂的决策系统层次化并通过逐层比较各种关联因素的重要性来为分析、决策提供定量的依据。该方法特别适用于那些难于完全用定量方法进行分析的复杂问题，因此在资源分配、选优排序、政策分析、冲突求解以及决策预报等领域得到广泛的应用。

5.1.1 成对比较矩阵

设要比较 n 个因素 $C_1, C_2, \cdots, C_n$ 对目标 O 的影响，从而确定它们在 O 中所占的比重，每次取两个因素 C_i 和 C_j，用 a_{ij} 表示 C_i 与 C_j 对 O 的影响程度之比，按 1～9 的比例标度来度量 a_{ij}。n 个元素之间两两比较，全部结果可用如下的成对比较矩阵表示，即

$$A = (a_{ij})_{n \times n}, a_{ij} > 0, a_{ji} = \frac{1}{a_{ij}}, a_{ii} = 1 \quad (i, j = 1, 2, \cdots, n) \qquad (5.1)$$

下面用一个具体例子来说明。假设某人在假期要出去旅游，有三个地方 P_1, P_2, P_3 可供选择。根据诸如景色、费用、住宿、饮食、交通等一些准则去反复比较三个候选地点，从而选择出最优方案。选择旅游地的层次结构如图 5.1 所示。

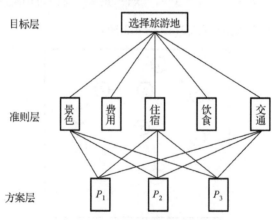

图 5.1 选择旅游地的层次结构

设旅游问题中的 5 个因素为景色 C_1、费用 C_2、住宿 C_3、饮食 C_4、交通 C_5。某人考虑该旅游问题所用成对比较法的成对比较矩阵为

$$A = \begin{bmatrix} 1 & \dfrac{1}{2} & 4 & 3 & 3 \\[2mm] 2 & 1 & 7 & 5 & 5 \\[2mm] \dfrac{1}{4} & \dfrac{1}{7} & 1 & \dfrac{1}{2} & \dfrac{1}{3} \\[2mm] \dfrac{1}{3} & \dfrac{1}{5} & 2 & 1 & 1 \\[2mm] \dfrac{1}{3} & \dfrac{1}{5} & 3 & 1 & 1 \end{bmatrix} \tag{5.2}$$

式 (5.2) 中 $a_{12} = \dfrac{1}{2}$ 表示景色 C_1 与费用 C_2 对选择旅游地这个目标 O 的重要性之比为 $1:2$；$a_{13} = 4$ 表示景色 C_1 与住宿 C_3 的重要性之比为 $4:1$；$a_{23} = 7$ 表示费用 C_2 与住宿 C_3 的重要性之比为 $7:1$。由此可以看出，在景色、费用、住宿这 3 个因素中，费用最重要，景色次之，住宿再次之。

仔细比较式 (5.2)，我们会发现 $a_{12} = \dfrac{1}{2}$，$a_{13} = 4$，这表明 C_2 的重要性是 C_1 的 2 倍，C_1 的重要性是 C_3 的 4 倍，那么 C_2 的重要性是 C_3 的 8 倍，即 $a_{23} = 8$，而实际上 $a_{23} = 7$。说明 C_2 与 C_3 重要性的直接比较与间接比较有一些差异但差异并不大。对 n 个因素总共要进行 $n(n-1)/2$ 次比较，要使所有比较做到直接比较与间接比较完全一致是不太可能的。因此我们容许这种比较在一定范围内存在不一致，但差异不能太大。这里我们给出一致性矩阵的定义：如果一个正互反矩阵 A 满足

$$a_{ij} a_{jk} = a_{ik}, \quad i,j,k = 1,2,\cdots,n \tag{5.3}$$

则称 A 为一致性矩阵，简称一致阵。

关于 a_{ij} 数值的确定，T.L.Saaty 引用了数字 1～9 及其倒数作为标度。成对比较矩阵标度及其含义如表 5.1 所示。

表 5.1　成对比较矩阵标度及其含义

标　度	含　义
1	表示两个因素相比，具有同样的重要性
3	表示两个因素相比，一个因素比另一个因素稍微重要
5	表示两个因素相比，一个因素比另一个因素明显重要
7	表示两个因素相比，一个因素比另一个因素强烈重要
9	表示两个因素相比，一个因素比另一个因素极端重要
2,4,6,8	介于上述相对重要程度中间的就取对应的中间值
1,1/2,…,1/9	相应两个因素交换顺序比较的重要性

选择 1～9 的标度方法是基于下述的一些事实和乘法根据的：

（1）在估计事物区别时，人们常用 5 种判断来表示：相等、较强、强、很强、绝对强，当需要更高精度时，还可以在相邻判断之间做出比较，这样共有 9 个数据，既保持了连贯性，又便于在实践中应用。

（2）心理学家认为，人们在同时比较若干对象时，能够区别差异的心理学极限为（7±2）个对象，这样它们之间的差异正好可以用 9 个数字表示出来。

（3）Saaty 还将 1～9 的标度方法同另外 26 种标度方法进行比较，结果表明 1～9 的标度方法是可行的，并且能较好地将思维判断进行量化。

Saaty 等建议采用 A 的最大特征根 λ_{max} 对应的特征向量 $w=(w_1,w_2,\cdots,w_n)^T$ 作为权向量，即 w 满足

$$A\cdot\lambda_{max}=\lambda_{max}\cdot w,\quad \sum_{i=1}^n w_i=1 \tag{5.4}$$

直观地看，因为矩阵 A 的特征根和特征向量连续地依赖于矩阵的元素 a_{ij}，所以当 a_{ij} 离一致性的要求不远时，A 的特征根和特征向量也与一致阵相差不大。当 λ_{max} 比 n 大得越多时，A 的不一致程度就越强，用特征向量作为权向量引起的误差就会越大。因而可以用 $\lambda_{max}-n$ 的大小来衡量 A 的不一致程度。Saaty 将式（5.5）作为一致性指标，即

$$CI=\frac{\lambda_{max}-n}{n-1} \tag{5.5}$$

对一致性矩阵来说，一致性指标 CI 等于零。由于 $\sum_{i=1}^n \lambda_i=n$，实际上 CI 相当于 $n-1$ 个特征根 $\lambda_2,\cdots,\lambda_n$（除最大特征根 λ_{max} 外）的平均值。

显然，仅依靠 CI 值来作为判断矩阵 A 是否具有满意一致性的标准是不够的，因为人们对客观事物的复杂性和认识是多样性的，以及随着 n（1～9）值的增大，可能产生的片面性与问题的因素多少、规模大小有关，为此 Saaty 又提出了平均随机一致性指标 RI。

RI 是这样得到的：对于固定的 n，随机构造矩阵 A' 中 a'_{ij} 是从 $1,2,\cdots,9,1/2,1/3,\cdots,1/9$ 中随机抽取的，这样的 A' 是最不一致的，取充分大的子样本（500 个样本）得到 A' 的最大特征根的平均值 λ_{max}，定义

$$RI=\frac{\lambda_{max}-n}{n-1} \tag{5.6}$$

对于 1～9 阶的判断矩阵，Saaty 给出 RI 值，平均随机一致性指标 RI 如表 5.2 所示。

表 5.2 平均随机一致性指标 RI

n	1	2	3	4	5	6	7	8	9	10	11
RI	0	0	0.58	0.90	1.12	1.24	1.32	1.41	1.45	1.49	1.51

在表 5.2 中，当 $n=1,2$ 时，RI=0，这是因为一、二阶的矩阵总是一致阵。

计算平均一致性指标的 MATLAB 程序如下（见 chap5_1.m）。

```
n=11;
P=[1,2,3,4,5,6,7,8,9,1/2,1/3,1/4,1/5,1/6,1/7,1/8,1/9]; %可供选取的成对比值
L=length(P);
A=ones(n,n);
number=1500;                    %模拟次数
R=0;
for kp=1:number
%获得一个成对比较矩阵
for i=1:n-1
```

```
    for j=i+1:n
        k=floor(1+L*rand(1,1));
        A(i,j)=P(k);               %得到一个随机的成对值
        A(j,i)=1/P(k);
    end
end

lam=max(eig(A));                   %求最大特征值

CI=(lam-n)/(n-1);
R=R+CI;
%fprintf('%2d lam=%7.3f CI=%5.2f R=%5.2f\n',kp,lam,CI,R);
end  %end for kp
RI=R/number;
fprintf('n=%2d,随机一致性指标%6.3f\n',n,RI);
```

对于 $n \geq 3$ 的成对比较矩阵 A，将它的一致性指标 CI 与同阶的平均随机一致性指标 RI 之比称为一致性比率 CR。当

$$CR = \frac{CI}{RI} < 0.1 \tag{5.7}$$

时，认为成对比较矩阵 A 的不一致程度在容许范围内，可以用其特征向量作为权向量，否则就需要调整成对比较矩阵，使之具有满意的一致性。

下面求出选择旅游地的 5 个因素成对比较矩阵 A[式（5.7）]得到的权值与一致性检验。

对式（5.7）的 A 容易求得最大特征值 $\lambda_{\max} = 5.072$。对应的归一化特征向量为

$$w = (0.2636, 0.4758, 0.0538, 0.0981, 0.1087)$$

一致性指标为

$$CI = \frac{5.072-5}{5-1} = 0.018$$

当 $n=5$ 时，平均随机一致性指标 RI=1.12，则一致性比率为

$$CR = \frac{CI}{RI} = \frac{0.018}{1.12} = 0.0161 < 0.1$$

故前面的特征向量 w 可以作为 5 个因素的权重。

下面给出组合权向量与组合一致性检验。

在旅游决策问题中，我们已经得到准则层对目标层的权向量，获得旅游问题中 5 个因素的权重。用同样的方法可以构造第 3 方案层对第 2 方案层（准则层）的每个成对比较矩阵。不妨设为

$$B_1 = \begin{bmatrix} 1 & 3 & 5 \\ \frac{1}{3} & 1 & 2 \\ \frac{1}{5} & \frac{1}{2} & 1 \end{bmatrix}, \quad B_2 = \begin{bmatrix} 1 & \frac{1}{3} & \frac{1}{8} \\ 3 & 1 & \frac{1}{3} \\ 8 & 3 & 1 \end{bmatrix}, \quad B_3 = \begin{bmatrix} 1 & 2 & 4 \\ \frac{1}{2} & 1 & 3 \\ \frac{1}{4} & \frac{1}{3} & 1 \end{bmatrix}$$

$$\boldsymbol{B}_4 = \begin{bmatrix} 1 & 3 & 5 \\ \dfrac{1}{3} & 1 & 2 \\ \dfrac{1}{5} & \dfrac{1}{2} & 1 \end{bmatrix}, \quad \boldsymbol{B}_5 = \begin{bmatrix} 1 & 2 & \dfrac{1}{4} \\ \dfrac{1}{2} & 1 & \dfrac{1}{6} \\ 4 & 6 & 1 \end{bmatrix}$$

其中，$\boldsymbol{B}_k(k=1,2,\cdots,5)$ 中元素 $b_{ij}^{(k)}$ 是方案 P_i（旅游地 i）与 P_j（旅游地 j）对于准则 C_k（景色、费用等）的优越性的比较尺度。

由成对比较矩阵 $\boldsymbol{B}_k(k=1,2,\cdots,5)$ 计算出权向量 w_k、最大特征根 λ_k、一致性指标 CI_k，其结果如表 5.3 所示。

表 5.3　w_k、λ_k 和 CI_k

相关参数	k				
	1	2	3	4	5
指标权重	0.2636	0.4758	0.0538	0.0981	0.1087
w_k	0.6483	0.0819	0.5584	0.6483	0.1929
	0.2297	0.2363	0.3196	0.2297	0.1061
	0.1220	0.6817	0.1220	0.1220	0.7010
λ_k	3.0037	3.0015	3.0183	3.0037	3.0092
CI_k	0.0018	0.00077	0.0091	0.0018	0.0046
CR_k	0.0032	0.0013	0.0158	0.0032	0.0079

由于当 $n=3$ 时，平均随机一致性指标 $\mathrm{RI}=0.58$，所有一致性指标 $\mathrm{CR}_k < 0.1$，因此 5 组权值都通过一致性检验，即均可作为权值。

我们可以计算出第 3 层方案层相对目标层的权向量，该向量称为组合向量。

方案层 P_1 相对目标层的权值为

$$y_1 = 0.6483 \times 0.2636 + 0.0819 \times 0.4758 + 0.5584 \times 0.0538 + 0.6483 \times 0.0981 + 0.1929 \times 0.1087 = 0.3245$$

方案层 P_2 相对目标层的权值为

$$y_2 = 0.2297 \times 0.2636 + 0.2363 \times 0.4758 + 0.3196 \times 0.0538 + 0.2297 \times 0.0981 + 0.1061 \times 0.1087 = 0.2242$$

方案层 P_3 相对目标层的权值为

$$y_3 = 0.1220 \times 0.2636 + 0.6817 \times 0.4758 + 0.1220 \times 0.0538 + 0.1220 \times 0.0981 + 0.7010 \times 0.1087 = 0.4513$$

因此方案层相对目标层的权向量为 $\boldsymbol{y} = (0.3245, 0.2242, 0.4513)$。从结果来看，方案层 P_3 的权重达到最大，因此可选取方案层 P_3 作为旅游的最佳方案。再对整个系统的一致性进行检验。该检验称为组合一致性检验，包括准则层、方案层的一致性及整个系统的一致性。

准则层的一致性比率为

$$\mathrm{CR}_1 = 0.0161$$

方案层所有方案的一致性比率为

$$\mathrm{CR}_2 = \frac{\displaystyle\sum_{j=1}^{5} w_j \cdot \mathrm{CI}_j}{\displaystyle\sum_{j=1}^{5} w_j \cdot \mathrm{RI}_j} = 0.0032 \tag{5.8}$$

其中，$w_1, \cdots, w_5$ 为准则层权重；$\mathrm{CI}_1, \cdots, \mathrm{CI}_5$ 为方案层中的 5 个一致性指标；$\mathrm{CR}_j = 0.58$。

整个系统组合一致性比率为

$$CR = CR_1 + CR_2 = 0.0161 + 0.0032 = 0.0193 < 0.1$$

因此组合一致性检验通过验证，故表 5.3 得到的权向量可以作为最终决策的依据。

5.1.2 层次分析法的基本步骤

层次分析法的基本步骤如下：

（1）分析系统中各因素之间的关系，建立系统的递阶层次结构，这些层次大体上可以分为以下三类：

① 最高层：分析问题的预定目标或理想结果。

② 中间层：包括在实现目标过程中涉及的中间环节，该层也可以由若干层组成。

③ 最低层：为了实现目标而供选择的各种措施、方案。但是，每层包含的因素个数不超过 9 个，若因素个数过多，则可以考虑再进行分层。

（2）构造两两成对比较矩阵。判断矩阵元素的值反映了人们对因素关于目标的相对重要性的认识，在相邻的两个层次中，高层次为目标，低层次为因素。

（3）层次单排序及其一致性检验。判断矩阵 A 的特征根 $Aw = \lambda_{max}w$，且将 w 归一化，即为多因素对于目标的相对重要性的排序数值，计算出 CI 值，再计算出 CR，若 CR<0.1，则认为层次单排序的结果有满意的一致性；否则需要调整成对比较矩阵的元素取值。

（4）层次总排序。

计算同一层次所有因素对于最高层（总目标）相对重要性的排序权值，称为层次总排序，这一过程是从最高层次到最低层次逐层进行的，若上一层次 A 包含 m 个因素，即 $A_1, A_2, \cdots, A_m$，其层次总排序的权值分别为 $a_1, a_2, \cdots, a_m$，下一层次 B 包含 n 个因素 $B_1, B_2, \cdots, B_n$，它们对于因素 A_j 的层次单排序的权值分别为 $b_{1j}, b_{2j}, \cdots, b_{nj}$，当 B_k 与 A_j 无联系时，取 $b_{kj} = 0$，此时层次 B 总排序的权值由表 5.4 给出。

表 5.4 层次 B 总排序的权值

层次 B	层次 A				层次 B 总排序的权值
	A_1	A_2	...	A_m	
	a_1	a_2	...	a_m	
B_1	b_{11}	b_{12}	...	b_{1m}	$\sum_{j=1}^{m} a_j b_{1j}$
B_2	b_{21}	b_{22}	...	b_{2m}	$\sum_{j=1}^{m} a_j b_{2j}$
$\vdots$	$\vdots$		$\vdots$		$\vdots$
B_n	b_{n1}	b_{n2}	...	b_{nm}	$\sum_{j=1}^{m} a_j b_{nj}$

若层次 B 因素对于 A_j 单排序的一致性指标为 CI_j，相应地平均随机一致性指标为 RI_j，则层次 B 总排序一致性比率为

$$\mathrm{CR}_j = \frac{\sum\limits_{j=1}^{m} a_j \mathrm{CI}_j}{\sum\limits_{j=1}^{m} a_j \mathrm{RI}_j} \tag{5.9}$$

类似地，当 CR = CR$_1$ + CR$_2$<0.1 时，层次排序结果具有满意的一致性，否则就需要重新调整判断矩阵的元素取值。

5.1.3 层次分析法实例

某工厂有一笔企业留成利润，要由厂领导和职代会决定如何利用，可供选择的方案有：发奖金、扩建福利设施、引进新设备，为进一步促进企业发展，该如何合理使用这笔利润？

（1）对于这个问题我们采用层次分析法进行分析，采取所有措施的目的是更好地调动职工积极性，提高企业技术水平和改善职工生活，建立的递阶层次结构如图 5.2 所示。

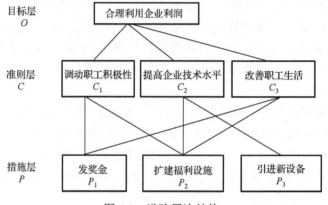

图 5.2 递阶层次结构

（2）构造成对比较矩阵，并求其最大特征根、特征向量、一致性指标和随机一致性比率。成对比较矩阵 A 为

A	C_1	C_2	C_3	W
C_1	1	1/5	1/3	0.105
C_2	5	1	3	0.637
C_3	3	1/3	1	0.258

计算得 $\lambda_{\max}=3.0385$，CI=0.019，一致性比率 CR=0.033<0.1，因此通过一致性检验，该权重可作为 C_1, C_2, C_3 的权值。

成对比较矩阵 C_1 为

C_1	P_1	P_2	W
P_1	1	3	0.75
P_2	1/3	1	0.25

计算得 $\lambda_{\max}=2$，CI=0。

成对比较矩阵 C_2 为

C_2	P_2	P_3	W
P_2	1	1/5	0.167
P_3	5	1	0.863

计算得 $\lambda_{max}=2$，CI=0。

成对比较矩阵 C_3 为

C_3	P_1	P_2	W
P_1	1	2	0.667
P_2	1/2	1	0.333

计算得 $\lambda_{max}=2$，CI=0。

（3）P 层对总目标 O 的层次总排序如表 5.5 所示。

表 5.5　P 层对总目标 O 的层次总排序

P	C			y
	C_1 0.105	C_2 0.637	C_3 0.258	
P_1	0.75	0	0.667	0.2508
P_2	0.25	0.167	0.333	0.2185
P_3	0	0.863	0	0.5497

从计算结果来看，措施（3）的总权重最大，为 0.5497。因此采用新设备 P_3，才能合理利用企业利润。

组合一致性比率 $CR=CR_1+CR_2=0.033<0.1$，通过一致性检验。

5.2　循环比赛排名模型

若干支球队参加单循环比赛，各队两两交锋。假设每场比赛只计胜负，不计得分，并在比赛结束后排名次。下面对只进行一次比赛的情况进行讨论。

5.2.1　双向连通竞赛图

对于任意一对顶点，存在两条有向路径，使两个顶点可以互相连通，这种有向图称为双向连通竞赛图。图 5.3 是 4 个队伍比赛结果的双向连通竞赛图，其对应的邻接矩阵为

$$A=\begin{bmatrix}0&1&1&0\\0&0&1&1\\0&0&0&1\\1&0&0&0\end{bmatrix}$$

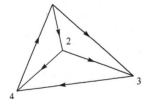

图 5.3　4 个队伍比赛结果的双向连通竞赛图

设 $s_0=(1,1,1,1)^T$，则 $s_1=A\cdot s_0=(2,2,1,1)$，表明每人胜的场次数。

$s_2=As_1=(3,2,1,2)$，表明每人的 2 级得分，其意义是其中一个人战胜各个球队的得分之和。可以将其作为排名的依据，但无法排出 2 和 3 的名次，可继续进行下去，得到如下

结果：

$$s_3 = As_2 = (3,3,2,3) \quad s_4 = As_3 = (5,5,3,3) \quad s_5 = As_4 = (8,6,3,5)$$

$$s_6 = As_5 = (9,8,5,8) \quad s_7 = As_6 = (13,13,8,9) \quad s_8 = As_7 = (21,17,9,13)$$

s_k 各分量代表个人的第 k 级得分，其意义是某人战胜的各个球队的前一级得分之和。得出其排名为 $1 \to 2 \to 4 \to 3$。

对于一般性，记 $s_1 = A \cdot s_0$，$s_2 = A \cdot s_1, \cdots, s_k = A \cdot s_{k-1}$。则有

$$s_k = A \cdot s_{k-1} = A^k \cdot s_0, \quad k = 1,2,\cdots \tag{5.10}$$

迭代次数越多，名次顺序越稳定，可将其较高级的得分作为排名的依据。其他双向连通竞赛图也可以采用类似方法迭代计算得到。

这里有一个问题，利用双向连通竞赛图，是否一定按照式（5.10）的方法确定名次，另外是否还有更简单的方法？

为了回答这个问题，我们首先给出素阵的定义。

素阵：对于 n（$n \geq 4$）个顶点的双向连通竞赛图的邻接矩阵 A，一定存在正整数 r，使得 $A^r > 0$，这样的 A 就称为素阵。

Perron-Frobenius 定理如下：

素阵 A 的最大特征根为正单根 λ，λ 对应正特征向量 s，且有

$$\lim_{k \to \infty} \frac{A^k \cdot s_0}{\lambda^k} = s \tag{5.11}$$

式（5.11）说明当 $k \to \infty$ 时，k 级得分向量 s_k，将趋向于 A 的最大特征根的特征向量 s。因此特征向量 s 可作为排名依据的得分向量。求出前面矩阵 A 的最大特征值为 $\lambda_{\max} = 1.3953$，对应特征向量为 $(0.6256, 0.5516, 0.3213, 0.4484)$。特征向量中分量大小与排名顺序一致。

5.2.2 非双向连通竞赛图

对于非双向连通竞赛图（见图 5.4）其对应的邻接矩阵为

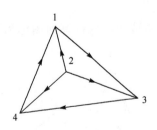

图 5.4 非双向连通竞赛图

$$A = \begin{bmatrix} 0 & 0 & 1 & 0 \\ 1 & 0 & 1 & 1 \\ 0 & 0 & 0 & 1 \\ 1 & 0 & 0 & 0 \end{bmatrix}$$

按照前面的方法计算得到

$$s_1 = A \cdot s_0 = (1,3,1,1), \quad s_2 = A \cdot s_1 = (1,3,1,1), \quad s_3 = A \cdot s_2 = (1,3,1,1)$$

其最大特征值对应的特征向量为 $(0.2887, 0.8660, 0.2887, 0.2887)$。从结果看无法对 1,3,4 进行排名。

对于实际问题的处理如下。

设有 n 支球队比赛，第 i 支球队与第 j 支球队获胜的概率为

$$a_{ij} = p_{ij}, \quad a_{ji} = 1 - p_{ij}, \quad i = 1,2,\cdots,n-1; j = i+1 \tag{5.12}$$

其中，p_{ij} 表示第 i 支球队战胜第 j 支球队的概率。

设 $a_{ii}=0$，则第 i 支球队战胜其余 $n-1$ 支球队的能力为

$$s_i = \sum_{j=1}^{n} a_{ij}, \quad i=1,2,\cdots,n \tag{5.13}$$

s_i 越大排名越靠前，s_i 越小排名越靠后。

根据实际比赛对 p_{ij} 进行估计。

（1）当进行 m 次比赛时，第 i 支球队胜 l 次，则估计 $p_{ij}=\dfrac{l}{m}$，$p_{ji}=\dfrac{m-l}{m}$。

（2）当只进行一次比赛时，若第 i 支球队获胜，则记 $a_{ij}=1, a_{ji}=0$；若第 j 支球队获胜，则记 $a_{ij}=0, a_{ji}=1$。

5.2.3 乒乓球循环比赛排名问题

乒乓球国家队内某次选拔赛共有 16 名队员参加，需要进行队内大循环比赛，总共比赛两轮。分别用 P1~P16 表示 16 名队员。表 5.6 和表 5.7 分别是两个阶段循环比赛成绩，表中 1 表示横向运动员赢了纵向运动员，反之则为 0。如 P1 行 P3 列为 1，表示运动员 P1 赢了运动员 P3；又如 P1 行 P2 列为 0，表示运动员 P1 输给了运动员 P2。根据表 5.6 和表 5.7 中的成绩对所有队员进行排名。

表 5.6　第一阶段循环比赛成绩（邻接矩阵 A_1）

第一轮	P1	P2	P3	P4	P5	P6	P7	P8	P9	P10	P11	P12	P13	P14	P15	P16
P1	0	0	1	0	1	1	1	1	1	1	1	1	1	1	1	1
P2	1	0	1	1	0	1	1	1	0	1	0	0	1	1	1	1
P3	0	0	0	0	1	1	0	1	1	1	1	1	1	1	1	1
P4	1	0	1	0	1	0	0	1	1	0	1	1	1	0	1	1
P5	0	1	1	0	0	1	1	1	1	0	0	1	1	1	1	1
P6	0	0	0	1	0	0	1	1	0	1	1	1	0	1	1	1
P7	0	0	0	1	1	0	0	0	0	1	1	0	1	1	1	0
P8	0	0	1	0	0	1	1	0	1	0	0	1	1	1	1	1
P9	0	1	0	0	0	0	0	0	0	1	1	1	1	1	1	1
P10	0	0	0	1	1	0	0	1	0	0	1	0	1	1	1	1
P11	0	1	0	0	0	0	1	0	1	0	1	0	1	0	0	1
P12	0	1	0	0	0	0	0	1	0	0	0	0	1	1	1	0
P13	0	0	0	0	1	0	0	0	0	0	1	0	0	1	1	1
P14	0	0	0	0	0	0	0	0	0	0	0	0	0	0	1	1
P15	0	0	0	0	0	0	0	0	0	1	0	0	1	0	0	1
P16	0	0	0	0	0	0	0	0	0	0	0	1	0	0	1	0

表 5.7　第二阶段循环比赛成绩（邻接矩阵 A_2）

第二轮	P1	P2	P3	P4	P5	P6	P7	P8	P9	P10	P11	P12	P13	P14	P15	P16
P1	0	1	1	1	0	1	1	0	1	1	0	0	1	0	1	1
P2	0	0	1	1	1	0	1	1	0	1	1	1	1	1	1	1
P3	0	0	0	0	0	0	1	1	1	0	0	0	1	1	0	1
P4	0	0	1	0	1	1	1	1	1	1	0	1	1	1	1	1

续表

第二轮	P1	P2	P3	P4	P5	P6	P7	P8	P9	P10	P11	P12	P13	P14	P15	P16
P5	1	0	1	0	0	0	1	1	0	1	1	1	1	1	1	1
P6	0	1	1	0	1	0	1	1	1	1	1	1	1	1	1	1
P7	0	0	0	0	0	0	0	1	1	0	0	1	1	0	1	1
P8	1	0	0	0	0	0	0	0	0	1	1	0	0	1	1	1
P9	0	1	0	0	1	0	0	1	0	1	0	1	1	1	1	1
P10	0	1	1	0	0	0	1	0	0	0	0	0	1	0	0	0
P11	1	0	1	0	0	0	1	0	1	1	0	1	1	0	0	0
P12	1	0	1	1	0	0	0	1	0	1	0	1	1	1	1	0
P13	0	0	0	0	0	0	0	1	0	0	0	0	0	0	0	0
P14	1	0	0	0	0	1	0	0	1	1	0	1	0	1	1	1
P15	0	0	0	0	0	0	1	1	0	1	1	0	1	0	0	1
P16	0	0	0	0	0	0	0	0	0	1	1	1	1	0	0	0

求解：

由第一阶段循环比赛成绩可得到邻接矩阵 A_1，其中 $a1_{ij}=1$ 表示 i 胜 j，$a1_{ij}=0$ 表示 i 输给 j。

第二阶段循环比赛得到邻接矩阵 A_2，其中 $a2_{ij}=1$ 表示 i 胜 j，$a2_{ij}=0$ 表示 i 输给 j。

两次循环比赛得到综合矩阵 A，其中 $a_{ij}=(a1_{ij}+a2_{ij})/2$。

当 $a1_{ij}=1$，$a2_{ij}=1$ 时，则 $a_{ij}=1$，表示 i 胜 j。

当 $a1_{ij}=1$，$a2_{ij}=0$ 时，或 $a1_{ij}=0$，$a2_{ij}=1$ 时，则 $a_{ij}=0.5$，表示 i 与 j 胜率相同，都为 0.5。

当 $a1_{ij}=0$，$a2_{ij}=0$ 时，则 $a_{ij}=0$，表示 i 输给 j。

这样综合矩阵 A 各元素取值为 0 或 0.5 或 1，表示胜率，是 0-1 邻接矩阵的扩展。

最后得到的综合矩阵 A 见表 5.8。

表 5.8　综合矩阵 A

两轮	P1	P2	P3	P4	P5	P6	P7	P8	P9	P10	P11	P12	P13	P14	P15	P16
P1	0	0.5	1	0.5	0.5	1	1	0.5	1	1	0.5	0.5	1	0.5	1	1
P2	0.5	0	1	1	0.5	0.5	1	1	0	0.5	0.5	0.5	1	1	1	1
P3	0	0	0	0	0	0.5	1	0.5	1	0.5	0.5	0.5	1	1	0.5	1
P4	0.5	0	1	0	1	0.5	0.5	1	1	0.5	1	0.5	1	0.5	1	1
P5	0.5	0.5	1	0	0	0.5	0.5	1	0.5	0.5	0.5	1	1	1	1	1
P6	0	0.5	0.5	0.5	0.5	0	1	0.5	1	1	1	0.5	1	1	1	1
P7	0	0	0.5	0.5	0	0	0	0.5	0.5	0.5	0.5	0.5	1	0.5	1	0.5
P8	0.5	0	0.5	0	0	0.5	0.5	0	0.5	1	0.5	0	0.5	1	1	1
P9	0	1	0	0	0.5	0	0.5	0.5	0	1	0.5	1	1	0.5	1	1
P10	0	0.5	0.5	0.5	0.5	0	0.5	0	0	0	0	0.5	1	0.5	0.5	0.5
P11	0.5	0.5	0.5	0	0.5	0	0.5	0.5	0.5	1	0	1	0.5	0	0	0.5
P12	0.5	0.5	0.5	0.5	0	0	0.5	1	0	0.5	0	0	1	1	1	0

续表

两轮	P1	P2	P3	P4	P5	P6	P7	P8	P9	P10	P11	P12	P13	P14	P15	P16
P13	0	0	0	0	0	0.5	0	0.5	0	0	0.5	0	0	0.5	0.5	0.5
P14	0.5	0	0	0.5	0	0	0.5	0	0.5	0.5	1	0	0.5	0	0.5	1
P15	0	0	0.5	0	0	0	0	0	0	0.5	1	0	0.5	0.5	0	0.5
P16	0	0	0	0	0	0	0.5	0	0	0.5	0.5	1	0.5	0	0.5	0

求得矩阵 A 的最大特征值为 6.38，对应的归一化的特征向量 w=(0.101322, 0.095904, 0.060594, 0.095582, 0.087542, 0.093150, 0.050794, 0.058527, 0.067374, 0.046691, 0.061483, 0.059527, 0.024322, 0.045926, 0.025564, 0.025698)。

计算每个人的 10 级得分，其归一化后的向量与归一化的特征向量 w 相同。因此 w 可作为排名的依据。循环赛两轮比赛综合排名见表 5.9。

表 5.9   循环赛两轮比赛综合排名

队 员	归一化特征向量的元素	综 合 排 名	队 员	归一化特征向量的元素	综 合 排 名
P1	0.101322	1	P12	0.059527	9
P2	0.095904	2	P8	0.058527	10
P4	0.095582	3	P7	0.050794	11
P6	0.093150	4	P10	0.046691	12
P5	0.087542	5	P14	0.045926	13
P9	0.067374	6	P16	0.025698	14
P11	0.061483	7	P15	0.025564	15
P3	0.060594	8	P13	0.024322	16

实现以上问题的 MATLAB 程序如下（见 chap5_2.m）。

```
A1=[0,0,1,0,1,1,1,1,1,1,1,1,1,1,1,1;
    1,0,1,1,0,1,1,1,0,1,0,0,1,1,1,1;
    0,0,0,0,0,1,1,0,1,1,1,1,1,1,1,1;
    1,0,1,0,1,0,0,1,1,0,1,1,1,0,1,1;
    0,1,1,0,0,1,0,1,1,0,0,1,1,1,1,1;
    0,0,0,1,0,0,1,0,1,1,1,1,0,1,1,1;
    0,0,0,1,1,0,0,0,0,1,1,0,1,1,1,0;
    0,0,1,0,0,1,1,0,1,1,0,0,1,1,1,1;
    0,1,0,0,0,0,1,0,0,1,1,1,1,0,1,1;
    0,0,0,1,1,0,0,0,0,0,0,1,1,1,1,1;
    0,1,0,0,1,0,0,1,0,1,0,1,0,0,0,1;
    0,1,0,0,0,0,1,1,0,0,0,0,1,1,1,0;
    0,0,0,0,0,1,0,0,0,1,0,0,1,1,1,1;
    0,0,0,1,0,0,0,0,1,0,1,0,0,0,0,1;
    0,0,0,0,0,0,0,0,0,0,1,0,0,1,0,0;
    0,0,0,0,0,0,1,0,0,0,0,1,0,0,1,0];
A2=[0,1,1,1,0,1,1,0,1,1,0,0,1,0,1,1;
    0,0,1,1,1,0,1,1,0,0,1,1,1,1,1,1;
    0,0,0,0,0,0,1,1,1,1,0,0,0,1,1,0,1;
    0,0,1,0,1,1,1,1,1,1,1,1,0,1,1,1;
```

```
        1,0,1,0,0,0,1,1,0,1,1,1,1,1,1,1;
        0,1,1,0,1,0,1,1,1,1,1,1,1,1,1,1;
        0,0,0,0,0,0,0,1,1,0,0,1,1,0,1,1;
        1,0,0,0,0,0,0,0,0,1,1,0,0,1,1,1;
        0,1,0,0,1,0,0,1,0,1,0,1,1,1,1,1;
        0,1,1,0,0,0,1,0,0,0,0,0,1,0,0,0;
        1,0,1,0,0,0,1,0,1,1,0,1,1,0,0,0;
        1,0,1,1,0,0,0,1,0,1,0,0,1,1,1,0;
        0,0,0,0,0,0,0,1,0,0,0,0,0,0,0,0;
        1,0,0,0,0,0,1,0,0,1,1,0,1,0,1,1;
        0,0,1,0,0,0,0,0,0,0,1,1,0,1,0,0,1;
        0,0,0,0,0,0,0,0,0,0,1,1,1,1,0,0,0];
[m,n]=size(A1);
res=sum(A1')+sum(A2');

    fprintf('序号 两轮总积分\n');
for i=1:n
    fprintf('%2d    %4d\n',i,res(i));
end

A=A1+A2;
A=A/2;
res2=sum(A');


num=10;
Y=ones(n,1);
for i=1:num
    Y=A*Y;
end
Y=Y/sum(Y);              %归一化计算

[u,v]=eig(A);
for i=1:n
    z(i)=v(i,i);
end
[p,k]=max(z);            %获得最大特征值及位置

w=u(:,k);               %获得最大特征值对应特征向量
w=w/sum(w);
fprintf('序号      得分      特征向量\n');
for k=1:n
fprintf('%2d      %-8.6f    %-8.6f\n',k,Y(k),w(k));
end
```

输出结果为：

序号　两轮总积分

1	23
2	22
3	16
4	22
5	21
6	22
7	13
8	15
9	17
10	11
11	13
12	14
13	6
14	11
15	7
16	7

序号	得分	特征向量
1	0.101322	0.101322
2	0.095904	0.095904
3	0.060594	0.060594
4	0.095582	0.095582
5	0.087542	0.087542
6	0.093150	0.093150
7	0.050794	0.050794
8	0.058527	0.058527
9	0.067374	0.067374
10	0.046691	0.046691
11	0.061483	0.061483
12	0.059527	0.059527
13	0.024322	0.024322
14	0.045926	0.045926
15	0.025564	0.025564
16	0.025698	0.025698

从计算结果看，10 级别得分归一化后与归一化的特征向量相同，都可以作为队员排名的依据。

第6章 线性回归模型

6.1 引　言

2004 年全国大学生数学建模竞赛的 B 题"电力市场的输电阻塞管理"的第 1 个问题如下：

某电网有 8 台发电机组、6 条主要线路，表 6.1 和表 6.2 中的方案 0 给出了各机组的当前出力和各线路上对应的有功潮流值，方案 1～方案 32 给出了围绕方案 0 的一些实验数据，试用这些数据确定各线路上有功潮流值关于各发电机组出力的近似表达式。

表 6.1　各机组出力方案　　　　　　　　　　　　单位：MW

方　案	机　组							
	1	2	3	4	5	6	7	8
0	120	73	180	80	125	125	81.1	90
1	133.02	73	180	80	125	125	81.1	90
2	129.63	73	180	80	125	125	81.1	90
3	158.77	73	180	80	125	125	81.1	90
4	145.32	73	180	80	125	125	81.1	90
5	120	78.596	180	80	125	125	81.1	90
6	120	75.45	180	80	125	125	81.1	90
7	120	90.487	180	80	125	125	81.1	90
8	120	83.848	180	80	125	125	81.1	90
9	120	73	231.39	80	125	125	81.1	90
10	120	73	198.48	80	125	125	81.1	90
11	120	73	212.64	80	125	125	81.1	90
12	120	73	190.55	80	125	125	81.1	90
13	120	73	180	75.857	125	125	81.1	90
14	120	73	180	65.958	125	125	81.1	90
15	120	73	180	87.258	125	125	81.1	90
16	120	73	180	97.824	125	125	81.1	90
17	120	73	180	80	150.71	125	81.1	90
18	120	73	180	80	141.58	125	81.1	90
19	120	73	180	80	132.37	125	81.1	90
20	120	73	180	80	156.93	125	81.1	90
21	120	73	180	80	125	138.88	81.1	90
22	120	73	180	80	125	131.21	81.1	90
23	120	73	180	80	125	141.71	81.1	90
24	120	73	180	80	125	149.29	81.1	90
25	120	73	180	80	125	125	60.582	90

续表

方 案	机 组							
	1	2	3	4	5	6	7	8
26	120	73	180	80	125	125	70.962	90
27	120	73	180	80	125	125	64.854	90
28	120	73	180	80	125	125	75.529	90
29	120	73	180	80	125	125	81.1	104.84
30	120	73	180	80	125	125	81.1	111.22
31	120	73	180	80	125	125	81.1	98.092
32	120	73	180	80	125	125	81.1	120.44

表 6.2　各线路的有功潮流值（各方案与表 6.1 相对应）　　　　　单位：MW

方 案	线 路					
	1	2	3	4	5	6
0	164.78	140.87	−144.25	119.09	135.44	157.69
1	165.81	140.13	−145.14	118.63	135.37	160.76
2	165.51	140.25	−144.92	118.70	135.33	159.98
3	167.93	138.71	−146.91	117.72	135.41	166.81
4	166.79	139.45	−145.92	118.13	135.41	163.64
5	164.94	141.50	−143.84	118.43	136.72	157.22
6	164.80	141.13	−144.07	118.82	136.02	157.50
7	165.59	143.03	−143.16	117.24	139.66	156.59
8	165.21	142.28	−143.49	117.96	137.98	156.96
9	167.43	140.82	−152.26	129.58	132.04	153.60
10	165.71	140.82	−147.08	122.85	134.21	156.23
11	166.45	140.82	−149.33	125.75	133.28	155.09
12	165.23	140.85	−145.82	121.16	134.75	156.77
13	164.23	140.73	−144.18	119.12	135.57	157.20
14	163.04	140.34	−144.03	119.31	135.97	156.31
15	165.54	141.10	−144.32	118.84	135.06	158.26
16	166.88	141.40	−144.34	118.67	134.67	159.28
17	164.07	143.03	−140.97	118.75	133.75	158.83
18	164.27	142.29	−142.15	118.85	134.27	158.37
19	164.57	141.44	−143.30	119.00	134.88	158.01
20	163.89	143.61	−140.25	118.64	133.28	159.12
21	166.35	139.29	−144.20	119.10	136.33	157.59
22	165.54	140.14	−144.19	119.09	135.81	157.67
23	166.75	138.95	−144.17	119.15	136.55	157.59
24	167.69	138.07	−144.14	119.19	137.11	157.65
25	162.21	141.21	−144.13	116.03	135.50	154.26
26	163.54	141.00	−144.16	117.56	135.44	155.93
27	162.70	141.14	−144.21	116.74	135.40	154.88
28	164.06	140.94	−144.18	118.24	135.40	156.68
29	164.66	142.27	−147.20	120.21	135.28	157.65
30	164.70	142.94	−148.45	120.68	135.16	157.63
31	164.67	141.56	−145.88	119.68	135.29	157.61
32	164.69	143.84	−150.34	121.34	135.12	157.64

看到这个问题，我们容易想到该问题就是要找出各线路上有功潮流值与 8 台发电机组出力的函数关系，这在数学上是一个函数拟合问题。

设 6 条线路上有功潮流值为 y_j（$j=1,2,\cdots,6$），8 台发电机组出力为 x_i（$i=1,2,\cdots,8$），该问题变为寻找函数关系表达式

$$y_j = f_j(x_1, x_2, \cdots, x_8), \quad j=1,2,\cdots,6 \tag{6.1}$$

想到这里，即对该问题有了初步理解，剩下的问题就是寻找具体的函数表达式。

对函数拟合，我们既可以采用线性函数，也可以采用非线性函数。非线性函数有多项式、三角函数、指数函数等，面对本问题的具体数据，我们可能会尝试使用多种函数。在解决实际问题时，首先想到的还是采用最简单的方法，如果简单的方法都可以完成得很好，当然没必要采用复杂的方法。况且对该问题，后面还有 4 个更难的问题在等着我们。因此，先采用最简单的方法去尝试。那么最简单的方法是什么？自然是采用线性函数去表达，也就是采用线性回归分析法。

对于本问题，我们采用线性回归分析，的确可以做得很好。线性回归分析方法在许多国内国际数学建模竞赛中都有可能用到。因此，下面简单介绍线性回归分析的基本原理，对回归好坏的评价指标，以及利用统计软件评价回归性能。

6.2　线性回归分析方法

直观地讲，线性回归分析就是对平面上一些散布的点，采用一条最好的直线去表达。图 6.1 是 12 组孩子身高 y 和父亲身高 x 数据关系的散布点，对这些点进行直线拟合。

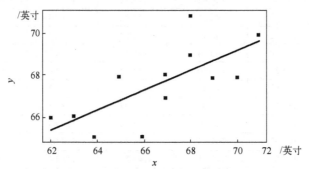

图 6.1　平面上散布点的直线拟合示意图

上面的示例中自变量只有一个，属于一元线性回归分析。若有多个自变量，则属多元线性回归分析。如在 6.1 节中，自变量是 8 台发电机组出力 $x_1, x_2, \cdots, x_8$，其线性回归分析就属多元线性回归分析。下面分别概要介绍一元线性回归分析和多元线性回归分析的原理和方法。

6.2.1　一元线性回归模型

一元线性回归模型为

$$y = \alpha + \beta x + \varepsilon \tag{6.2}$$

其中，$\varepsilon \sim N(0,\sigma^2)$。

对一组观测值 (x_i, y_i)，其中 $i = 1, 2, \cdots, n$，满足

$$y_i = \alpha + \beta x_i + \varepsilon_i \tag{6.3}$$

其中，各 ε_i 之间相互独立，且 $\varepsilon_i \sim N(0,\sigma^2)$，$i = 1, 2, \cdots, n$。

找到一条直线通过 n 个已知观测点，实际上就是寻找满足如下目标的直线参数 α, β。目标函数为

$$\sum_{i=1}^{n}(y_i - \hat{a} - \hat{\beta}x_i)^2 = \min_{\alpha,\beta}\sum_{i=1}^{n}(y_i - a - \beta x_i)^2 \tag{6.4}$$

下面利用高等数学知识，简单介绍参数 α, β 的求法。若

$$S(a,\beta) = \sum_{i=1}^{n}(y_i - a - \beta x_i)^2 \tag{6.5}$$

则

$$\frac{\partial S}{\partial \alpha} = 2\sum_{i=1}^{n}(y_i - \alpha - \beta x_i) = 0$$

$$\frac{\partial S}{\partial \beta} = 2\sum_{i=1}^{n}(y_i - \alpha - \beta x_i)x_i = 0$$

$$\begin{cases} n\bar{y} = n\hat{\alpha} + n\bar{x}\hat{\beta} \\ \sum_{i=1}^{n}x_i y_i = n\bar{x}\hat{\alpha} + \sum_{i=1}^{n}x_i^2\hat{\beta} \end{cases} \tag{6.6}$$

这里，$\bar{x} = \frac{1}{n}\sum_{i=1}^{n}x_i$，$\bar{y} = \frac{1}{n}\sum_{i=1}^{n}y_i$。

解得

$$\begin{cases} \hat{\alpha} = \bar{y} - \hat{\beta}\bar{x} \\ \hat{\beta} = \dfrac{\sum_{i=1}^{n}x_i y_i - n\overline{xy}}{\sum_{i=1}^{n}x_i^2 - n\bar{x}^2} = \dfrac{\sum_{i=1}^{n}(x_i - \bar{x})(y_i - \bar{y})}{\sum_{i=1}^{n}(x_i - \bar{x})^2} \end{cases} \tag{6.7}$$

还有一个问题是对 σ^2 的无偏估计问题。可以证明，σ^2 的无偏估计为

$$\hat{\sigma}^2 = \frac{\sum_{i=1}^{n}(y_i - \hat{\alpha} - \hat{\beta}x_i)^2}{n-2} \tag{6.8}$$

6.2.2 多元线性回归模型

多元线性回归模型为

$$y = \beta_0 + \beta_1 x_1 + \cdots + \beta_m x_m + \varepsilon \tag{6.9}$$

其中，$\varepsilon \sim N(0,\sigma^2)$，$\beta_0, \beta_1, \cdots, \beta_m, \sigma^2$ 均是未知参数。

设 $(x_{i1}, x_{i2}, \cdots, x_{im}, y_i)$，其中 $i = 1, 2, \cdots, n$，是 $(x_1, x_2, \cdots, x_m, y)$ 的 n 个观测值，则

$$y_i = \beta_0 + \beta_1 x_{i1} + \beta_2 x_{i2} + \cdots + \beta_m x_{im} + \varepsilon_i, \quad i = 1, 2, \cdots, n \tag{6.10}$$

其中，各 ε_i 之间相互独立，且 $\varepsilon_i \sim N(0, \sigma^2)$。

令 $\boldsymbol{\beta} = (\beta_0, \beta_1, \cdots, \beta_m)^{\mathrm{T}}, \boldsymbol{\varepsilon} = (\varepsilon_1, \varepsilon_2, \cdots, \varepsilon_n)^{\mathrm{T}}, \boldsymbol{Y} = (y_1, y_2, \cdots, y_n)^{\mathrm{T}}$

$$X = \begin{bmatrix} 1 & x_{11} & x_{12} & \cdots & x_{1m} \\ 1 & x_{21} & x_{22} & \cdots & x_{2m} \\ \vdots & \vdots & \vdots & & \vdots \\ 1 & x_{n1} & x_{n2} & \cdots & x_{nm} \end{bmatrix} \tag{6.11}$$

则方程组用矩阵表达为

$$Y = X\boldsymbol{\beta} + \boldsymbol{\varepsilon} \tag{6.12}$$

假定矩阵 X 的秩等于 $m+1$，即列满秩，则

$$X^{\mathrm{T}} Y = (X^{\mathrm{T}} X) \hat{\boldsymbol{\beta}}$$

解得

$$\hat{\boldsymbol{\beta}} = (X^{\mathrm{T}} X)^{-1} X^{\mathrm{T}} Y \tag{6.13}$$

σ^2 的无偏估计为

$$\hat{\sigma}^2 = \frac{\sum_{i=1}^{n} (y_i - \beta_0 - \sum_{j=1}^{m} x_{ij} \hat{\beta}_j)^2}{n - m - 1} \tag{6.14}$$

当 $m = 1$ 时，就变成一元线性回归分析，其参数 β 的求解及 σ^2 的无偏估计与一元线性回归分析得到的结论是一致的。

6.2.3 回归模型的假设检验

当完成回归模型中参数及回归偏差 σ^2 的估计后，还需要对模型进行评价，包括检验采用线性回归是否适合，每个变量是否对因变量起作用，采用线性回归处理适合程度的度量。

回归方程的显著性检验为

$$H_0: \beta_1 = \beta_2 = \cdots = \beta_m = 0, \quad H_1: \text{至少有一个 } \beta_j \neq 0 \quad (j = 1, 2, \cdots, m)$$

当原假设 H_0 成立时，说明回归方程不显著，采用线性回归是不适合的。当备选假设 H_1 成立时，说明回归方程显著，采用线性回归有意义。令 $\overline{Y} = \frac{1}{n} \sum_{i=1}^{n} Y_i$，考虑总离差平方和为

$$S_T = \sum_{i=1}^{n} (y_i - \overline{y})^2 = \sum_{i=1}^{n} [(y_i - \hat{y}_i) + (\hat{y}_i - \overline{y})]^2$$

$$= \sum_{i=1}^{n} (y_i - \hat{y}_i)^2 + \sum_{i=1}^{n} (\hat{y}_i - \overline{y})^2 = S_e + S_R \tag{6.15}$$

其中，$S_e = \sum_{i=1}^{n} (y_i - \hat{y}_i)^2$ 为残差平方和；$S_R = \sum_{i=1}^{n} (\hat{y}_i - \overline{y})^2$ 为回归平方和。

在 H_0 成立的条件下，可以证明

$$S_e / \sigma^2 \sim x^2(n-m-1), S_R / \sigma^2 \sim x^2(m) \tag{6.16}$$

且 S_e 与 S_R 相互独立，则有

$$F = \frac{S_R / m}{S_e / (n-m-1)} \sim F(m, n-m-1) \tag{6.17}$$

对给定显著水平 α，可查表得 $F_\alpha(m, n-m-1)$，计算统计量 F 的数值 f。若 $f \geqslant F_\alpha(m, n-m-1)$，则拒绝 H_0，即认为各系数均不为零，线性回归方程是显著的；否则接受 H_0，即认为线性回归方程不显著。

（1）回归系数的显著性检验。检验假设为

$$H_0: \beta_j = 0 \leftrightarrow H_1: \beta_j \neq 0, \quad j = 1, 2, \cdots, m$$

当原假设 H_0 成立时，说明自变量 x_j 对 y 不起作用，在回归模型中可以将 x_j 去掉。当备选假设 H_1 成立时，说明自变量 x_j 对 y 有作用，在回归模型中不能将 x_j 去掉。$\hat{\beta}_j \sim N(\beta_j, c_{jj}\sigma^2)$，其中 c_{jj} 是 $\boldsymbol{C} = (\boldsymbol{X}^{\mathrm{T}}\boldsymbol{X})^{-1}$ 的主对角线上第 $j+1$ 个元素，即

$$\frac{\hat{\beta}_j - \beta_j}{\sqrt{c_{jj}\sigma^2}} \sim N(0,1) \tag{6.18}$$

而 $\dfrac{S_e}{\sigma^2} \sim x^2(n-m-1)$，且 S_e 与 $\hat{\beta}_j$ 独立，则在 H_0 成立的条件下，有

$$T_j = \frac{\hat{\beta}_j}{\sqrt{c_{jj}S_e / (n-m-1)}} = \frac{\hat{\beta}_j}{\sqrt{c_{jj}}\hat{\sigma}} \sim t(n-m-1) \tag{6.19}$$

对给定的显著水平 α，查 t 分布表得 $t_{\alpha/2}(n-m-1)$，计算统计量 T_j 的数值 t_j。

若 $|t_j| \geqslant t_{\alpha/2}(n-m-1)$，则拒绝 H_0，即认为 β_j 显著不为零。若 $|t_j| < t_{\alpha/2}(n-m-1)$，则接受 H_0，即认为 β_j 等于零。

（2）复相关系数。对一个回归方程来说，即使回归显著，但还涉及回归好坏程度的度量。对两个随机变量之间，衡量它们的相关程度可以采用相关系数来度量，但对一个因变量和一组自变量之间的线性相关程度，则采用下面介绍的复相关系数来度量。

复相关系数为

$$R^2 = \frac{S_R}{S_T} = 1 - \frac{S_e}{S_T} \tag{6.20}$$

残差平方和 S_e 越小，则复相关系数越大。该指标反映了采用一组自变量 $x_1, x_2, \cdots, x_m$ 解释因变量 y 的程度。当 $0 < R^2 \leqslant 1$，且 R^2 越接近 1 时，表示因变量 y 与各自变量 x_i 之间线性相关程度越强。但采用复相关系数分析问题时也有一些缺点，当采用的自变量越多时，其 S_e 总会减小，从而导致 R^2 增大，而有些自变量的引入可能是多余的。为更准确地反映参数个数的影响，采用调整后的复相关系数（Adjust R^2），其定义为

$$aR^2 = 1 - \frac{S_e / (n-m-1)}{S_T / (n-1)} \tag{6.21}$$

当 R^2 和 aR^2 越接近 1 时，表示因变量 y 与各自变量 x_i 之间线性相关程度越强。

6.3　回归分析的软件实现

讲解了线性回归的原理与方法，下面的学习内容是如何快速求解回归参数及上面介绍的各种评价指标，这需要借助已有的软件，通过成熟的软件可以轻松求解上面的问题。解决线性回归分析问题的常用软件有 MATLAB、统计软件 SPSS 和 SAS。这里介绍利用 SAS 和 SPSS 求解问题的过程。

6.3.1　利用 SAS 软件求解问题的过程

（1）启动 SAS 软件，依次单击"Solutions"→"Analysis"→"Analyst"按钮，启动分析员。

（2）在弹出的表中输入数据，结果如图 6.2 所示。其中第 1～32 行为 32 组实验数据（方案 0 未选，后面将其作为测试数据）。8 台机组的出力分别用 X1,X2,…,X8 表示，6 条线路的潮流值分别用 Y1,Y2,…,Y6 表示。注意，由于数据较多，可将数据复制到记事本中，然后再由 SAS 直接读入，这样更方便。

	X1	X2	X3	X4	X5	X6	X7	X8	Y1	Y2	Y3	Y4	Y5	Y6
1	133.02	73	180	80	125	125	81.1	90	165.81	140.13	-145.14	118.63	135.37	160.76
2	129.63	73	180	80	125	125	81.1	90	165.51	140.25	-144.92	118.7	135.33	159.98
3	158.77	73	180	80	125	125	81.1	90	167.93	138.71	-146.91	117.72	135.41	166.81
4	145.32	73	180	80	125	125	81.1	90	166.79	139.45	-145.92	118.13	135.41	163.64
5	120	78.596	180	80	125	125	81.1	90	164.94	141.5	-143.84	118.43	136.72	157.22
6	120	75.45	180	80	125	125	81.1	90	164.8	141.13	-144.07	118.82	136.02	157.5
7	120	90.487	180	80	125	125	81.1	90	165.59	143.03	-143.16	117.24	139.66	156.59
8	120	83.848	180	80	125	125	81.1	90	165.21	142.28	-143.49	117.96	137.98	156.96
9	120	73	231.39	80	125	125	81.1	90	167.43	140.82	-152.26	129.58	132.04	153.6
10	120	73	198.48	80	125	125	81.1	90	165.71	140.82	-147.08	122.85	134.21	156.23
11	120	73	212.64	80	125	125	81.1	90	166.45	140.82	-149.33	125.75	133.28	155.09
12	120	73	190.55	80	125	125	81.1	90	165.23	140.85	-145.82	121.16	134.75	156.77
13	120	73	180	75.857	125	125	81.1	90	164.23	140.73	-144.18	119.12	135.57	157.2
14	120	73	180	65.958	125	125	81.1	90	163.04	140.34	-144.03	119.31	135.97	156.31
15	120	73	180	87.258	125	125	81.1	90	165.54	141.1	-144.32	118.84	135.06	158.26
16	120	73	180	97.824	125	125	81.1	90	166.88	141.4	-144.34	118.67	134.67	159.28
17	120	73	180	80	150.71	125	81.1	90	164.07	143.03	-140.97	118.75	133.75	158.83
18	120	73	180	80	141.58	125	81.1	90	164.27	142.29	-142.15	118.85	134.27	158.37
19	120	73	180	80	132.37	125	81.1	90	164.57	141.44	-143.3	119	134.88	158.01
20	120	73	180	80	156.93	125	81.1	90	163.89	143.61	-140.25	118.64	133.28	159.12
21	120	73	180	80	125	138.88	81.1	90	166.35	139.29	-144.2	119.1	136.33	157.59
22	120	73	180	80	125	131.21	81.1	90	165.54	140.14	-144.19	119.09	135.81	157.67
23	120	73	180	80	125	141.71	81.1	90	166.75	138.95	-144.17	119.15	136.55	157.59
24	120	73	180	80	125	149.29	81.1	90	167.69	138.07	-144.14	119.19	137.11	157.65
25	120	73	180	80	125	125	60.582	90	162.21	141.21	-144.13	116.03	135.5	154.26
26	120	73	180	80	125	125	70.962	90	163.54	141	-144.16	117.56	135.44	155.93
27	120	73	180	80	125	125	64.854	90	162.7	141.14	-144.21	116.74	135.4	154.88
28	120	73	180	80	125	125	75.529	90	164.06	140.94	-144.18	118.24	135.4	156.68
29	120	73	180	80	125	125	81.1	104.84	164.66	142.27	-147.2	120.21	135.28	157.65
30	120	73	180	80	125	125	81.1	111.22	164.7	142.94	-148.45	120.68	135.16	157.63
31	120	73	180	80	125	125	81.1	98.092	164.67	141.56	-145.86	119.68	135.29	157.61
32	120	73	180	80	125	125	81.1	120.44	164.69	143.84	-150.34	121.34	135.12	157.64

图 6.2　SAS 数据输入图

（3）依次单击"Statistics"→"Regression"→"Linear…"按钮，在弹出的 SAS 线性回归对话框中（见图 6.3），将左边文本框中的 8 个自变量 X1,X2,…,X8 选入"Explanatory"栏中，将因变量 Y1,Y2,…,Y6 选入"Dependent"栏中，然后单击"OK"按钮即可执行回归分析。

（4）利用 SAS 进行回归分析，结果如图 6.4 所示。

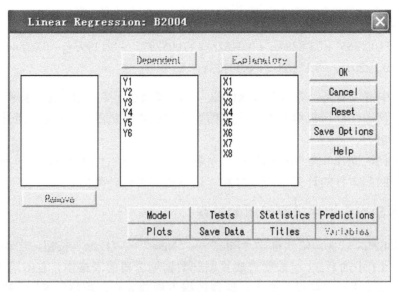

图 6.3　SAS 线性回归对话框

The REG Procedure

Model: MODEL1

Dependent Variable: Y1

Analysis of Variance

Source	DF	Sum of Squares	Mean Square	F Value	Pr > F
Model	8	60.73531	7.59191	5861.52	<0.0001
Error	23	0.02979	0.00130		
Corrected Total	31	60.76510			

Root MSE		0.03599	R-Square	0.9995	
Dependent Mean		165.17031	Adj R-Sq	0.9993	
Coeff Var		0.02179			

Parameter Estimates

Variable	DF	Parameter Estimate	Standard Error	t Value	Pr > |t|
Intercept	1	110.29651	0.44512	247.79	<0.0001
X1	1	0.08284	0.00084653	97.86	<0.0001
X2	1	0.04828	0.00191	25.21	<0.0001
X3	1	0.05297	0.00064256	82.44	<0.0001
X4	1	0.11993	0.00149	80.24	<0.0001
X5	1	−0.02544	0.00093315	−27.26	<0.0001
X6	1	0.12201	0.00126	96.45	<0.0001
X7	1	0.12158	0.00146	82.99	<0.0001
X8	1	−0.00123	0.00103	−1.19	0.2450

图 6.4　SAS 回归分析结果

从图 6.4 中可以得到，总离差平方和 S_T =60.76510，回归平方和 S_R =60.73531，残差平方和 S_e =0.02979；F = 5861.52，而概率 $P\{F > 5861.52\} < 0.0001$，故检验水平 $\alpha = 0.05$ 或 $\alpha = 0.1$ 都说明回归显著。均方误差 $\hat{\sigma} = 0.03599$，复相关系数 R^2 =0.9995，调整的复相关系

数 aR^2=0.9993。回归方程的系数在图 6.4 中也可以完全得到。该回归方程为

$$y_1 = 110.29651 + 0.08284x_1 + 0.04828x_2 + 0.05297x_3 + 0.11993x_4 - 0.02544x_5 + \\ 0.12201x_6 + 0.12158x_7 - 0.00123x_8 \quad\quad (6.22)$$

从图 6.4 中可以看到，常数项及 X1,X2,…,X7 都通过了 T 检验，X8 未通过 T 检验。但考虑到该实际问题，8 台机组都对各线路的有功潮流值有贡献，因此在回归模型中需要考虑所有机组的出力。

SAS 可以同时完成 6 个回归模型参数及各指标的计算。上面只列出了 y_1 的回归计算过程，其他 5 个回归方程的计算可同时得到，这里就不再一一列出。

6.3.2 利用 SPSS 软件求解问题的过程

（1）启动 SPSS 软件，依次单击"File"→"New"→"Data"按钮，启动数据编辑器。

（2）将图 6.1 中的后 32 组数据直接复制到数据编辑器的表格中，右击第 1 行第 1 个单元格，在弹出菜单中选"粘贴"命令，这样数据占据前 8 列；再将图 6.2 中的后 32 组数据复制到数据编辑器的表格中，右击第 1 行第 9 个单元格，在弹出菜单中选择"粘贴"命令，这样数据占据从第 9 列开始的 6 列。

（3）此时 14 列数据的变量名分别被系统自动命名为 var00001～var00014，单击数据表格下端的"Variable View"按钮，将前 8 个变量名修改为 X1,X2,…,X8，后 6 个变量名修改为 Y1,Y2,…,Y6，并将小数点显示为 3 位。再单击"Data View"按钮，就可以看到如图 6.5 所示的 SPSS 数据输入图。

	X1	X2	X3	X4	X5	X6	X7	X8	Y1	Y2	Y3	Y4	Y5	Y6
1	133.020	73.000	180.000	80.000	125.0	125.000	81.100	90.00	165.81	140.13	-145.140	118.6	135	160.760
2	129.630	73.000	180.000	80.000	125.0	125.000	81.100	90.00	165.51	140.25	-144.920	118.7	135	159.980
3	158.770	73.000	180.000	80.000	125.0	125.000	81.100	90.00	167.93	138.71	-146.910	117.7	135	166.810
4	145.320	73.000	180.000	80.000	125.0	125.000	81.100	90.00	166.79	139.45	-145.920	118.1	135	163.640
5	120.000	78.596	180.000	80.000	125.0	125.000	81.100	90.00	164.94	141.50	-143.840	118.4	137	157.220
6	120.000	75.450	180.000	80.000	125.0	125.000	81.100	90.00	164.80	141.13	-144.070	118.8	136	157.500
7	120.000	90.487	180.000	80.000	125.0	125.000	81.100	90.00	165.59	143.03	-143.160	117.2	140	156.590
8	120.000	83.848	180.000	80.000	125.0	125.000	81.100	90.00	165.21	142.28	-143.490	118.0	138	156.960
9	120.000	73.000	231.390	80.000	125.0	125.000	81.100	90.00	167.43	140.82	-152.260	129.6	132	163.600
10	120.000	73.000	198.480	80.000	125.0	125.000	81.100	90.00	165.71	140.82	-147.080	122.9	134	156.230
11	120.000	73.000	212.640	80.000	125.0	125.000	81.100	90.00	166.45	140.82	-149.330	125.8	135	155.090
12	120.000	73.000	190.550	80.000	125.0	125.000	81.100	90.00	165.23	140.85	-145.820	121.2	135	156.770
13	120.000	73.000	180.000	75.857	125.0	125.000	81.100	90.00	164.23	140.73	-144.180	119.1	136	157.200
14	120.000	73.000	180.000	65.958	125.0	125.000	81.100	90.00	163.04	140.34	-144.030	119.3	136	156.310
15	120.000	73.000	180.000	87.258	125.0	125.000	81.100	90.00	165.54	141.10	-144.320	118.8	135	158.260
16	120.000	73.000	180.000	97.624	125.0	125.000	81.100	90.00	166.88	141.40	-144.340	118.7	135	159.280
17	120.000	73.000	180.000	80.000	150.7	125.000	81.100	90.00	164.07	143.03	-140.970	118.8	134	158.830
18	120.000	73.000	180.000	80.000	141.6	125.000	81.100	90.00	164.27	142.29	-142.150	118.9	134	158.370
19	120.000	73.000	180.000	80.000	132.4	125.000	81.100	90.00	164.57	141.44	-143.300	119.0	135	158.010
20	120.000	73.000	180.000	80.000	156.9	125.000	81.100	90.00	163.89	143.61	-140.250	118.6	133	159.120
21	120.000	73.000	180.000	80.000	125.0	138.88	81.100	90.00	166.35	139.29	-144.030	119.1	136	157.590
22	120.000	73.000	180.000	80.000	125.0	131.21	81.100	90.00	165.54	140.14	-144.190	119.1	136	157.670
23	120.000	73.000	180.000	80.000	125.0	141.71	81.100	90.00	166.75	138.95	-144.170	119.2	137	157.590
24	120.000	73.000	180.000	80.000	125.0	149.29	81.100	90.00	167.69	138.07	-144.140	119.2	137	157.650
25	120.000	73.000	180.000	80.000	125.0	125.000	60.582	90.00	162.21	141.21	-144.130	116.6	136	154.260
26	120.000	73.000	180.000	80.000	125.0	125.000	70.962	90.00	163.54	141.00	-144.160	117.6	135	155.930
27	120.000	73.000	180.000	80.000	125.0	125.000	64.854	90.00	162.70	141.14	-144.210	116.7	135	154.880
28	120.000	73.000	180.000	80.000	125.0	125.000	75.529	90.00	164.06	140.94	-144.180	118.2	135	156.680
29	120.000	73.000	180.000	80.000	125.0	125.000	81.100	104.8	164.66	142.27	-147.200	120.2	135	157.650
30	120.000	73.000	180.000	80.000	125.0	125.000	81.100	111.2	164.70	142.94	-148.450	120.7	135	157.630
31	120.000	73.000	180.000	80.000	125.0	125.000	81.100	98.09	164.67	141.56	-145.880	119.7	135	157.610
32	120.000	73.000	180.000	80.000	125.0	125.000	81.100	120.4	164.69	143.84	-150.340	121.3	135	157.640

图 6.5　SPSS 数据输入图

（4）依次单击"Analyze"→"Regression"→"Linear…"按钮，弹出如图 6.6 所示的

SPSS 线性回归对话框。将左边编辑框中的 X1,X2,…,X8 选入右边的"Independent(s)"编辑框中，作为回归分析的自变量。将 Y1 选入右边的"Dependent"编辑框中，作为回归分析的因变量。

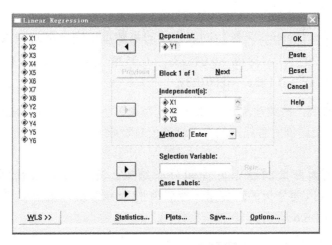

图 6.6　SPSS 线性回归对话框

（5）在 SPSS 线性回归对话框中，单击"OK"按钮，得到如图 6.7 所示的 SPSS 的回归分析结果。

Model Summary

Model	R	R Square	Adjusted R Square	Std. Error of the Estimate
1	1.000ª	1.000	.999	3.5989E-02

a. Predictors: (Constant), X8, X4, X2, X3, X1, X5, X7, X6

ANOVAᵇ

Model		Sum of Squares	df	Mean Square	F	Sig.
1	Regression	60.735	8	7.592	5861.519	.000ª
	Residual	2.979E-02	23	1.295E-03		
	Total	60.765	31			

a. Predictors: (Constant), X8, X4, X2, X3, X1, X5, X7, X6
b. Dependent Variable: Y1

Coefficientsª

Model		Unstandardized Coefficients		Standardized Coefficients	t	Sig.
		B	Std. Error	Beta		
1	(Constant)	110.297	.445		247.791	.000
	X1	8.284E-02	.001	.495	97.860	.000
	X2	4.828E-02	.002	.127	25.213	.000
	X3	5.297E-02	.001	.417	82.438	.000
	X4	.120	.001	.372	80.238	.000
	X5	-2.54E-02	.001	-.139	-27.263	.000
	X6	.122	.001	.491	96.454	.000
	X7	.122	.001	.422	82.992	.000
	X8	-1.23E-03	.001	-.006	-1.193	.245

a. Dependent Variable: Y1

图 6.7　SPSS 的回归分析结果

从图 6.6 的 Model Summary 来看，复相关系数为 $R^2=1$，$a \cdot R^2=0.999$，RMSE=0.035989。从图 6.6 的 ANOVA（方差分析）来看，总离差平方和 S_T=60.765，回归平方和 S_R=60.735，残差平方和 S_e=0.02979，$F=5861.519$，$P\{F>5861.519\} \approx 0$，故取检验水平 $\alpha=0.05$ 或 $\alpha=0.1$ 都说明回归显著。

从图 6.6 中的 Coefficients 来看，回归方程的系数可以完全得到。该回归方程为

$$y_1 = 110.297 + 0.08284x_1 + 0.04828x_2 + 0.05297x_3 + 0.120x_4 - 0.0254x_5 +$$
$$0.122x_6 + 0.122x_7 - 0.00123x_8$$

从图 6.6 可以看到，常数项及 X1,X2,…,X7 都通过了 T 检验，X8 未通过 T 检验。但考虑该到实际问题，8 台机组都对各线路的有功潮流值有贡献，因此在回归模型中需要考虑所有机组的出力。

若要得到其他因变量的回归方程和分析结果，则只要在线性回归分析对话框的"Dependent"框中选入要分析的因变量，然后单击"OK"按钮就可以了。这里就不再一一列出，具体结果如图 6.6 所示。

6.3.3 线性回归的 MATLAB 实现

利用 MATLAB 求解线性回归问题，可用函数 regress 实现，其使用格式为

```
[b,bint,r,rint,stats]=regress(Y,X,alpha)
```

其中，Y 为列向量，表示因变量的取值，为 6.2.2 节中的式（6.11）；X 为矩阵，表示自变量的取值，为 6.2.2 节中的式（6.12）；alpha 为置信水平，默认取 0.05；b 为参数 β 的取值，为列向量；bint 为参数 β 的置信度，即为 1～alpha 的置信区间，当置信区间包含 0 时，说明该参数未通过 T 检验，可将其认为 0；r 为残差向量，取值为 Y–X·b；rint 为残差的置信度为 1～alpha 的置信区间；stats 为 stats(1)复相关系数，stats(2)为 F 值，stats(3)为 F 值对应的概率值。

对照前面的参数意义，明白了该函数的调用方式。采用 MATLAB 可方便求解该问题。下面给出求解该问题的 MATLAB 程序（见 chap6_1.m）。

```
%围绕方案 0 的 32 组实验数据(8 台机组的出力)
x=[133.02    73       180      80       125      125      81.1     90
   129.63    73       180      80       125      125      81.1     90
   158.77    73       180      80       125      125      81.1     90
   145.32    73       180      80       125      125      81.1     90
   120       78.596   180      80       125      125      81.1     90
   120       75.45    180      80       125      125      81.1     90
   120       90.487   180      80       125      125      81.1     90
   120       83.848   180      80       125      125      81.1     90
   120       73       231.39   80       125      125      81.1     90
   120       73       198.48   80       125      125      81.1     90
   120       73       212.64   80       125      125      81.1     90
   120       73       190.55   80       125      125      81.1     90
   120       73       180      75.857   125      125      81.1     90
   120       73       180      65.958   125      125      81.1     90
   120       73       180      87.258   125      125      81.1     90
```

```
       120        73        180      97.824    125       125       81.1      90
       120        73        180      80        150.71    125       81.1      90
       120        73        180      80        141.58    125       81.1      90
       120        73        180      80        132.37    125       81.1      90
       120        73        180      80        156.93    125       81.1      90
       120        73        180      80        125       138.88    81.1      90
       120        73        180      80        125       131.21    81.1      90
       120        73        180      80        125       141.71    81.1      90
       120        73        180      80        125       149.29    81.1      90
       120        73        180      80        125       125       60.582    90
       120        73        180      80        125       125       70.962    90
       120        73        180      80        125       125       64.854    90
       120        73        180      80        125       125       75.529    90
       120        73        180      80        125       125       81.1      104.84
       120        73        180      80        125       125       81.1      111.22
       120        73        180      80        125       125       81.1      98.092
       120        73        180      80        125       125       81.1      120.44];
%围绕方案 0 的 32 组实验数据 (6 条线路的有功潮流值)
y=[165.81     140.13    -145.14 118.63 135.37   160.76
   165.51     140.25    -144.92 118.7  135.33   159.98
   167.93     138.71    -146.91 117.72 135.41   166.81
   166.79     139.45    -145.92 118.13 135.41   163.64
   164.94     141.5     -143.84 118.43 136.72   157.22
   164.8      141.13    -144.07 118.82 136.02   157.5
   165.59     143.03    -143.16 117.24 139.66   156.59
   165.21     142.28    -143.49 117.96 137.98   156.96
   167.43     140.82    -152.26 129.58 132.04   153.6
   165.71     140.82    -147.08 122.85 134.21   156.23
   166.45     140.82    -149.33 125.75 133.28   155.09
   165.23     140.85    -145.82 121.16 134.75   156.77
   164.23     140.73    -144.18 119.12 135.57   157.2
   163.04     140.34    -144.03 119.31 135.97   156.31
   165.54     141.1     -144.32 118.84 135.06   158.26
   166.88     141.4     -144.34 118.67 134.67   159.28
   164.07     143.03    -140.97 118.75 133.75   158.83
   164.27     142.29    -142.15 118.85 134.27   158.37
   164.57     141.44    -143.3  119 134.88  158.01
   163.89     143.61    -140.25 118.64 133.28   159.12
   166.35     139.29    -144.2  119.1  136.33   157.59
   165.54     140.14    -144.19 119.09 135.81   157.67
   166.75     138.95    -144.17 119.15 136.55   157.59
   167.69     138.07    -144.14 119.19 137.11   157.65
   162.21     141.21    -144.13 116.03 135.5    154.26
   163.54     141       -144.16 117.56 135.44   155.93
   162.7      141.14    -144.21 116.74 135.4    154.88
   164.06     140.94    -144.18 118.24 135.4    156.68
   164.66     142.27    -147.2  120.21 135.28   157.65
   164.7      142.94    -148.45 120.68 135.16   157.63
   164.67     141.56    -145.88 119.68 135.29   157.61
   164.69     143.84    -150.34 121.34 135.12   157.64];
x0=[120 73,180,80,125,125,81.1,90]';%方案 0 的 8 台机组的出力
```

```
    y0=[164.78,140.87,-144.25,119.09,135.44,157.69]';
    %方案 0 的 6 条线路的有功潮流值

    yp=zeros(6,1);
    err=zeros(6,1);
    X=[ones(32,1),x];
    alpha=0.05;
    for i=1:6              %分别对 6 条线路进行回归分析
        Y=y(:,i);    %获得第 i 条线路的有功潮流值
    [b,bint,r,rint,stats]=regress(Y,X,alpha);%回归函数

    fprintf('第%2d 条线路回归方程参数:\n',i);
    fprintf('系数:');
    for k=1:9   fprintf('%8.5f ',b(k));end;fprintf('\n');
    fprintf(' 统 计 量 值 R^2=%8.4f,F=%8.4f,p=%8.5f\n',stats(1),stats(2),
stats(3));
    temp=b(2:9);
    yp(i)=b(1)+sum(temp.*x0);              %计算方案 0 中对第 i 条线路有功潮流的预测值
    err(i)=abs(yp(i)-y0(i))/abs(y0(i))*100; %计算预测相对误差的百分比
end
fprintf('方案 0 的原始值,预测值,相对误差百分比:\n');
for i=1:6
    fprintf('%8.4f %8.4f %8.4f\n',y0(i),yp(i),err(i));
end
```

输出结果如下：

```
    第 1 条线路回归方程参数:
    系数:110.29651  0.08284  0.04828  0.05297  0.11993 -0.02544  0.12201
0.12158 -0.00123
    统计量值 R^2=0.9995,F=5861.5194,p=0.00000
    第 2 条线路回归方程参数:
    系数:131.22892 -0.05456  0.12785 -0.00003  0.03328  0.08685 -0.11244
-0.01893  0.09873
    统计量值 R^2=0.9996,F=7228.6778,p=0.00000
    第 3 条线路回归方程参数:
    系数:-108.87316 -0.06954  0.06165 -0.15662 -0.00992  0.12449  0.00212
-0.00251 -0.20139
    统计量值 R^2=0.9999,F=22351.7413,p=0.00000
    第 4 条线路回归方程参数:
    系数:77.48168 -0.03446 -0.10241  0.20516 -0.02083 -0.01183  0.00595
0.14492  0.07655
    统计量值 R^2=0.9999,F=25582.5797,p=0.00000
    第 5 条线路回归方程参数:
    系数:132.97447  0.00053  0.24329 -0.06455 -0.04113 -0.06522  0.07034
-0.00426 -0.00891
    统计量值 R^2=0.9996,F=6971.8004,p=0.00000
    第 6 条线路回归方程参数:
```

```
    系数:120.66328  0.23781 -0.06017 -0.07787  0.09298  0.04690  0.00008
0.16593  0.00069
    统计量值 R^2=0.9998,F=17454.5479,p=0.00000
    方案 0 的原始值,预测值,相对误差百分比:
    164.7800  164.7120   0.0413
    140.8700  140.8238   0.0328
    -144.2500  -144.2051   0.0312
    119.0900  119.0412   0.0410
    135.4400  135.3803   0.0441
    157.6900  157.6206   0.0440
```

某种水泥在凝固时释放出的热量 Y（单位 Cal）与水泥中下列 4 种化学成分有关：

x1：$3CaO \cdot Al_2O_3$　　x2：$3CaO \cdot SiO_2$　x3：$4CaO \cdot Al_2O_3 \cdot Fe_2O_3$　　x4：$2CaO \cdot SiO_2$

将通过实验得到的数据列于表 6.4 中，求 Y 对 x1,x2,x3,x4 的线性回归方程。

表 6.4　水泥放热数据表

序号	x1/%	x2/%	x3/%	x4/%	Y
1	7	26	6	60	78.5
2	1	29	15	52	74.3
3	11	56	8	20	104.3
4	11	31	8	47	87.6
5	7	52	6	33	95.9
6	11	55	9	22	109.2
7	3	71	17	6	102.7
8	1	31	22	44	72.5
9	2	54	18	22	93.1
10	21	47	4	26	115.9
11	1	40	23	34	83.8
12	11	66	9	12	113.3
13	10	68	8	12	109.4

利用 SAS 求解该问题的过程如下:

（1）启动 SAS 软件，依次单击“Solutions”→“Analysis”→“Analyst”按钮，启动分析员。

（2）在弹出的表中输入数据，结果如图 6.8 所示。

	x1	x2	x3	x4	Y
1	7	26	6	60	78.5
2	1	29	15	52	74.3
3	11	56	8	20	104.3
4	11	31	8	47	87.6
5	7	52	6	33	95.9
6	11	55	9	22	109.2
7	3	71	17	6	102.7
8	1	31	22	44	72.5
9	2	54	18	22	93.1
10	21	47	4	26	115.9
11	1	40	23	34	83.8
12	11	66	9	12	113.3
13	10	68	8	12	109.4

图 6.8　SAS 数据输入图

（3）依次单击“Statistics”→“Regression”→“Linear...”按钮，在弹出的对话框中

（见图 6.9），将左边文本框中的 4 个自变量 x1,x2,x3,x4 选入"Explanatory"框中，将因变量 Y 选入"Dependent"框中，然后单击"OK"按钮，即可执行回归分析。

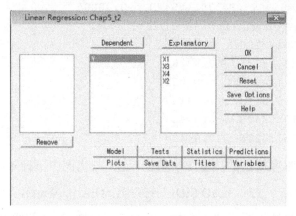

图 6.9　SAS 线性回归对话框

（4）SAS 回归分析结果如图 6.10 所示。

The REG Procedure

Model: MODEL1

Dependent Variable: Y

Analysis of Variance

Source	DF	Sum of Squares	Mean Square	F Value	Pr > F
Model	4	2667.89944	666.97486	111.48	<0.0001
Error	8	47.86364	5.98295		
Corrected Total	12	2715.76308			

Root MSE	2.44601	R-Square	0.9824
Dependent Mean	95.42308	Adj R-Sq	0.9736
Coeff Var	2.56333		

Parameter Estimates

Variable	DF	Parameter Estimate	Standard Error	t Value	Pr > |t|
Intercept	1	62.40537	70.07096	0.89	0.3991
x1	1	1.55110	0.74477	2.08	0.0708
x2	1	0.51017	0.72379	0.70	0.5009
x3	1	0.10191	0.75471	0.14	0.8959
x4	1	−0.14406	0.70905	−0.20	0.8441

图 6.10　SAS 回归分析结果

从图 6.10 中可以得到，总离差平方和 $S = 2715.76308$，回归平方和 $U = 2667.89944$，残差平方和 $Q = 47.86364$，其均值 $U/m = 666.97486$，$Q/m = 5.98295$，从而得到 $F = 111.48$，$P\{F > 111.48\} < 0.0001$，故取检验水平 $\alpha = 0.05$ 或 $\alpha = 0.1$ 都说明回归显著。

回归得到的均方误差 $\hat{\sigma}^* = 2.44601$，复相关系数 $R^2 = 0.9824$，调整的复相关系数 $aR^2 = 0.9736$。在参数估计中，大多数不能通过显著性检验，因此回归方程有问题。通过尝试采用逐步回归的方法，或采用去掉常数项的方法，最后得到的 SAS 回归分析计算结果如图 6.11 所示。

Analysis of Variance

Source	DF	Sum of Squares	Mean Square	F Value	Pr > F
Model	4	121035	30259	5176.47	<.0001
Error	9	52.60916	5.84546		
Uncorrected Total	13	121088			

Root MSE	2.41774	R-Square	0.9996
Dependent Mean	95.42308	Adj R-Sq	0.9994
Coeff Var	2.53370		

Parameter Estimates

Variable	DF	Parameter Estimate	Standard Error	t Value	Pr > |t|
X1	1	2.19305	0.18527	11.84	<0.0001
X2	1	1.15333	0.04794	24.06	<0.0001
X3	1	0.75851	0.15951	4.76	0.0010
X4	1	0.48632	0.04141	11.74	<0.0001

图 6.11 SAS 回归分析计算结果

从图 6.11 中可以看到，回归方程仍然是显著的，回归得到的均方误差为

$$\hat{\sigma}^* = 2.41774 \quad R^2 = 0.9996 \quad aR^2 = 0.9994$$

所有的系数都通过显著性检验。最后得到的回归方程为

$$y = 2.19305x_1 + 1.15333x_2 + 0.75851x_3 + 0.48632x_4$$

第 7 章　微分方程模型

7.1　传染病模型

随着卫生设施的改善、医疗水平的提高及人类文明的不断发展，诸如霍乱、天花等曾经肆虐全球的传染性疾病已经得到有效的控制。但是一些新的、不断变异的传染病毒却悄悄向人类袭来。20 世纪 80 年代，十分凶险的艾滋病毒开始肆虐全球，至今仍给人类带来极大的危害。建立防止传染病蔓延的模型一直是各国学者关注的课题。

不同类型传染病的传播过程有各自不同的特点，弄清这些特点需要相当多的病理知识，这里不可能从医学角度逐一分析各种传染病的传播，而只是按照一般的传播模型机制建立几种模型。

7.1.1　指数传播模型

设时刻 t 的患者人数 $x(t)$ 是连续可微函数，每天每个患者有效接触人数为常数 λ。考察 $t \sim t + \Delta t$ 患者数的增加，则有

$$x(t + \Delta t) - x(t) = \lambda x(t) \Delta t$$

再设当 $t = 0$ 时，有 x_0 个患者，可得微分方程

$$\frac{\mathrm{d}x}{\mathrm{d}t} = \lambda x, \ x(0) = x_0 \tag{7.1}$$

式（7.1）的解为

$$x(t) = x_0 \mathrm{e}^{\lambda t} \tag{7.2}$$

结果表明，随着 t 的增加，患者人数 $x(t)$ 无限增长，显然不符合实际。

该模型建立失败的原因是：在患者有效接触的人群中，有健康人也有患者，而其中只有健康人才可以被感染成为患者，所以在改进的模型中必须区别这两类人。

7.1.2　SI 模型

1. 假设条件

（1）在疾病传播期内所考察地区总人数 N 不变，即不考虑生死，也不考虑迁移。人群分为易感染者（Susceptible）和已感染者（Infective）两类，分别简称健康者和患者。在时刻 t，这两类人在总人数中所占比例分别为 $s(t)$ 和 $i(t)$。

（2）每天每个患者有效接触的平均人数是 λ，λ 称为日接触率。当患者与健康者接触时，使健康者受感染变为患者。

2．模型建立

根据假设，每个患者每天可使 $\lambda s(t)$ 个健康者变为患者，因为患者人数为 $Ni(t)$，所以每天共有 $\lambda s(t)\cdot Ni(t)$ 个健康者被感染，于是 λNsi 就是患者人数 Ni 的增加率，则有

$$N\frac{\mathrm{d}i}{\mathrm{d}t}=\lambda Nsi \tag{7.3}$$

$$s(t)+i(t)=1 \tag{7.4}$$

再记初始时刻（$t=0$）患者的比例为 i_0，则有

$$\frac{\mathrm{d}i}{\mathrm{d}t}=\lambda i(1-i),\ \ i(0)=i_0 \tag{7.5}$$

式（7.5）是 SI 模型，其解为

$$i(t)=\frac{1}{1+\left(\dfrac{1}{i_0}-1\right)\mathrm{e}^{-\lambda t}} \tag{7.6}$$

SI 模型的 $\frac{\mathrm{d}i}{\mathrm{d}t}$-$i$ 和 i-t 的曲线分别如图 7.1 和图 7.2 所示。

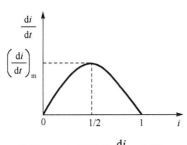
图 7.1　SI 模型的 $\frac{\mathrm{d}i}{\mathrm{d}t}$-$i$ 曲线

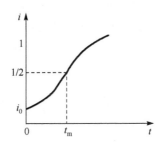
图 7.2　SI 模型的 i-t 曲线

由式（7.5）、式（7.6）及图 7.1 可知，当 $i=\frac{1}{2}$ 时，$\frac{\mathrm{d}i}{\mathrm{d}t}$ 达到最大值 $\left(\dfrac{\mathrm{d}i}{\mathrm{d}t}\right)_{\mathrm{m}}$，由式（7.6）解得该时刻为

$$t_{\mathrm{m}}=\lambda^{-1}\ln\left(\frac{1}{i_0}-1\right) \tag{7.7}$$

这时患者增加的速度最快，可以认为是医院门诊量最多的一天，预示着传染病高潮的到来，该时刻是医疗卫生部门关注的时刻。t_{m} 与 λ 成反比，因为日接触率 λ 表示该地区的卫生水平，λ 越小，该地区的卫生水平越高。所以改善保健设施、提高卫生水平可以推迟传染病高潮的到来。

当 $t\to\infty$ 且 $i\to1$ 时，即所有人终将被传染，显然不符合实际情况。原因是模型中没有考虑患者被治愈的情况，人群中的健康者只能变成患者，而患者不会再变成健康者。

为了修正上述结果，必须重新考虑模型假设。下面在以下两个模型中我们讨论患者可以被治愈的情况。

7.1.3 SIS 模型

有些患者（如被传染伤风、痢疾等）被治愈后的免疫力很低，可以假定为无免疫性，于是患者被治愈后变成健康者，健康者还可以再次被感染成患者，这个模型为 SIS 模型。

1. 假设条件

SIS 模型的假设条件（1）与（2）与 SI 模型的假设条件相同，增加的假设条件如下：

（3）每天被治愈的患者人数占患者总人数的比例为常数 μ，称为**日治愈率**，患者被治愈后成为仍可能被感染的健康者。$1/\mu$ 是这种传染病的**平均传染期**。

2. 模型构成

不难看出，考虑到假设条件（3），应将 SI 模型的式（7.3）修正为

$$N\frac{\mathrm{d}i}{\mathrm{d}t} = \lambda N s i - \mu N i \tag{7.8}$$

式（7.4）不变，于是将式（7.5）应修正为

$$\frac{\mathrm{d}i}{\mathrm{d}t} = \lambda i(1-i) - \mu i, \quad i(0) = i_0 \tag{7.9}$$

定义 $\sigma = \lambda/\mu$，σ 是整个传染期内每个患者有效接触的平均人数，称为**接触数**。

利用 σ，式（7.9）可转换为

$$\frac{\mathrm{d}i}{\mathrm{d}t} = -\lambda i\left[i - \left(1 - \frac{1}{\sigma}\right)\right] \tag{7.10}$$

由式（7.11）容易先画出 $\frac{\mathrm{d}i}{\mathrm{d}t}$-$i$ 的曲线，再画出 i-t 的曲线，分别如图 7.3～图 7.6 所示。

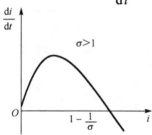

图 7.3 SIS 模型的 $\frac{\mathrm{d}i}{\mathrm{d}t}$-$i$ 曲线（$\sigma > 1$）

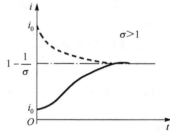

图 7.4 SIS 模型的 i-t 曲线（$\sigma > 1$）

注：其中虚线是 $i_0 > 1 - \frac{1}{\sigma}$ 的情况

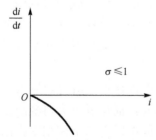

图 7.5 SIS 模型的 $\frac{\mathrm{d}i}{\mathrm{d}t}$-$i$ 曲线（$\sigma \leqslant 1$）

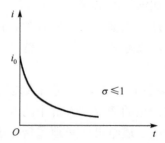

图 7.6 SIS 模型的 i-t 曲线（$\sigma \leqslant 1$）

不难看出，接触数 $\sigma=1$ 是一个阈值。当 $\sigma>1$ 时，$i(t)$ 的增减性取决于 i_0 的大小（见图 7.4），但其极限值 $i(\infty)=1-\dfrac{1}{\sigma}$ 随 σ 的增大而增大（试从 σ 的含义给以解释）；当 $\sigma\leqslant1$ 时，患者比例 $i(t)$ 越来越小，最终趋于零，这是由于传染期内经有效接触从而使健康者变成患者的人数不超过原来的患者人数。

SI 模型可视为本模型的特例，请读者考虑 SI 模型相当于当 SIS 模型中 μ 或 σ 取何值时的情况。

7.1.4　SIR 模型

大多数传染病如天花、流感、肝炎、麻疹等被治愈后，患者均有很强的免疫力，所以病愈的人既非健康者（易感染者），也非患者（已感染者），他们已经退出传染系统。这种情况比较复杂，下面将详细分析建模过程。

1．假设条件

（1）总人数 N 不变。人群分为健康者、患者和病愈免疫的移出者（Removed）三类，将这类问题称为 SIR 模型。三类人在总数 N 中所占比例分别记作 $s(t)$、$i(t)$ 和 $r(t)$。

（2）患者的日接触率为 λ，日治愈率为 μ（与 SI 模型相同），接触数为 $\sigma=\lambda/\mu$。

2．模型建立

由假设条件（1）显然有

$$s(t)+i(t)+r(t)=1 \tag{7.11}$$

根据假设条件（2），式（7.8）仍然成立。对于病愈免疫的移出者而言，则有

$$N\frac{\mathrm{d}r}{\mathrm{d}t}=\mu Ni \tag{7.12}$$

记初始时刻的健康者和患者的比例分别是 $s_0(s_0>0)$ 和 $i_0(i_0>0)$（不妨设病愈免疫的移出者的初值 $r_0=0$），则根据式（7.8）、式（7.11）、式（7.12），SIR 模型可以写作

$$\begin{cases} \dfrac{\mathrm{d}i}{\mathrm{d}t}=\lambda si-\mu i, & i(0)=i_0 \\[2mm] \dfrac{\mathrm{d}s}{\mathrm{d}t}=-\lambda si, & s(0)=s_0 \\[2mm] \dfrac{\mathrm{d}r}{\mathrm{d}t}=\mu i, & r(0)=r_0 \end{cases} \tag{7.13}$$

式（7.13）无法求出 $s(t)$、$i(t)$ 和 $r(t)$ 的解析解，但可用于数值计算。

如取 $\lambda=1.1$、$\mu=0.3$、$s_0=0.9$、$i_0=0.1$、$r_0=0$，SIR 数值计算示例如图 7.7 所示。MATLAB 实现程序如下。

```
function y=infect(t,x)
%s--x(1);  i--x(2);  r--x(3)
lamp=1.1;                          %传染率
u=0.3;                             %治愈率
```

```
y=[lamp*x(1)*x(2)-u*x(2),-lamp*x(1)*x(2),u*x(2)]';
```

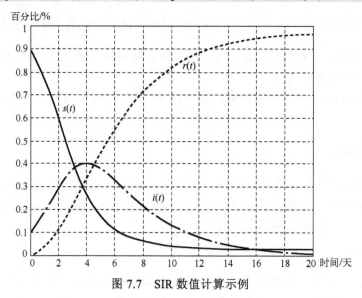

图 7.7　SIR 数值计算示例

该模型的主程序如下（见 chap7_1.m）。

```
x0=[0.9,0.1,0]';                           %初始值[s0,i0,r0]
 [t,x]=ode45('infect',[0,20],x0);
%调用变步长 4 阶 5 级 Runge-Kutta-Felhberg 法进行计算
plot(t,x(:,1),'r',t,x(:,2),'b',t,x(:,3),'g');
grid on
```

7.1.5　SEIR 模型

在 SIR 模型基础上，考虑有潜伏期的传染病。

1．假设条件

（1）总人数 N 不变。人群分为健康者、处于潜伏期的人、患者和病愈免疫的移出者 4

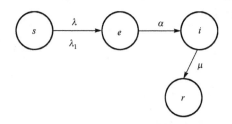

图 7.8　SEIR 模型示意图

类，该类模型称为 SEIR 模型。这 4 类人在总数 N 中所占比例分别记作 $s(t)$、$e(t)$、$i(t)$ 和 $r(t)$。

（2）患者的日接触率为 λ，日治愈率为 μ（与 SI 模型相同），接触数为 $\sigma = \lambda / \mu$。

（3）处于潜伏期的人也具有感染性，有效接触率为 λ_1。处于潜伏期的人转化为患者的百分比为 α。

SEIR 模型示意图如图 7.8 所示。

2．模型建立

由假设条件（1）有

$$s(t) + e(t) + i(t) + r(t) = 1 \tag{7.14}$$

对健康者有

$$N\frac{\mathrm{d}s}{\mathrm{d}t}=-\lambda Nsi-\lambda_1 Nse \tag{7.15}$$

对处于潜伏期的人有

$$N\frac{\mathrm{d}e}{\mathrm{d}t}=\lambda Nsi+\lambda_1 Nse-\alpha Ne \tag{7.16}$$

对患者有

$$N\frac{\mathrm{d}i}{\mathrm{d}t}=\alpha Ne-\mu Ni \tag{7.17}$$

对病愈免疫的移出者有

$$N\frac{\mathrm{d}r}{\mathrm{d}t}=\mu Ni \tag{7.18}$$

记初始时刻的健康者、处于潜伏期的人、患者和病愈免疫的移除者的比例分别是 s_0、e_0、i_0 和 r_0。SEIR 模型可以写作

$$\begin{cases} \dfrac{\mathrm{d}s}{\mathrm{d}t}=-\lambda si-\lambda_1 se, & s(0)=s_0 \\[2mm] \dfrac{\mathrm{d}e}{\mathrm{d}t}=\lambda si+\lambda_1 se-\alpha e, & e(0)=e_0 \\[2mm] \dfrac{\mathrm{d}i}{\mathrm{d}t}=\alpha e-\mu i, & i(0)=i_0 \\[2mm] \dfrac{\mathrm{d}r}{\mathrm{d}t}=\mu i, & r(0)=r_0 \end{cases} \tag{7.19}$$

式（7.19）无法求出 $s(t)$、$e(t)$、$i(t)$ 和 $r(t)$ 的解析解，但用于数值计算。

如取 $\lambda=1.1$、$\lambda_1=0.6$、$\mu=0.3$、$\alpha=0.9$，则 $s_0=0.85$、$e_0=0.05$、$i_0=0.1$、$r_0=0$。MATLAB 实现程序如下。

```
function y=infect1(t,x)
%s--x(1); e--x(2); i--x(3);  r--x(4)
lamp=1.1;                    %患者的日接触率
lamp1=0.6;                   %潜伏期接触率
u=0.3;                       %治愈率
af=0.9;                      %潜伏期转化率
y=[-lamp*x(1)*x(3)-lamp1*x(1)*x(2),lamp*x(1)*x(3)+lamp1*x(1)*x(2)-af
*x(2),
    af*x(2)-u*x(3),u*x(3)]';
```

SEIR 数值计算示例如图 7.9 所示。
该模型的主程序如下（见 chap7_2.m）。

```
x0=[0.85,0.05,0.1,0]'; %初始值[s0,e0,i0,r0]
[t,x]=ode45('infect1',[0,20],x0);
%调用变步长4阶、5级 Runge-Kutta-Felhberg 法进行计算
plot(t,x(:,1),'b',t,x(:,2),'y',t,x(:,3),'r',t,x(:,4),'g');
grid on
```

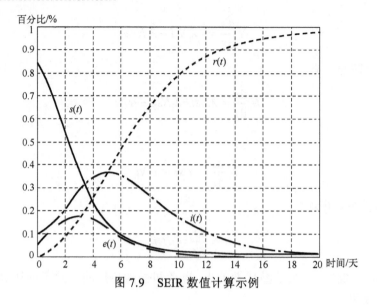

图 7.9　SEIR 数值计算示例

7.2　战　争　模　型

7.2.1　一般战争模型

设 $x(t)$ 和 $y(t)$ 分别表示交战双方甲、乙在时刻 t 时的兵力，可设为双方的士兵人数。

1．假设条件

（1）双方战斗减员率取决于双方兵力和战斗力，甲、乙双方战斗减员率分别为 $f(x,y)$ 和 $g(x,y)$。

（2）双方的非战斗减员率（如疾病、逃跑）只与本方兵力成正比。

（3）甲、乙双方的增援率是给定的函数，分别用 $u(t)$ 和 $v(t)$ 表示。

2．模型建立

由以上假设条件可以得到微分方程

$$\begin{cases} \dfrac{\mathrm{d}x}{\mathrm{d}t} = -f(x,y) - \alpha \cdot x + u(t), & \alpha > 0 \\[3mm] \dfrac{\mathrm{d}y}{\mathrm{d}t} = -g(x,y) - \beta \cdot y + v(t), & \beta > 0 \end{cases} \tag{7.20}$$

7.2.2　正规战争模型

1．假设条件

（1）甲方战斗减员率与乙方兵力成正比，即 $f = a \cdot y$，a 表示乙方平均每个士兵对甲方的杀伤率（单位时间内的杀伤数）。a 可表示为 $a = r_y \cdot p_y$，其中 r_y 为乙方的射击率，p_y 为乙方每次的命中率。

（2）乙方战斗减员率与甲方兵力成正比，即 $g = b \cdot x$，b 表示甲方平均每个士兵对乙方的杀伤率（单位时间内的杀伤数）。b 可表示为 $b = r_x \cdot p_x$，其中 r_x 为甲方的射击率，p_x 为甲方每次的命中率。

2．模型建立

不考虑非战斗减员和兵力增加，初始时双方兵力分别为 x_0、y_0，则有

$$\begin{cases} \dfrac{\mathrm{d}x}{\mathrm{d}t} = -a \cdot y \\[2mm] \dfrac{\mathrm{d}y}{\mathrm{d}t} = -b \cdot x \\[2mm] x(0) = x_0, y(0) = y_0 \end{cases} \tag{7.21}$$

其中，$a = r_y \cdot p_y$，$b = r_x \cdot p_x$。

式（7.21）可写成

$$\begin{cases} \dfrac{\mathrm{d}y}{\mathrm{d}x} = \dfrac{b \cdot x}{a \cdot y} \\[2mm] y(x_0) = y_0 \end{cases} \tag{7.22}$$

则有

$$a \cdot y^2 - b \cdot x^2 = k \tag{7.23}$$

由初始条件可知

$$k = a \cdot y_0^2 - b \cdot x_0^2 \tag{7.24}$$

正规战争模型的相轨线如图 7.10 所示。

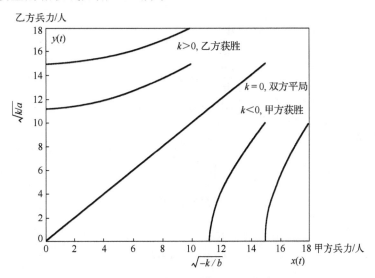

图 7.10　正规战争模型的相轨线

由图 7.10 可知：

（1）当 $k > 0$ 时，曲线与 y 轴相交，表示乙方最终获胜，获胜时剩余兵力为 $y = \sqrt{\dfrac{k}{a}}$。

（2）当 $k < 0$ 时，曲线与 x 轴相交，表示甲方最终获胜，获胜时剩余兵力为 $x = \sqrt{-\dfrac{k}{b}}$。

（3）当 $k = 0$ 时，双方打成平局，最终同归于尽，剩余兵力都为 0。

乙方获胜条件为

$$\left(\frac{y_0}{x_0}\right)^2 > \frac{b}{a} = \frac{r_x \cdot p_x}{r_y \cdot p_y} \tag{7.25}$$

若甲方战斗力增加 4 倍，则乙方只需将兵力增加 2 倍，故正规战争模型也称为平方模型。

7.2.3 游击战争模型

1. 假设条件

当甲、乙双方都采用游击战时，任意一方兵力的减少不但与对方兵力有关，而且与己方的兵力有关。对方和己方兵力越多，则己方战斗减员率越高。

设乙方杀伤率为 c，$c = r_y \cdot p_y = r_y \cdot \dfrac{s_{r_y}}{s_x}$，其中 r_y 为乙方的射击率，p_y 为乙方每次的命中率；s_x 为甲方活动面积，s_{r_y} 为乙方有效射击面积。

设甲方杀伤率为 d，$d = r_x \cdot p_x = r_x \cdot \dfrac{s_{r_x}}{s_y}$，其中 r_x 为甲方的射击率，p_x 为甲方每次的命中率；s_y 为乙方活动面积，s_{r_x} 为甲方有效射击面积。

2. 模型建立

游击战争模型为

$$\begin{cases} \dfrac{dx}{dt} = -c \cdot x \cdot y \\ \dfrac{dy}{dt} = -d \cdot x \cdot y \\ x(0) = x_0, y(0) = y_0 \end{cases} \tag{7.26}$$

式（7.26）可写成

$$\begin{cases} \dfrac{dy}{dx} = \dfrac{d}{c} \\ y(x_0) = y_0 \end{cases} \tag{7.27}$$

则

$$c \cdot y - d \cdot x = k \tag{7.28}$$

由初始条件可知

$$k = c \cdot y_0 - d \cdot x_0 \tag{7.29}$$

游击战争模型的相轨线如图 7.11 所示。由图 7.11 可知：

（1）当 $k > 0$ 时，曲线与 y 轴相交，表示乙方最终获胜，获胜时剩余兵力为 $y = \dfrac{k}{c}$。

（2）当 $k < 0$ 时，曲线与 x 轴相交，表示甲方最终获胜，获胜时剩余兵力为 $x = -\dfrac{k}{d}$。

（3）当 $k = 0$ 时，双方打成平局，最终同归于尽，剩余兵力都为 0。

乙方获胜条件为

$$\frac{y_0}{x_0} > \frac{d}{c} = \frac{r_x \cdot s_{rx} \cdot s_x}{r_y \cdot s_{ry} \cdot s_y} \qquad (7.30)$$

当甲方活动面积增加一倍时，乙方需要将兵力也增加一倍。故游击战争模型也称为线性律模型。

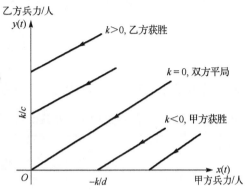

图 7.11　游击战争模型的相轨线

7.2.4　混合战争模型

假设甲方采取游击战争策略，乙方采取正规战争策略，则有

$$\begin{cases} \dfrac{\mathrm{d}x}{\mathrm{d}t} = -c \cdot x \cdot y \\[2mm] \dfrac{\mathrm{d}y}{\mathrm{d}t} = -b \cdot x \\[2mm] x(0) = x_0, y(0) = y_0 \end{cases} \qquad (7.31)$$

式（7.31）的解为

$$c \cdot y^2 - 2 \cdot b \cdot x = n \qquad (7.32)$$

其中 $n = c \cdot y_0^2 - 2 \cdot b \cdot x_0$，由此可知，相轨线是抛物线。当 $n < 0$ 时，甲方获胜；当 $n = 0$ 时，双方平局；当 $n > 0$ 时，乙方获胜。混合战争模型的相轨线如图 7.12 所示。

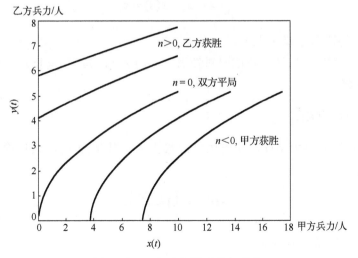

图 7.12　混合战争模型的相轨线

其中乙方获胜条件为

$$\left(\frac{y_0}{x_0}\right)^2 > \frac{2 \cdot b}{c \cdot x_0} \tag{7.33}$$

将 $b = r_x \cdot p_x$，$c = r_y \cdot p_y = r_y \cdot \dfrac{s_{ry}}{s_x}$ 代入式（7.33）有

$$\left(\frac{y_0}{x_0}\right)^2 > \frac{2 \cdot r_x \cdot p_x \cdot s_x}{r_y \cdot s_{ry} x_0} \tag{7.34}$$

假设乙方是正规部队，其火力强，而甲方隐蔽范围大。设甲方兵力 $x_0 = 100$，命中率 $p_x = 0.1$，火力 $r_x = \dfrac{1}{2} \cdot r_y$，活动面积 $s_x = 0.1 \text{km}^2$，乙方每次射击的有效面积 $s_{ry} = 1 \text{m}^2$，则有

$$\left(\frac{y_0}{x_0}\right)^2 > \frac{2 \cdot r_x \cdot p_x \cdot s_x}{r_y \cdot s_{ry} \cdot x_0} = \frac{2 \times 0.1 \times 0.1 \times 10^6}{2 \times 1 \times 100} = 100$$

即 $\dfrac{y_0}{x_0} > 10$，乙方必须至少以 10 倍于甲方的兵力才能获胜。

7.3 Logistic 模型

7.3.1 指数人口模型

设在时刻 t 时的人口为 $x(t)$，单位时间内人口增长率为 r，则 Δt 时间内增长的人口为

$$x(t+\Delta t) - x(t) = x(t) \cdot r \cdot \Delta t \tag{7.35}$$

当 $\Delta t \to 0$ 时，得到微分方程

$$\frac{\mathrm{d}x}{\mathrm{d}t} = r \cdot x, \quad x(0) = x_0 \tag{7.36}$$

则 $x(t) = x_0 \cdot \mathrm{e}^{rt}$，待求参数是 x_0 与 r。

为便于求解，对式（7.36）两边取对数有 $y = a + r \cdot t$，其中 $y = \ln x$，$a = \ln x_0$，将该模型转化为线性求解。

7.3.2 阻滞型人口模型

设在时刻 t 时的人口为 $x(t)$，环境允许的最大人口数量为 x_m，人口净增长率随人口数量的增加而线性减少，即

$$r(t) = r \cdot \left(1 - \frac{x}{x_m}\right) \tag{7.37}$$

建立阻滞型人口微分方程为

$$\frac{\mathrm{d}x}{\mathrm{d}t} = r\left(1 - \frac{x}{x_{\mathrm{m}}}\right) \cdot x, \quad x(0) = x_0 \tag{7.38}$$

则

$$x(t) = \frac{x_{\mathrm{m}}}{1 + \left(\dfrac{x_{\mathrm{m}}}{x_0} - 1\right) \cdot \mathrm{e}^{-r \cdot t}} \tag{7.39}$$

式（7.39）中的待求参数为 x_0, x_{m}, r，式（7.39）为 Logistic 函数。

当 $x = \dfrac{x_{\mathrm{m}}}{2}$ 时，x 增长最快，即 $\dfrac{\mathrm{d}x}{\mathrm{d}t}$ 最大。

$\dfrac{\mathrm{d}x}{\mathrm{d}t}$-$x$ 曲线如图 7.13 所示，x-t 曲线如图 7.14 所示。

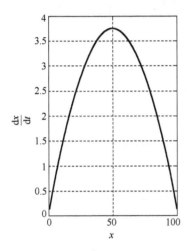

图 7.13　$\dfrac{\mathrm{d}x}{\mathrm{d}t}$-$x$ 曲线

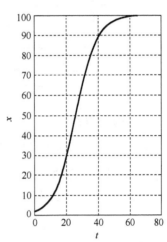

图 7.14　x-t 曲线

下面举几个实例来具体分析不同模型。

实例 1　美国指数人口模型

美国人口数据表如表 7.1 所示。

表 7.1　美国人口数据表　　　　　　　　单位：百万

年份/年	1790	1800	1810	1820	1830	1840	1850	1860
实际人口	3.9	5.3	7.2	9.6	12.9	17.1	23.2	31.4
年份/年	1870	1880	1890	1900	1910	1920	1930	1940
实际人口	38.6	50.2	62.9	76.0	92.0	106.5	123.2	131.7
年份/年	1950	1960	1970	1980	1990	2000	2010	
实际人口	150.7	179.3	204.0	226.5	251.4	281.4	309.35	

1. 指数人口模型

由指数人口模型得到

$$y = 3.1836e^{0.2743 \cdot t} \quad（1790—1900 年的数据）$$

可得均方根误差 RMSE $= 3.0215$。模型预测结果如图 7.15 所示，可见预测效果较好。

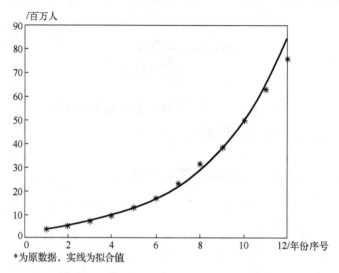

*为原数据，实线为拟合值

图 7.15　模型预测结果（1790—1900 年）

由指数人口模型得到

$$y = 4.9384e^{0.2022 \cdot t} \quad（1790—2010 年的数据）$$

可得均方误差根为 RMSE $= 39.8245$。

对 1790—2010 年人口数据的模型预测结果如图 7.16 所示，可见预测效果不好。

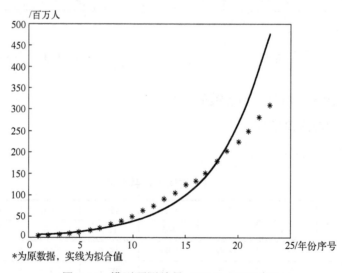

*为原数据，实线为拟合值

图 7.16　模型预测结果（1790—2010 年）

利用 MATLAB 求解指数人口模型的程序如下（见 chap7_3.m）。

```
%美国人口数据,指数人口模型
x=[3.9,5.3,7.2,9.6,12.9,17.1,23.2,31.4,38.6,50.2,62.9,76.0,92.0,...
    106.5,123.2,131.7,150.7,179.3,204.0,226.5,251.4,281.4,309.35]';
n=12;
```

```
xx=x(1:n);                              %1790—1900 年的人口数据
t=[ones(n,1),(1:n)'];
y=log(xx(1:n));
[b,bint,r,rint,stats]=regress(y,t);
RR=stats(1);                            %复相关系数
F=stats(2);                             %F 统计量值
prob=stats(3);                          %概率
x0=exp(b(1));                           %参数 x0
r=b(2);                                 %参数 r

py=x0*exp(r*t(:,2));                    %预测数据

err=xx-py;
rmse=sqrt(sum(err.^2)/n);              %均方误差根

plot(1:n,xx,'*',1:n,py);              %画对比图
```

2. 阻滞型人口模型

利用阻滞型人口模型拟合 1790—2010 年美国人口数据，结果为

$$x_0 = 6.6541, \quad x_m = 486.9046, \quad r = 0.2084$$

$$y = \frac{486.9046}{1 + 72.1733e^{-0.2084t}}$$

可得均方根误差 RMSE = 4.7141。预测 2020 年的美国人口为 327.7204 百万人。预测结果如图 7.17 所示，可见预测效果很好。

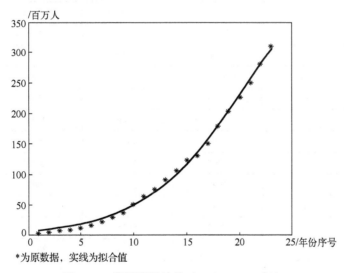

*为原数据，实线为拟合值

图 7.17　模型预测结果（1790—2010 年）

利用 MATLAB 求解阻滞型模型的程序如下（见 chap7_4.m）。

```
%美国人口数据,阻滞型人口模型
x=[3.9,5.3,7.2,9.6,12.9,17.1,23.2,31.4,38.6,50.2,62.9,76.0,92.0,...
```

```
    106.5,123.2,131.7,150.7,179.3,204.0,226.5,251.4,281.4,309.35]';
n=length(x);
y=x(1:n);                                    %1790—2010 年的人口数据
t=(1:n)';
beta0=[5.3,0.22,400,]; %[x0,r,xm]
[beta,R,J]=nlinfit(t,y,'logisfun',beta0);
%R 为残差,beta 为待求参数
py=beta(3)./(1+(beta(3)/beta(1)-1)*exp(-beta(2)*t));
                                             %预测每年人口数量

p24=beta(3)./(1+(beta(3)/beta(1)-1)*exp(-beta(2)*24));
                                             %预测 2020 年的人口数量

rmse=sqrt(sum(R.^2)/n);                      %均方根误差

plot(1:n,y,'*',1:n,py);                      %画对比图

%拟合函数
logisfun.m
function yhat=logisfun(beta,x)
yhat=beta(3)./(1+(beta(3)./beta(1)-1).*exp(-beta(2)*x));
```

实例 2 根据山东省职工历年平均工资统计表，预测未来 40 年职工平均工资

山东省职工历年平均工资统计表如表 7.2 所示。

单位：元

表 7.2 山东省职工历年平均工资统计表

年份/年	平均工资	年份/年	平均工资	年份/年	平均工资
1978	566	1989	1920	2000	8772
1979	632	1990	2150	2001	10007
1980	745	1991	2292	2002	11374
1981	755	1992	2601	2003	12567
1982	769	1993	3149	2004	14332
1983	789	1994	4338	2005	16614
1984	985	1995	5145	2006	19228
1985	1110	1996	5809	2007	22844
1986	1313	1997	6241	2008	26404
1987	1428	1998	6854	2009	29688
1988	1782	1999	7656	2010	32074

采用阻滞型人口模型进行预测，则有

$$x(t) = \frac{x_\mathrm{m}}{1 + \left(\dfrac{x_\mathrm{m}}{x_0} - 1\right) \cdot \mathrm{e}^{-r \cdot t}} \tag{7.40}$$

$$y = \frac{486.9046}{1 + 72.1733e^{-0.2084t}} \tag{7.41}$$

计算得 $x_0 = 550$，$x_m = 1200000$，$r = 0.13$ 。

三次多项式拟合结果与 Logistic 拟合结果分别如图 7.18 和图 7.19 所示。

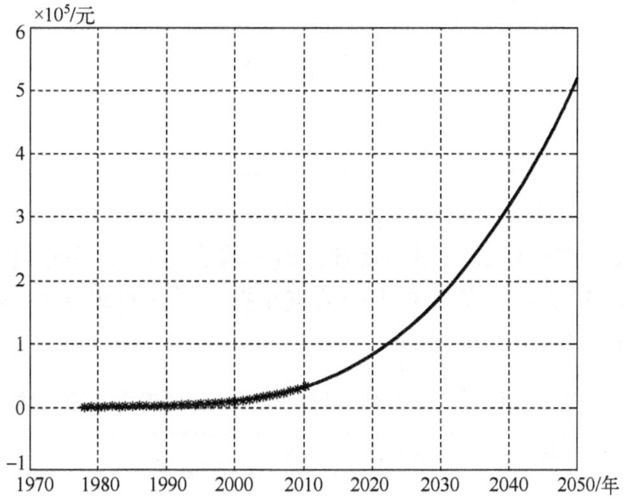

图 7.18　三次多项式拟合结果

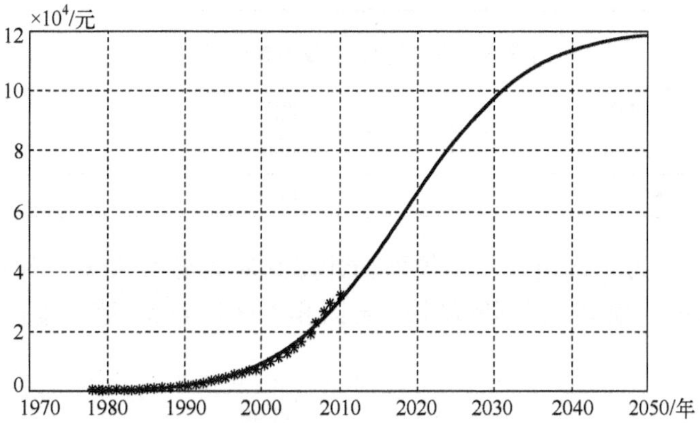

图 7.19　Logistic 拟合结果

实例 3　2011-ICMC 电动汽车问题

在本例中，将汽车的类型分为传统的燃油型（CV）、电动型（EV）和混合型（HEV）三种，对比分析这三种汽车在未来 50 年内，在环境、社会、经济和健康方面对人们的影响。选定的代表国家有法国、美国和中国。其中，法国作为欧洲的代表，中国作为亚洲的代表，美国作为美洲的代表。

首先预测未来 50 年内的汽车总量，然后估计未来 50 年内燃油型汽车、电动型汽车和混合型汽车数量的变化。

采用阻滞型汽车模型预测未来 50 年三个国家汽车的增长率，建立的微分方程为

$$\begin{cases} \dfrac{\mathrm{d}x}{\mathrm{d}t} = r \cdot x \cdot \left(1 - \dfrac{x}{M}\right) \\ x(0) = x_0 \end{cases} \tag{7.42}$$

由式（7.42）得到的解为

$$x(t) = \frac{M}{1 + \left(\dfrac{M}{x_0} - 1\right) \cdot \mathrm{e}^{-rt}} \tag{7.43}$$

其中，r 为增长率；M 为饱和量，即汽车的最大容量；x_0 为初始值，这里取 2010 年的汽车总量。需要预测的是未来一段时间内的汽车总量。

在该模型中，首先需要估计模型的参数：汽车最大容量 M 和年增长率 r。

根据 2005—2010 年法国、美国和中国的汽车拥有量（见表 7.3）对三个国家的模型参数进行估计，得到如表 7.4 所示的结果。

表 7.3　2005—2010 年法国、美国和中国的汽车拥有量

国家	2005 年	2006 年	2007 年	2008 年	2009 年	2010 年
法国($\times10^7$)/辆	3	3.17	3.34	3.51	3.68	3.8
美国($\times10^8$)/辆	2.4	2.5	2.9	3.0	3.1	3.2
中国($\times10^8$)/辆	1	1.11	1.24	1.37	1.52	1.68

表 7.4　三个国家的模型参数估计值

参数	法国	美国	中国
M /辆	60000000	600000000	1400000000
r	0.115	0.115	0.115

以 2010 年的数据为初始值，利用模型估计得到参数值 M 和 r，对未来 50 年三个国家的每年汽车拥有量进行预测。得到的法国、美国和中国未来 50 年汽车拥有量的预测结果如图 7.20 所示。

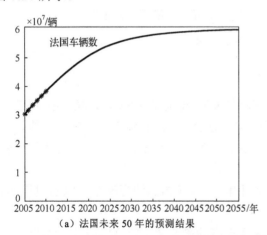
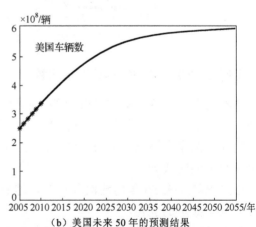

（a）法国未来 50 年的预测结果　　　　（b）美国未来 50 年的预测结果

图 7.20　法国、美国和中国未来 50 年汽车拥有量的预测结果

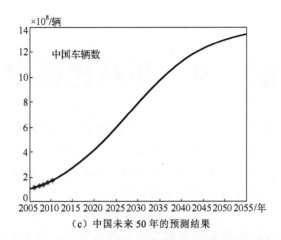

（c）中国未来 50 年的预测结果

图 7.20 法国、美国和中国未来 50 年汽车拥有量的预测结果（续）

结果显示，法国汽车拥有量在 2030 年左右保持稳定，其饱和量约为 60000000 辆；美国汽车拥有量在 2030 年后变化也很小，其饱和量也约为 600000000 辆；中国汽车拥有量在 2015 年迅速增长，一直增长到 2050 年，其饱和量约为 1400000000 辆。

第 8 章　排队论模型

排队论又称随机服务系统，应用于绝大多数服务系统，包括生产管理系统、通信系统、交通系统、计算机存储系统。随机服务系统通过建立一些数学模型，对随机发生的需求提供服务的系统预测。在现实生活中，如排队买票、排队就诊、轮船进港、高速公路上汽车排队通过收费站、机器等待修理等都属于排队论问题。排队论模型应用于历年数学建模竞赛中。

本章内容分为三部分：排队论的基本构成与符号表示，排队论中的 4 种重要模型，排队论的计算机模拟与实例。每部分内容都提供相应的计算程序，有的采用 LINGO 编写，有的采用 MATLAB 编写。

8.1　排队论的基本构成与符号表示

1. 排队论的基本构成

（1）输入过程

输入过程描述了顾客是按照怎样的规律到达排队系统的，包括①顾客总体：顾客的来源是有限的还是无限的；②到达的类型：顾客到达的类型是单个到达还是成批到达；③相继顾客到达的时间间隔：通常假定是相互独立同分布，有的是等间隔到达，有的是服从负指数分布，有的是服从 k 阶 Erlang 分布。

（2）排队规则

排队规则是指顾客按规定的顺序接受服务。常见的有等待制、损失制、混合制和闭合制。当一个顾客到达时，所有服务台都不空闲，则此顾客排队等待直到得到服务后离开，称为等待制。在等待制中，可以采用先到先服务，如排队买票；也有后到先服务，如天气预报；也有随机服务，如电话服务；也有具有优先权的服务，如危重病人可优先看病。当一个顾客到达时，所有服务台都不空闲，则该顾客立即离开不等待，称为损失制。对于顾客排队等候的人数有限长的情况，称为混合制。当顾客对象和服务对象相同且固定时，称为闭合制。如几名维修工人固定维修某个工厂的机器就属于闭合制。

（3）服务机构

服务机构主要包括：服务台的数量、服务时间服从的分布。常见的分布有定长分布、负指数分布、几何分布等。

2. 排队论的数量指标

（1）队长与等待队长

队长（记为 L_s）是指系统中的平均顾客的数量（包括正在接受服务的顾客）。等待队长（记为 L_q）是指系统中处于等待的顾客的数量。队长等于等待队长加上正在服务的顾客数量。

（2）等待时间

等待时间包括顾客的平均逗留时间（记为 W_s）和平均等待时间（记为 W_q）。顾客的平均逗留时间是指顾客从进入系统到离开系统这段时间，包括等待时间和接受服务的时间。顾客的平均等待时间是指顾客从进入系统到接受服务这段时间。

（3）忙期

当顾客到达空闲系统时，服务立即开始，直到系统再次变为空闲，这段时间是系统连续繁忙的时期，称为系统的忙期。忙期反映了系统中服务机构的工作强度，是衡量服务系统利用效率的指标，即

$$服务强度 = 忙期/服务总时间 = 1-闲期/服务总时间$$

闲期与忙期相对应，是系统的空闲时间，也就是系统连续保持空闲的时间长度。

计算这些指标的基础是表达系统状态的概率。所谓系统的状态是指系统中的顾客数量，若系统中有 n 个顾客，则记系统的状态是 n，n 可能的取值包括：

① 当队长没有限制时，$n = 0, 1, 2, \cdots$。

② 当队长有限制，且最大数为 N 时，则 $n = 0, 1, 2, \cdots, N$。

③ 当服务台个数为 c 时，$n = 0, 1, 2, \cdots, c$。该状态又表示正在工作的服务台的数量。

3. 排队论中的符号表示

排队论中的符号是 20 世纪 50 年代初由 D. G. Kendall 引入的，由 3～5 个字母组成，形式为

$$A/B/C/n$$

其中，A 表示输入过程；B 表示服务时间；C 表示服务台数量；n 表示系统容量。

（1）$M/M/S/\infty$ 表示输入过程服从 Poisson 分布，服务时间服从负指数分布，系统有 S 个服务台平行服务，系统容量为无穷大的等待制系统。

（2）$M/G/S/\infty$ 表示输入过程服从 Poisson 分布，服务时间服从一般概率分布，系统有 S 个服务台平行服务，系统容量为无穷大的等待制系统。

（3）$D/M/S/K$ 表示顾客相继到达时间间隔独立、服从定长分布，服务时间服从负指数分布，系统有 S 个服务台平行服务，系统容量为 K 个混合制系统。其中，$M/M/S/K$ 表示输入过程服从 Poisson 分布，其他条件相同的混合制系统。

（4）$M/M/S/S$ 表示输入过程服从 Poisson 分布，服务时间服从负指数分布，系统有 S 个服务台平行服务，是顾客到达后不等待的损失制系统。

（5）$M/M/S/K/K$ 表示输入过程服从 Poisson 分布，服务时间服从负指数分布，系统有 S 个服务台平行服务，系统容量和顾客容量都是 K 个闭合制系统。

8.2 排队论中的 4 种重要模型

1. 等待制模型 $M/M/S/\infty$

该模型中到达的顾客服从参数为 λ 的 Poisson 分布，在 $[0,t]$ 时间范围内到达的顾客数 $X(t)$ 服从的分布为

$$P\{X(t)=k\}=\frac{(\lambda t)^k \cdot \mathrm{e}^{-\lambda t}}{k!} \tag{8.1}$$

其单位时间到达的顾客平均数为 λ，在 $[0,t]$ 时间范围内到达的顾客平均数为 λt。

顾客接受服务的时间服从负指数分布，单位时间服务的顾客平均数为 μ，服务时间的分布为

$$f(t)=\begin{cases} \mu \mathrm{e}^{-\mu t}, & t>0 \\ 0, & t=0 \end{cases} \tag{8.2}$$

可知每个顾客接受服务的平均时间为 $\dfrac{1}{\mu}$。

下面分别给出 $S=1$ 和 $S>1$ 的一些主要结果。

（1）只有一个服务台的情况，即 $S=1$。

当系统处于稳定状态时，系统有 i 个顾客的概率为 p_i，其中 $i=0,1,2,\cdots$。p_0 表示系统空闲的概率，则

$$\sum_{i=0}^{\infty} p_i=1, p_i \ge 0, \qquad i=1,2,\cdots,K \tag{8.3}$$

平衡方程为

$$\begin{cases} \lambda P_0=\mu P_1 \\ \lambda P_{k-1}+\mu P_{k+1}=(\lambda+\mu)P_k \end{cases}, \qquad k=1,2,3,\cdots \tag{8.4}$$

计算出稳定状态下系统有 n 个顾客的概率为

$$p_n=(1-\rho)\rho^n, \qquad n=0,1,2,3,\cdots \tag{8.5}$$

其中，$\rho=\dfrac{\lambda}{\mu}$ 称为系统的服务强度。

系统没有顾客的概率为

$$p_0=1-\rho=1-\frac{\lambda}{\mu} \tag{8.6}$$

系统中的顾客平均队长为

$$L_{\mathrm{s}}=\sum_{n=0}^{\infty} n \cdot p_n=(1-\rho)\sum_{n=0}^{\infty} n \cdot \rho^n=\frac{\rho}{1-\rho}=\frac{\lambda}{\mu-\lambda} \tag{8.7}$$

系统中的顾客平均等待队长为

$$L_{\mathrm{q}}=\sum_{n=1}^{\infty}(n-1)\cdot p_n=(1-\rho)\sum_{n=1}^{\infty}(n-1)\cdot \rho^n=\frac{\rho^2}{1-\rho}=\frac{\lambda^2}{\mu(\mu-\lambda)} \tag{8.8}$$

系统中的顾客平均逗留时间为

$$W_{\mathrm{s}}=\frac{1}{\mu-\lambda} \tag{8.9}$$

系统中的顾客平均等待时间为

$$W_q = \frac{1}{\mu - \lambda} - \frac{1}{\mu} = \frac{\lambda}{\mu(\mu - \lambda)} \qquad (8.10)$$

由式（8.4）～式（8.6）可以得到

$$L_s = \lambda W_s, L_q = \lambda W_q \qquad (8.11)$$

或

$$W_s = \frac{L_s}{\lambda}, W_q = \frac{L_q}{\lambda} \qquad (8.12)$$

式（8.11）称为 Little 公式。在其他排队论模型中依然适用。

Little 公式的直观意义是：$L_s = \lambda W_s$ 表明排队系统的队长等于一个顾客平均逗留时间内到达的顾客数量。$L_q = \lambda W_q$ 表明排队系统的等待队长等于一个顾客平均等待时间内到达的顾客数量。

（2）系统有多个服务台的情况，即 $S > 1$。

当系统处于稳定状态时，系统有 i 个顾客的概率为 p_i，其中 $i = 0,1,2,\cdots$。p_0 表示系统空闲的概率，则

$$\sum_{i=0}^{\infty} p_i = 1, p_i \geq 0, \qquad i = 1,2,\cdots,K$$

平衡方程为

$$\begin{cases} \mu P_1 = \lambda P_0, & k = 1 \\ (k+1)\mu P_{k+1} + \lambda P_{k-1} = (\lambda + k\mu)P_k, & 1 \leq k \leq s-1 \\ s\mu P_{k+1} + \lambda P_{k-1} = (\lambda + s\mu)P_k, & k \geq s \end{cases} \qquad (8.13)$$

当系统中有 S 个服务台时，系统服务能力为 $s\mu$，服务强度为

$$\rho = \frac{\lambda}{s\mu}$$

系统中的顾客平均队长为

$$L_s = s\rho + \frac{(s\rho)^s \rho}{s!(1-\rho)^2} \cdot p_0 \qquad (8.14)$$

其中 $p_0 = \left[\sum_{k=0}^{s-1} \frac{(s\rho)^k}{k!} + \frac{(s\rho)^s}{s!(1-\rho)} \right]^{-1}$，表示所有服务台都空闲的概率。

系统中顾客的逗留时间为

$$W_s = \frac{L_s}{\lambda} \qquad (8.15)$$

系统中顾客的平均等待时间为

$$W_q = W_s - \frac{1}{\mu} \qquad (8.16)$$

系统中顾客的平均等待队长为

$$L_q = \lambda W_q \qquad (8.17)$$

（3）LINGO 中的相关函数及相关参数计算公式如下。

① 顾客等待概率为

$$P_{wait} = @peb(load, S)$$

其中 S 为服务台个数，load 为系统到达的载荷，即 $load = \dfrac{\lambda}{\mu}$。

② 顾客的平均等待时间为

$$W_q = P_{wait} \frac{T}{S - load}$$

其中，T 为顾客接受服务的平均时间，则有 $T = \dfrac{1}{\mu}$。

当 load > S 时，无意义，即当系统负荷超过服务台个数时，排队系统无法达到稳定状态，队伍将越排越长。

③ 系统中顾客的平均逗留时间为

$$W_s = W_q + \frac{1}{\mu} \qquad (8.18)$$

④ 系统中顾客的平均队长为

$$L_s = \lambda W_s \qquad (8.19)$$

⑤ 系统中顾客的平均等待队长为

$$L_q = \lambda W_q \qquad (8.20)$$

问题 1 某机关接待室只有 1 名对外接待人员，每天工作时间为 10h，来访人员和接待时间都是随机的。设来访人员数量服从 Poisson 分布，到达速率为 $\lambda = 8$ 人/h，接待人员的服务率为 $\mu = 9$ 人/h，接待时间服从负指数分布。

（1）计算来访人员的平均等待时间，以及等候的平均人数。

（2）若到达速率提高到 $\lambda = 20$ 人/h，每名接待人员的服务速率不变，为了使来访人员平均等待时间不超过半小时，则最少应该配置几名接待人员？

解：

（1）该问题属于 $M/M/1/\infty$ 排队模型，模型参数为

$$S = 1, \quad \lambda = 8, \quad \mu = 9$$

计算来访人员的平均等待时间 W_q，等候的平均人数 L_q。

求解该问题的 LINGO 程序如下（见 chap8_1.lg4）。

```
model:
lp=8;
u=9;
T=1/u;
```

```
    load=1p/u;
    S=1;
    Pwait=@PEB(load,S);              !等待概率;
    W_q=Pwait*T/(S-load);            !平均等待时间;
    L_q=1p*W_q;                      !平均等待队长;
    end
```

计算结果为：来访人员的平均等待时间 $W_q = 0.89\,\text{h} = 53.4\text{min}$。等待队长 $L_q = 7.1$ 人。

（2）该问题属于 $M/M/S/\infty$ 排队模型的优化问题。

求最小 S 使来访人员的平均等待时间 $W_q \leqslant 0.5\text{h}$。建立模型为

$$\min S$$

$$\text{s.t.} \begin{cases} P_{\text{wait}} = @\text{peb}(\text{load},S) \\ \text{load} = \dfrac{\lambda}{\mu} \\ T = \dfrac{1}{\mu} \\ W_q = P_{\text{wait}}\dfrac{T}{S-\text{load}} \\ L_q = \lambda W_q \\ W_q \leqslant 0.5 \\ S \in N \end{cases} \tag{8.21}$$

求解该问题的 LINGO 程序如下（见 chap8_2.lg4）。

```
    model:
    min=S;
    lp=20;
    u=9;                             !服务率;
    T=1/u;
    load=1p/u;
    Pwait=@PEB(load,S);              !接待人员的等待概率;
    W_q=Pwait*T/(S-load);            !平均等待时间;
    W_q<=0.5;
    L_q=1p*W_q;                      !平均等待队长;
    TT=W_q*60;
    S>=3;
    @gin(S);
    end
```

计算结果为：最少需要接待人员 $S = 3$ 人；来访人员等待概率为 0.55；平均等待时间为 $W_q = 4.7\text{min}$；平均等待队长为 $L_q = 1.58$ 人。

2. 损失制模型 $M/M/S/S$

$M/M/S/S$ 表示顾客到达人数服从 Poisson 分布，单位时间到达率为 λ，服务台服务时间

服从负指数分布，单位时间服务平均顾客数量为 μ。当 S 个服务台被占用后，顾客自动离开，不再等待。

我们给出 LINGO 中的有关函数及相关参数的计算公式。

（1）系统损失概率为

$$P_{\text{lost}} = @pel(load, S)$$

其中，S 为服务台个数，load 为系统到达的载荷，即 $load = \dfrac{\lambda}{\mu}$。损失概率表示损失的顾客所占的比例。

（2）单位时间内进入系统的平均顾客数量为

$$\lambda_e = \lambda(1 - P_{\text{lost}}) \tag{8.22}$$

（3）系统中顾客的平均队长（系统在单位时间内占用服务台的比例）为

$$L_s = \frac{\lambda_e}{\mu} \tag{8.23}$$

（4）系统中顾客的平均逗留时间（服务时间）为

$$W_s = \frac{1}{\mu} = T \tag{8.24}$$

（5）系统服务台的效率为

$$\eta = \frac{L_s}{s} \tag{8.25}$$

在损失制模型中，顾客平均等待时间 $W_q = 0$，平均等待队长 $L_q = 0$，因为没有顾客等待。

问题 2 某单位电话交换台有一部 300 门内线电话的总机，已知上班时间有 30% 的内线分机平均每 30min 要进行一次外线通话，70% 的分机每隔 70min 要进行一次外线通话。从外单位打来的电话的呼唤率平均 30s 一次，设与外线的平均通话时间为 3min，以上时间都服从负指数分布。如果要求外线电话的接通率为 95% 以上，那么电话交换台应设置多少外线？

解：该问题属于损失制的优化建模。

电话交换台的服务分为两部分：一类是内线打外线；另一类是外线打内线。

内线打外线的服务强度（每小时通话平均次数或到达率）为

$$\lambda_1 = \left(\frac{60}{30} \times 30\% + \frac{60}{70} \times 70\%\right) \times 300 = 1.2 \times 300 = 360$$

外线打内线的服务强度（到达率）为

$$\lambda_2 = \frac{60}{0.5} = 120$$

总强度为

$$\lambda = \lambda_1 + \lambda_2 = 360 + 120 = 480$$

电话平均服务时间为

$$T = \frac{3}{60} = 0.05 \ (\text{h})$$

服务率为

$$\mu = \frac{60}{3} = 20 \ (\text{个})$$

该问题的目标是求最少电话交换台数 S，使顾客（外线电话）损失率不超过 5%，即

$$P_{\text{lost}} \leqslant 5\%$$

建立的优化模型为

$$\min S$$

$$\text{s.t.} \begin{cases} P_{\text{lost}} = @\text{pel(load},S) \\ \text{load} = \dfrac{\lambda}{\mu} \\ P_{\text{lost}} \leqslant 0.05 \\ \lambda_{\text{e}} = \lambda(1 - P_{\text{lost}}) \\ L_{\text{s}} = \dfrac{\lambda_{\text{e}}}{\mu} \\ \eta = \dfrac{L_{\text{s}}}{s} \\ S \in N \end{cases} \qquad (8.26)$$

求解该问题的 LINGO 程序如下（见 chap8_3.lg4）。

```
model:
min=S;
lp=480;                    !每小时平均到达电话数量;
u=20;                      !服务率;
load=lp/u;
Plost=@PEL(load,S);        !损失率;
Plost<=0.05;
lpe=lp*(1-Plost);
L_s=lpe/u;                 !平均队长;
eta=L_s/S;                 !系统服务台的效率;
@gin(S);
end
```

计算结果为：最少的电话交换台 $S = 30$；电话损失率 $P_{\text{lost}} = 0.04$；实际进入系统的平均电话数为 $\lambda_{\text{e}} = 460.7$；平均队长 $L_{\text{s}} = 23.037$；系统服务台的效率 $\eta = 0.768$。

3. 混合制模型 $M/M/S/K$

混合制模型 $M/M/S/K$ 表示顾客到达人数服从 Poisson 分布，单位时间到达率为 λ，服务台服务时间服从负指数分布，单位时间服务平均人数为 μ，系统有 S 个服务台，系统对

顾客的容量为 K。当 K 个位置都被顾客占用时，新到的顾客自动离开。当系统中有空位置时，新到的顾客进入系统排队等候。

对于混合制模型，LINGO 中没有相关函数计算其参数，需要自己编程计算。

（1）混合制模型的基本公式

设稳定状态下系统有 i 个顾客的概率为 p_i，其中 $i = 0,1,2,\cdots,K$。p_0 表示系统空闲的概率，则

$$\sum_{i=0}^{K} p_i = 1, \quad p_i \geq 0, \quad i = 1,2,\cdots,K$$

设 λ_i 表示系统中有 i 个顾客时的输入强度，μ_i（$i = 0,1,2,\cdots,K$）表示系统中有 i 个顾客时的服务强度。在稳定状态下，可建立平衡方程为

$$\begin{cases} \lambda_0 p_0 = \mu_1 p_1 \\ \lambda_0 p_0 + \mu_2 p_2 = (\lambda_1 + \mu_1) p_1 \\ \lambda_{i-1} p_{i-1} + \mu_{i+1} p_{i+1} = (\lambda_i + \mu_i) p_i, \quad i = 2,\cdots,K-1 \\ \lambda_{K-1} p_{K-1} = \mu_K \cdot p_K \end{cases} \tag{8.27}$$

对于混合制模型 $M/M/S/K$，则有

$$\lambda_i = \lambda, i = 0,1,2,\cdots,K$$

$$\mu_i = \begin{cases} i\mu, & i \leq S \\ S\mu, & i > S \end{cases}, i = 1,2,\cdots,K \tag{8.28}$$

（2）混合制模型基本参数的计算

由于当系统有 K 个顾客时，到达的顾客就会流失，因此系统损失概率为

$$P_{\text{lost}} = P_K \tag{8.29}$$

单位时间内进入系统的平均顾客数量为

$$\lambda_e = \lambda(1 - P_{\text{lost}}) = \lambda(1 - P_K) \tag{8.30}$$

系统中顾客的平均队长为

$$L_s = \sum_{i=0}^{K} i \cdot p_i \tag{8.31}$$

系统中顾客的平均等待队长为

$$L_q = \sum_{i=S}^{K} (i - S) \cdot p_i = L_s - \frac{\lambda_e}{\mu} \tag{8.32}$$

系统中顾客的平均逗留时间为

$$W_s = \frac{L_s}{\lambda_e} \tag{8.33}$$

系统中顾客的平均等待时间为

$$W_q = W_s - \frac{1}{\mu} = W_s - T \tag{8.34}$$

问题 3 某理发店有 4 名理发师，因场地所限，店里最多可容纳 12 名顾客，假设来理发的顾客按 Poisson 分布到达，平均到达率为 18 人/h，理发时间服从负指数分布，平均每人理发时间为 12min。求该系统的各项指标。

解： 该模型是 $D/M/4/12$ 混合制模型，其中 $S = 4, K = 12, \lambda = 18, \mu = 60/12 = 5$。

采用式（8.29）～式（8.34）计算多混合制模型的各项指标。

求解该问题的 LINGO 程序如下（见 chap8_4.lg4）。

```
!混合制模型;
model:
sets:
state/1..12/:P;
endsets
lp=18;                              !顾客到达率;
u=5;                               !服务率;
S=4;                               !理发师人数;
K=12;                              !系统容量;
P0+@sum(state(i):P(i))=1;          !概率和;
u*P(1)=lp*P0;                       !平衡点 0;
lp*P0+2*u*P(2)=(lp+u)*P(1);        !平衡点 1;
@for(state(i)|i#GT#1#and#i#LT#S:lp*P(i-1)+(i+1)*u*P(i+1)=(lp+i*u)*
P(i));                             !平衡点 i[2,S-1];
@for(state(i)|i#GE#S#and#i#LT#K:lp*P(i-1)+S*u*P(i+1)=(lp+S*u)*P(i));
!平衡点 i[S,K-1];

lp*P(K-1)=S*u*P(K);                !平衡点 K;

Plost=P(K);                        !损失率;
lpe=lp*(1-P(K));                   !实际到达率;

L_s=@sum(state(i):i*P(i));         !平均队长;
L_q=L_s-lpe/u;                     !平均等待队长;

W_s=L_s/lpe;                       !平均逗留时间;
W_q=L_q/lpe;                       !平均等待时间;

end
```

计算结果为：理发师空闲率 $P_0 = 0.16$，损失顾客率为 0.049；每小时实际进入理发店人数 $\lambda_e = 17.12$ 人，平均队长 $L_s = 5.72$ 人；平均等待队长 $L_q = 2.3$ 人，平均逗留时间 $W_s = 0.334$h，平均等待时间 $W_q = 0.134$h。

4. 闭合制模型 $M/M/S/K/K$

$M/M/S/K/K$ 闭合制模型表示系统有 S 个服务台，顾客到达人数服从 Poisson 分布，单位时间到达率为 λ，服务台的服务时间服从负指数分布，单位时间服务的平均人数为 μ。系统容量和潜在的顾客数量都为 K。

在 LINGO 中，闭合制模型的基本参数计算如下：

（1）平均队长为

$$L_s = @pfs(load, S, K)$$

其中，S 为服务台的个数，load 为系统到达的载荷，这里 $load = K \cdot \dfrac{\lambda}{\mu}$。

（2）单位时间平均进入系统的顾客数量为

$$\lambda_e = \lambda(K - L_s) \tag{8.35}$$

（3）顾客处于正常情况的概率为

$$P = \frac{K - L_s}{K} \tag{8.36}$$

（4）系统中顾客的平均等待队长 L_q、平均逗留时间 W_s、平均等待时间 W_q 分别为

$$L_q = L_s - \frac{\lambda_e}{\mu}, \quad W_s = \frac{L_s}{\lambda_e}, \quad W_q = \frac{L_q}{\lambda_e} \tag{8.37}$$

（5）每个服务台的工作强度为

$$P_{work} = \frac{\lambda_e}{S\mu} \tag{8.38}$$

问题 4 某工厂现有 30 台自动机床，由 4 名工人负责维修管理。当机床需要加料、发生故障或刀具磨损时就自动停车，等待工人照管。设平均每台机床两次停车时间间隔为 1h，停车时需要工人照管的平均时间为 5min，并服从负指数分布。求该排队系统的各项指标。

解： 该排队系统是闭合制模型 $M/M/4/30/30$。

模型参数分别为 $S = 4, K = 30, \lambda = 1, T = \dfrac{5}{60} = \dfrac{1}{12}, \mu = 12$。

根据式（8.35）～式（8.38）可计算出该模型的各项指标。

求解该问题的 LINGO 程序如下（见 chap8_4.lg5）。

```
model:
lp=1;                        !每小时故障发生的数量;
u=12;                        !服务率;
K=30;                        !机床数;
S=4;                         !维修工人数量;
load=K*lp/u;
L_s=@pfs(load,S,K);          !等待队长;
lpe=lp*(K-L_s);              !等待维修的平均机床数量;
Prob=(K-L_s)/K;              !机床的工作概率;
L_q=L_s-lpe/u;               !平均等待队长;
W_q=L_q/lpe;                 !平均等待时间;
W_s=L_s/lpe;                 !平均逗留时间;
Pwork=lpe/(S*u);             !维修工人的工作强度;
end
```

计算结果：实际进入系统的机床平均数量 $\lambda_e = 27.5$，平均队长 $L_s = 2.5$，平均等待队长

$L_q = 0.24$，平均逗留时间 $W_s = 0.09\text{h}$，平均等待时间 $W_q = 0.087\text{h}$，机床工作概率 $P_{rob} = 0.92$，维修工人的工作强度 $P_{work} = 0.57$。

问题 5 某修理厂为设备提供检修服务。已知检修的设备（顾客）到达服从 Poisson 分布，每天到达率 $\lambda = 42$ 台，当需要等待时，每台设备的损失为 400 元。服务（检修）时间服从负指数分布，平均每天服务率 $\mu = 20$ 台。已知每安排一个检修人员每天的服务成本为 160 元，问安排几个检修人员才能使平均总费用最少？

解：该排队系统为 $M/M/S/\infty$ 系统。系统中的参数 $\lambda = 42, \mu = 20$。

设 S 为维修人员数量，L_s 为平均队长。费用包括等待费用和人员费用。目标函数为
$$\min z = 160S + 400L_s$$
其中，S 为维修人员数，L_s 为平均队长。

优化模型为
$$\min z = 160S + 400L_s$$
$$\text{s.t.} \begin{cases} P_{wait} = @\text{peb}(load, S) \\ load = \dfrac{\lambda}{\mu} \\ W_q = P_{wait} \dfrac{T}{S - load} \\ L_q = \lambda W_q \\ L_s = L_q + \dfrac{\lambda}{\mu} \\ S \in N \end{cases} \tag{8.39}$$

求解该问题的 LINGO 程序如下（见 chap8_4.lg6）。

```
model:
min=160*S+400*L_s;
lp=42;                    !每天到达检修设备的数量;
u=20;                     !平均每天服务率;
load=lp/u;                !载荷;
T=1/u;
Pwait=@PEB(load,S);       !等待概率;
W_q=Pwait*T/(S-load);     !平均等待时间;
L_q=lp*W_q;               !平均等待队长;
L_s=L_q+lp/u;             !平均队长;
S>=2;
@gin(S);
end
```

注：程序中加上 S>=2 是为了便于 LINGO 求解。因为当 S = 1 时，S−load<0 不符合要求，利用 LINGO 无法解答此种情况，而实际中也需要满足 S>=2，故加上该条件。

计算结果为：最小平均费用为 1568.17 元。最优人员数 S = 4，平均队长 $L_s = 2.32$。

8.3　排队论的计算机模拟与实例

排队论中的问题有的可以通过理论计算解决，有的则需要通过计算机模拟计算得到。当理论计算难以解决某些问题时，可以考虑采用计算机模拟计算的方法来解决。

问题 1　收款台服务问题

考虑一个收款台的排队系统，某商店只有一个收款台，顾客到达收款台的时间间隔服从平均时间为 10s 的负指数分布。负指数分布为 $f(x)=\begin{cases}\dfrac{1}{\lambda}e^{-\frac{x}{\lambda}}, & x>0\\ 0, & x\le 0\end{cases}$，每个顾客接受服务的时间服从均值为 6.5s、标准差为 1.2s 的正态分布。利用计算机仿真软件计算顾客在收款台的平均逗留时间及系统的服务强度。

分析：该问题中顾客接受服务的时间服从正态分布，不再是负指数分布，不能直接采用前面的模型计算，因此我们可以考虑采用计算机模拟计算得到需要的结果。

该问题可以从开始时刻计算，当有顾客到达时产生一个事件，当有顾客离开时产生一个事件。当有顾客到达时，记录其开始接受服务的时间和离开服务台的时间，从而可以计算出每个顾客在系统内逗留的时间，以及每个顾客在系统接受服务的时间，从而统计出每个顾客在系统内的平均逗留时间和系统的服务强度。

我们依次考虑每个顾客，考察其到达的时间、开始接受服务的时间和离开的时间。设第 i 个顾客到达的时间为 a_i，开始接受服务的时间为 b_i，离开的时间为 c_i。设共考虑 n 个顾客，程序首先产生服从均值为 10s 的负指数分布序列 $\{dt(n)\}$，每个顾客接受服务的时间为服从正态分布 $N(6.5,1.2^2)$ 的序列 $\{st(n)\}$。为方便后面计算，每个顾客的到达时间为

$$a_1=0,\quad a_i=a_{i-1}+dt_{i-1},\quad i=2,3,\cdots,n$$

第一个顾客开始接受服务的时间 $b_1=0$，第一个顾客离开的时间 $c_1=st_1$。第 i 个顾客开始接受服务的时间为

$$b_i=\begin{cases}a_i, & a_i>c_{i-1}\\ c_{i-1}, & a_i\le c_{i-1}\end{cases},\quad i=2,3,\cdots,n \tag{8.40}$$

式（8.40）的意义是当后一个顾客到达的时间比前一个顾客离开的时间晚，则其开始接受服务的时间就是其到达时间；当后一个顾客到达的时间比前一个顾客离开的时间早，则其开始接受服务的时间就是前一个顾客离开的时间。

第 i 个顾客离开的时间为

$$c_i=b_i+st_i,\quad i=2,3,\cdots,n \tag{8.41}$$

根据上面的递推关系式就可以计算出每个顾客到达的时间、开始接受服务的时间和离开的时间。

每个顾客在系统内逗留的时间为

$$wt_i=c_i-a_i,\quad i=1,2,\cdots,n \tag{8.42}$$

第 n 个顾客离开的时间为

$$T = c_n$$

系统工作强度（工作时间占总时间比值）为

$$p = \sum_{i=1}^{n} st_i / T \tag{8.43}$$

求解该问题的 MATLAB 程序如下（见 chap8_4.lg7）。

```
n=10000;                         %模拟顾客数量
dt=exprnd(10,1,n);               %顾客到达的时间间隔
st=normrnd(6.5,1.2,1,n);         %收款台的服务时间
%st=exprnd(2.5,1,n);             %收款台的服务时间
a=zeros(1,n);                    %每个顾客到达的时间
b=zeros(1,n);                    %每个顾客开始接受服务的时间
c=zeros(1,n);                    %每个顾客离开的时间

a(1)=0;
for i=2:n
  a(i)=a(i-1)+dt(i-1);           %第 i 个顾客到达的时间
end

b(1)=0;                          %第 1 个顾客开始接受服务的时间为到达时间
c(1)=b(1)+st(1);                 %第 1 个顾客离开的时间为结束服务时间

for i=2:n

  if(a(i)<=c(i-1)) b(i)=c(i-1);
%若第 i 个顾客到达的时间比前一个顾客离开的时间早,则其开始服务的时间为前一个顾客离开的时间
    else b(i)=a(i);
  %若第 i 个顾客到达的时间比前一个顾客离开的时间晚,则其开始服务的时间为到达时间
  end

  c(i)=b(i)+st(i);     %第 i 个顾客离开的时间为其开始服务的时间加上接受服务的时间

end

cost=zeros(1,n);                 %记录每个顾客在系统内逗留的时间
for i=1:n
  cost(i)=c(i)-a(i);             %第 i 个顾客在系统内逗留的时间
end

T=c(n);                          %总时间
p=sum(st)/T;                     %服务率
avert=sum(cost)/n;               %每个顾客在系统内平均逗留的时间
fprintf('顾客平均逗留时间%6.2f 秒\n',avert);
fprintf('系统工作强度%6.3f\n',p);
```

某次仿真结果如下：

顾客平均逗留时间 13.32 秒
系统工作强度 0.659

问题 2 卸货问题

某码头有一个卸货场，轮船一般夜间到达，白天卸货。每天只能卸 4 艘货船，若一天内货船到达数量超过 4 艘，那么推迟到第二天卸货。根据以往经验，码头每天货船到达数量服从如表 8.1 所示的概率分布。求每天推迟卸货的平均船数。

表 8.1　码头每天货船到达数量的概率分布

到达船数/艘	0	1	2	3	4	5	6	7	≥8
概率	0.05	0.1	0.1	0.25	0.2	0.15	0.1	0.05	0

解：该问题可以看作单服务台的排队系统。到达时间不服从负指数分布，服从的是给定的离散分布；服务时间也不服从负指数分布，服从的是定长时间服务。故不能直接利用理论公式求解，可采用计算机模拟求解。

（1）随机到达船数的产生

首先我们需要产生每天随机到达的船数，该随机数服从离散分布，可以先产生一个 0-1 的均匀随机数，如表 8.2 所示。利用程序实现该问题的函数是 BoatNumber.m，每调用一次该函数，则返回一个服从该分布的船数。

表 8.2　每天到达船数的随机数

到达船数/艘	均匀随机数区间	到达船数/艘	均匀随机数区间
0	[0, 0.05)	4	[0.5, 0.7)
1	[0.05, 0.15)	5	[0.7, 0.85)
2	[0.15, 0.25)	6	[0.85, 0.95)
3	[0.25, 0.5)	7	[0.95, 1]

（2）计算机仿真分析

设第 i 天到达的船数为 x_i 艘，需要卸货的船数为 a_i 艘，实际卸货的船数为 b_i 艘，推迟卸货的船数为 d_i 艘。设总共模拟 n 天，首先模拟 n 天的到达船数 $x_1, x_2, \cdots, x_n$。

根据该问题的要求，各个量之间有如下关系：

第 1 天需要卸货的船数 $a_1 = x_1$，实际卸货的船数为 $b_1 = \begin{cases} 4, & a_1 > 4 \\ a_i, & a_1 \leqslant 4 \end{cases}$，推迟卸货的船数为 $d_1 = a_1 - b_1$。

第 i 天需要卸货的船数 a_i 为

$$a_i = x_i + d_{i-1}, \quad i = 2, 3, \cdots, n$$

第 i 天实际卸货的船数 b_i 为

$$b_i = \begin{cases} 4, & a_i > 4 \\ a_i, & a_i \le 4 \end{cases}, \quad i = 1, 2, \cdots, n$$

第 i 天推迟卸货的船数 d_i 为

$$d_i = a_i - b_i, \quad i = 2, 3, \cdots, n$$

总推迟卸货的船数为

$$\text{Total} = \sum_{i=1}^{n} d_i$$

每天推迟卸货的平均船数为

$$\text{Aver} = \text{Total} / n$$

① 产生随机到达船数的函数为 BoatNumber，具体程序如下。

```
function X=BoatNumber
  Boat=0:7;                                  %到达船数的取值范围
  %到达船数概率分布
  Prob=[0.05,0.1,0.1,0.25,0.20,0.15,0.1,0.05];
  n=length(Prob);
  Qu=zeros(1,n+1);
  Qu(1)=0;
  for i=1:n
    Qu(i+1)=Qu(i)+Prob(i);                   %产生概率区间
  end
   Qu(n+1)=1.01;              %令最后一个数值大于1,便于后面的随机数 r 取到1

  %产生一次到达的船数
  r=rand(1);                               %产生一个区间[0,1]内的随机变量
  for i=1:n
   if(r>=Qu(i)&&r<Qu(i+1)) X=Boat(i);       %获得到达船数
   end
  end
return
```

② 求解该问题的主程序如下（见 chap8_4.lg8）。

```
n=10000;                               %模拟总天数
x=zeros(n,1);                          %存储每天到达的船数
a=zeros(n,1);                          %存储每天需要卸货的船数
b=zeros(n,1);                          %存储每天实际卸货的船数
d=zeros(n,1);                          %存储每天推迟卸货的船数

for i=1:n
   x(i)=BoatNumber;                    %模拟 n 天到达的船数
end

a(1)=x(1);
```

```
        if a(1)>4 b(1)=4;                  %计算每天实际卸货的船数
         else b(1)=a(1);
        end
        d(1)=a(1)-b(1);


        for i=2:n
            a(i)=x(i)+d(i-1);              %计算每天需要卸货的船数
            if a(i)>4 b(i)=4;             %计算每天实际卸货的船数
              else b(i)=a(i);    end
            d(i)=a(i)-b(i);
          %计算每天推迟卸货的船数
        end


        Total=sum(d);                     %计算总推迟卸货的船数
        Aver=Total/n;                     %计算每天推迟卸货的平均船数
        fprintf('每天推迟卸货的平均船数%6.2f\n',Aver);
```

某次模拟结果为：每天推迟卸货的平均船数为 2.68 艘。经过多次模拟计算，每天推迟卸货的平均船数大约为 2.75 艘。

问题 3 眼科病床的合理安排问题（本题中的数据见本书配套资源 2009B.doc）

医院就医排队是大家都非常熟悉的现象，它以这样或那样的形式出现在我们面前。例如，患者到门诊就诊、到收费处划价、到药房取药、到注射室打针、等待住院等，往往需要排队等待接受某种服务。

该医院眼科门诊每天开放，住院部共有病床 79 张。该医院眼科手术主要分四大类：白内障、视网膜疾病、青光眼和外伤。

白内障手术较简单，而且没有急症。目前，该医院是每周一、周三做白内障手术，此类患者的术前准备时间只需一两天。做双眼的患者比做一只眼的患者要多一些，大约占到 60%。如果要做双眼，则需要周一先做一只，周三再做另一只。

外伤疾病通常属于急症，病床有空时立即安排住院，住院后第二天便会安排手术。

其他眼科疾病比较复杂，有各种不同情况，但住院以后 2～3 天就可以接受手术，主要是术后的观察时间较长。这类疾病的手术时间可根据需要进行安排，一般不安排在周一、周三。由于急症数量较少，因此建模时可不考虑急症。

该医院的眼科手术条件比较充分，在考虑病床安排时可不考虑手术条件的限制，但考虑到手术医生的安排问题，通常情况下白内障手术与其他眼科手术（除急症外）不安排在同一天做。当前，该住院部对全体非急症患者是按照"先到先治疗"（First Come First Serve，FCFS）的规则安排住院的，但等待住院的患者越来越多，医院希望能通过数学模型来帮助住院部解决病床合理安排的问题，以提高对医院资源的有效利用率。

问题一：试分析确定合理的评价指标体系，用来评价模型的优劣。

问题二：试就该住院部当前的情况，建立合理的病床安排模型，根据已知的第二天拟出院患者数来确定第二天应该安排哪些患者住院，并对问题一中的指标体系做出评价。

问题三：作为患者，自然希望尽早知道自己大约何时能住院。根据当时住院患者及等待住院患者的统计情况，当患者在门诊看病时能否告知其大约住院时间的区间？

问题四：若该住院部周六、周日不安排手术，请重新回答问题二，医院的手术时间安排是否应做出相应调整？

问题五：有人从便于管理的角度提出建议，在一般情形下，病床安排可采取使各类患者占用病床的比例大致固定的方案，试就此方案，建立使所有患者在系统内的平均逗留时间（含等待入院及住院时间）最短的病床比例分配模型。

其中问题五可用排队论模型求解。由于将其他问题同时考虑太烦琐，因此这里先只考虑用排队论方法求解问题五。

我们把每张病床都看成一个服务台，把患者看成顾客，由此可采用排队论模型求解。

将服务台看成 5 种类型，每种类型对应一种疾病的病床，则每种类型的服务台数量就是我们需要优化的。每种类型的服务台都可以被看成 $M/M/S/\infty$ 模型，然后将 5 种类型的服务台进行并联处理。

由排队论模型知识可知，对于 $M/M/S/\infty$ 模型，当第 i 种服务台有 y_i 台，服务能力为 $y_i\mu_i$，服务强度为 $\rho_i = \dfrac{\lambda_i}{y_i\mu_i} = \dfrac{\lambda_i \cdot T_i}{y_i}$。这里 λ_i 表示第 i 种患者平均每天的到达人数，μ_i 表示第 i 种病床每天服务的患者数，T_i 表示第 i 种患者的平均住院时间。

第 i 种患者的平均人数（含等待及住院人数）为

$$LS_i = y_i\rho_i + \frac{(y_i\rho_i)^{y_i}\rho_i}{y_i!(1-\rho_i)^2}\cdot p_{i0}, \quad i=1,2,3,4,5 \tag{8.44}$$

其中，$p_{i0} = \dfrac{1}{\displaystyle\sum_{k=0}^{y_i-1}\frac{(y_i\rho_i)^k}{k!} + \frac{(y_i\rho_i)^{s_i}}{y_i!(1-\rho_i)}}$ 表示第 i 种患者所需的所有病床都空闲的概率。

对数据进行检验，发现每种患者手术后的住院时间并不服从负指数分布，因此应将该问题考虑为一般分布的模型 $M/G/S/\infty$，其中 G 表示一般分布模型，只要求每个患者接受服务的时间独立分布即可。此时排队长度有经验公式

$$GS_i = LS_i \cdot \frac{1+v^2}{2}, \quad i=1,2,3,4,5 \tag{8.45}$$

其中，LS_i 为根据 $M/M/S/\infty$ 模型计算的排队长度；v 为系统服务时间的偏离系数，$v=\sigma\mu$，σ 为服务时间的标准差，则

$$GS_i = LS_i \cdot \frac{1+(\sigma\mu)^2}{2}, \quad i=1,2,3,4,5 \tag{8.46}$$

第 i 种患者的排队（等待住院）时间为

$$WS_i = \frac{GS_i}{\lambda_i} \tag{8.47}$$

该问题的目标函数是所有患者的平均逗留时间最短。考虑 5 种患者到达的人数分布不同，因此需要考虑权重，设第 i 种病的权重为 w_i（$i=1,2,3,4,5$）。由于每种病的权重与到达

患者数有关，因此我们取 $w_i = \dfrac{\lambda_i}{\sum\limits_{i=1}^{5} \lambda_i}$ （ $i = 1,2,3,4,5$ ）。这样目标函数为患者平均等待住院时

间最短，即

$$\min Z = \sum_{i=1}^{5} WS_i \cdot w_i \qquad (8.48)$$

同时我们设决策变量为第 i 种病床有 y_i 张。所有的病床数为

$$\sum_{i=1}^{5} y_i = 79 \qquad (8.49)$$

因此我们得到总的非线性整数规划模型为

$$\min Z = \sum_{i=1}^{5} WS_i \cdot w_i$$

$$\text{s.t.} \begin{cases} LS_i = y_i \rho_i + \dfrac{(y_i \rho_i)^{y_i} \rho_i}{y_i!(1-\rho_i)^2} \cdot p_{i0}, & i = 1,2,3,4,5 \\[3mm] GS_i = LS_i \cdot \dfrac{1+(\sigma\mu)^2}{2}, & i = 1,2,3,4,5 \\[3mm] p_{i0} = \dfrac{1}{\sum\limits_{k=0}^{y_i-1} \dfrac{(y_i \rho_i)^k}{k!} + \dfrac{(y_i \rho_i)^{y_i}}{y_i!(1-\rho_i)}} \\[5mm] \rho_i = \dfrac{\lambda_i \cdot T_i}{y_i} \\[3mm] WS_i = \dfrac{GS_i}{\lambda_i} \\[3mm] w_i = \dfrac{\lambda_i}{\sum\limits_{i=1}^{5} \lambda_i}, & i = 1,2,3,4,5 \\[5mm] \sum\limits_{i=1}^{5} y_i = 79, & y_i \text{取整} \end{cases} \qquad (8.50)$$

该模型不容易求解，我们可以寻求近似解。基本思想是当各类患者构成的排队系统的服务强度相同时，系统服务效率最高。

设 5 类患者：视网膜疾病、白内障（单眼）、白内障（双眼）、外伤、青光眼患者的到达率为 λ_i （ $i = 1,2,3,4,5$ ），平均住院时间为 T_i （ $i = 1,2,3,4,5$ ），则第 i 种病床构成的系统服务强度为

$$\rho_i = \frac{\lambda_i}{y_i \cdot \mu_i} = \frac{\lambda_i \cdot T_i}{y_i}, \quad i = 1,2,3,4,5 \qquad (8.51)$$

总病床数为

$$\sum_{i=1}^{5} y_i = 79$$

令 5 种病床构成的服务强度相等，则有

$$\rho_i = \frac{\sum_{j=1}^{5} \rho_j \cdot y_j}{79} = \frac{\sum_{j=1}^{5} \lambda_j \cdot T_j}{79} \tag{8.52}$$

则

$$y_i = \frac{\lambda_i \cdot T_i}{\rho_i} = 79 \cdot \frac{\lambda_i \cdot T_i}{\sum_{j=1}^{5} \lambda_j \cdot T_j}, \quad i = 1,2,3,4,5$$

对 2009B.doc 中的 349 例 5 种患者的数据进行统计，可以得到到达率 λ 分别为 2.7869、1.6393、2.1803、1.0492、1.0328；平均住院时间 T 分别为 12.545 天、5.236 天、8.561 天、7.036 天、10.487 天。按照式（8.51）～式（8.52）容易计算得到病床数的分配结果如表 8.3 所示。

表 8.3 病床数的分配结果

类型	视网膜疾病	白内障（单眼）	白内障（双眼）	外伤	青光眼
病床数/张	33	9	18	8	11
患者百分比	42.77%	11.4%	22.78%	10.13%	12.92%

第9章 数据处理方法

9.1 灰色模型及预测

灰色系统理论建模要求原始数据必须等时间间距。首先对原始数据进行累加生成，目的是弱化原始时间序列数据的随机因素，然后建立生成数的微分方程。GM(1,1)模型是灰色系统理论中的单序列一阶灰微分方程，所需信息较少，方法简便。

设已知序列为 $x^{(0)}(1), x^{(0)}(2), \cdots, x^{(0)}(n)$，做一次累加运算（Acumulated Generating Operation，AGO）生成新序列为

$$x^{(1)}(1), x^{(1)}(2), \cdots, x^{(1)}(n)$$

其中，$x^{(1)}(1) = x^{(0)}(1), x^{(1)}(2) = x^{(1)}(1) + x^{(0)}(2), \cdots, x^{(1)}(n) = x^{(1)}(n-1) + x^{(0)}(n)$，即 $x^{(1)}(k) = \sum_{i=1}^{k} x^{(0)}(i)$，$k = 1, 2, \cdots, n$。

生成均值序列为

$$z^{(1)}(k) = \alpha x^{(1)}(k) + (1-\alpha) x^{(1)}(k-1), \quad k = 2, 3, \cdots, n \tag{9.1}$$

其中，$0 \leqslant \alpha \leqslant 1$，通常可取 $\alpha = 0.5$。

建立灰微分方程为

$$x^{(0)}(k) + az^{(1)}(k) = b, \quad k = 2, 3, \cdots, n \tag{9.2}$$

相应的 GM(1, 1)白化微分方程为

$$\frac{\mathrm{d}x^{(1)}}{\mathrm{d}t} + ax^{(1)}(t) = b \tag{9.3}$$

将式（9.2）转换为

$$-az^{(1)}(k) + b = x^{(0)}(k), \quad k = 2, 3, \cdots, n \tag{9.4}$$

其中，a, b 为待定模型参数。

将式（9.4）表达为矩阵形式，即

$$\begin{bmatrix} -z^{(1)}(2) & 1 \\ -z^{(1)}(3) & 1 \\ \vdots & \vdots \\ -z^{(1)}(n) & 1 \end{bmatrix} \begin{pmatrix} a \\ b \end{pmatrix} = \begin{pmatrix} x^{(0)}(2) \\ x^{(0)}(3) \\ \vdots \\ x^{(0)}(n) \end{pmatrix} \tag{9.5}$$

即

$$X\beta = Y \tag{9.6}$$

其中

$$X = \begin{bmatrix} -z^{(1)}(2) & 1 \\ -z^{(1)}(3) & 1 \\ \vdots & \vdots \\ -z^{(1)}(n) & 1 \end{bmatrix}, \quad \beta = \begin{pmatrix} a \\ b \end{pmatrix}, \quad Y = \begin{pmatrix} x^{(0)}(2) \\ x^{(0)}(3) \\ \vdots \\ x^{(0)}(n) \end{pmatrix}$$

解式（9.6）得到最小二乘解为

$$\hat{\beta} = (a \ b)^{\mathrm{T}} = (X^{\mathrm{T}}X)^{-1}X^{\mathrm{T}} \cdot Y \tag{9.7}$$

求解式（9.3）得到 GM(1, 1)模型的离散解为

$$\hat{x}^{(1)}(k) = \left[x^{(0)}(1) - \frac{b}{a} \right] \mathrm{e}^{-a(k-1)} + \frac{b}{a}, \quad k = 2,3,\cdots,n \tag{9.8}$$

将 $\hat{x}^{(1)}(k)$ 还原为原始数列，预测模型为

$$\hat{x}^{(0)}(k) = \hat{x}^{(1)}(k) - \hat{x}^{(1)}(k-1), \quad k = 2,3,4,\cdots,n \tag{9.9}$$

将式（9.8）代入式（9.9）得

$$\hat{x}^{(0)}(k) = \left[x^{(0)}(1) - \frac{b}{a} \right] \mathrm{e}^{-a(k-1)}(1 - \mathrm{e}^{a}), \quad k = 2,3,4,\cdots,n \tag{9.10}$$

GM(1,1)模型与统计模型相比，具有两个显著优点：一是，即使在少量数据情况下，灰色模型的精度也会很高，而统计模型在少量数据情况下，精度会相对差一些；二是，从机制上讲，灰色模型越靠近当前时间点，精度会越高，因此灰色模型的预测能力优于统计模型的预测能力。灰色模型实际上是一种"以数找数"的方法，从系统的一个或几个离散数列中找出系统的变化关系，并试图建立系统的连续变化模型。

2003 年的 SARS 病毒对我国部分行业的经济发展造成了一定影响，特别是对部分病情严重的省市的相关行业造成的影响是显著的。经济影响分为直接影响和间接影响，对于很多方面的影响是难以进行定量评估的。现就某市 SARS 病毒对商品零售业的影响进行定量的评估分析。1997—2003 年商品零售额如表 9.1 所示。

表 9.1　1997—2003 年商品零售额　　　　　　　　　　　　单位：亿元

年份	1 月	2 月	3 月	4 月	5 月	6 月	7 月	8 月	9 月	10 月	11 月	12 月
1997	83.0	79.8	78.1	85.1	86.6	88.2	90.3	86.7	93.3	92.5	90.9	96.9
1998	101.7	85.1	87.8	91.6	93.4	94.5	97.4	99.5	104.2	102.3	101.0	123.5
1999	92.2	114.0	93.3	101.0	103.5	105.2	109.5	109.2	109.6	111.2	121.7	131.3
2000	105.0	125.7	106.6	116.0	117.6	118.0	121.7	118.7	120.2	127.8	121.8	121.9
2001	139.3	129.5	122.5	124.5	135.7	130.8	138.7	133.7	136.8	138.9	129.6	133.7
2002	137.5	135.3	133.0	133.4	142.8	141.6	142.9	147.3	159.6	162.1	153.5	155.9
2003	163.2	159.7	158.4	145.2	124	144.1	157.0	162.6	171.8	180.7	173.5	176.5

解：

由于 SARS 发生在 2003 年 4 月，因此我们可根据 1997—2002 年的数据，预测 2003 年各月的零售额，并与实际的零售额进行比较。从而判断 2003 年的哪几个月受到 SARS 影响，并给出影响大小的评估。

将 1997—2002 年的数据记作矩阵 $A_{6\times12}$，表示 6 年的 72 个数据。计算每年零售额平均值

$$x^{(0)}(i) = \frac{1}{12}\sum_{j=1}^{12} a_{ij}, \quad i = 1,2,\cdots,6$$

得到

$$x^{(0)} = (87.6167, 98.5000, 108.4750, 118.4167, 132.8083, 145.4083)$$

计算累加序列

$$x^{(1)}(k) = \sum_{i=1}^{k} x^{(0)}(i), \quad k = 1,2,\cdots,6$$

得到

$$x^{(1)} = (87.6167, 186.1167, 294.5917, 413.0083, 545.8167, 691.2250)$$

生成均值序列

$$z^{(1)}(k) = ax^{(1)}(k) + (1-a)x^{(1)}(k-1), \quad k = 2,3,\cdots,n$$

这里取 $a = 0.4$，则有

$$z^{(1)} = (0, 127.0167, 229.5067, 341.9583, 466.1317, 603.9800)$$

建立灰色微分方程为

$$x^{(0)}(k) + az^{(1)}(k) = b, \quad k = 2,3,\cdots,6$$

相应地，GM(1, 1)白化微分方程为

$$\frac{\mathrm{d}x^{(1)}}{\mathrm{d}t} + ax^{(1)}(t) = b$$

求解微分方程得到 $a = -0.0993, b = 35.5985$。

GM(1, 1)模型的离散解为

$$\hat{x}^{(1)}(k) = \left[x^{(0)}(1) - \frac{b}{a}\right]\mathrm{e}^{-a(k-1)} + \frac{b}{a}, \quad k = 2,3,\cdots,6$$

还原 $\hat{x}^{(1)}(k)$ 为原始数列，预测模型为

$$\hat{x}^{(0)}(k) = \left[x^{(0)}(1) - \frac{b}{a}\right]\mathrm{e}^{-a(k-1)}(1-\mathrm{e}^a), \quad k = 2,3,4,\cdots,6$$

当取 $k = 7$ 时，得到 2003 年的零售额平均值的预测值为 $\hat{x}^{(0)}(7) = 162.8793$ 亿元，则全年总销售额为 $T = 12\hat{x}^{(0)}(7) = 1954.55$ 亿元。

下面估计 2003 年各月的零售额。根据前 6 年数据，估计 2003 年各月零售额所占全年

的比重 $r_1, r_2, \cdots, r_{12}$，其中

$$r_j = \frac{\sum\limits_{i=1}^{6} a_{ij}}{\sum\limits_{i=1}^{6}\sum\limits_{j=1}^{12} a_{ij}}$$

计算得到 r = (0.0794, 0.0807, 0.0749, 0.0786, 0.0819, 0.0818, 0.0845, 0.0838, 0.0872, 0.0886, 0.0866, 0.0920)。因此 2003 年各月零售额（单位为亿元）预测为

155.2, 157.7, 146.4, 153.5, 160.1, 159.8, 165.1, 163.8, 170.5, 173.1, 169.3, 179.8

比较 2003 年商品实际零售额与预测零售额，如表 9.2 所示。

表 9.2　2003 年商品实际零售额和预测零售额　　　　　单位：亿元

月份	1 月	2 月	3 月	4 月	5 月	6 月	7 月	8 月	9 月	10 月	11 月	12 月
预测零售额	155.2	157.7	146.4	153.5	160.1	159.8	165.1	163.8	170.5	173.1	169.3	179.8
实际零售额	163.2	159.7	158.4	145.2	124	144.1	157.0	162.6	171.8	180.7	173.5	176.5

结果分析：

2003 年的 4、5、6 月实际零售额分别为 145.2 亿元、124 亿元、144.1 亿元，这 3 个月的零售额受 SRAS 影响最严重，零售额减少约为 62 亿元。我们从数据的分析来看，这 3 个月的预测零售额都大大高于实际零售额，与统计吻合。这 3 个月的预测零售额总和与实际零售额总和之差为 60.22 亿元，与统计结果吻合，说明我们所建模型合理。数据图如图 9.1 所示。

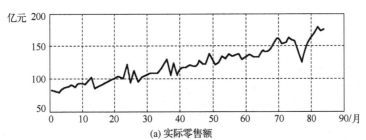

(a) 实际零售额

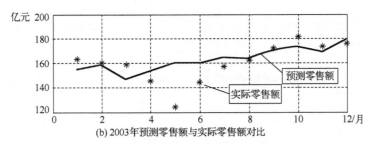

(b) 2003 年预测零售额与实际零售额对比

图 9.1　数据图

求解以上问题的 MATLAB 程序如下（见 chap9_1.m）。

```
%1997—2003 年的商品零售额
A=[ 83.0      79.8      78.1      85.1      86.6      88.2      90.3      86.7
```

```
93.3      92.5      90.9      96.9
101.7     85.1      87.8      91.6      93.4      94.5      97.4      99.5
104.2     102.3     101.0     123.5
92.2      114.0     93.3      101.0     103.5     105.2     109.5     109.2
109.6     111.2     121.7     131.3
105.0     125.7     106.6     116.0     117.6     118.0     121.7     118.7
120.2     127.8     121.8     121.9
139.3     129.5     122.5     124.5     135.7     130.8     138.7     133.7
136.8     138.9     129.6     133.7
137.5     135.3     133.0     133.4     142.8     141.6     142.9     147.3
159.6     162.1     153.5     155.9
163.2     159.7     158.4     145.2     124  144.1     157.0     162.6     171.8
180.7     173.5     176.5];
T=A(1:6,1:12);
x0=mean(T');                              %对前 6 年的零售额求平均值

x1=zeros(size(x0));
n=length(x0);
x1(1)=x0(1);
  for i=2:n
     x1(i)=x1(i-1)+x0(i);                 %累积求和
  end
z=zeros(size(x0));
af=0.4;                                   %参数
for i=2:n
   z(i)=af*x1(i)+(1-af)*x1(i-1);
end

Y=zeros(n-1,1);
B=zeros(n-1,2);
for i=2:n
 Y(i-1,1)=x0(i);
 B(i-1,1)=-z(i);
 B(i-1,2)=1;
end
Para=inv(B'*B)*B'*Y;                      %计算参数
a=Para(1);
b=Para(2);
Pred=(x0(1)-b/a)*exp(-a*n)*(1-exp(a));    %预测第 n+1 年的零售额 (2003 年)
Total=12*Pred;                            %2003 年的零售额平均值

r=sum(T)/sum(sum(T));                     %估计各月零售额所占全年比重
%预测 2003 年各月的零售额
Px=Total*r;
fprintf('输出 2003 年的预测零售额与实际零售额.\n');
for i=1:12
    fprintf('%5d  ',i);
```

```
end
fprintf('\n');
for i=1:12
    fprintf('%6.1f ',Px(i));                    %输出 2003 年的预测零售额
end
fprintf('\n');
for i=1:12
    fprintf('%6.1f ',A(7,i));                   %输出 2003 年的实际零售额
end
fprintf('\n');
Error=sum(Px(4:6))-sum(A(7,4:6));
fprintf('2003 年 4,5,6 月 SARS 导致零售额减少%6.2f 亿元\n',Error);

%作图
subplot(2,1,1);
PA=[A(1,:),A(2,:),A(3,:),A(4,:),A(5,:),A(6,:),A(7,:)];     %变为一行数据
plot(PA); grid on
title('实际零售额');
subplot(2,1,2);
plot(1:12,A(7,:),'b*',1:12,Px,'r');
title('2003 年实际零售额与预测零售额对比');
grid on
```

9.2　时间序列的典型分解模型

1．引言

一个时间序列的典型分解式为

$$X_t = m_t + s_t + Y_t \tag{9.11}$$

其中，m_t 为趋势项；s_t 是已知周期为 d 的周期项；Y_t 是随机噪声项。

如图 9.2 所示的是某地 6 年交通事故死亡数据，该数据具有周期性。

在分析一个时间序列时，可首先画出数据点图，观察其是否有趋势项、季节项。若有，则可分别提取。根据数据趋势，采用一次、二次多项式或指数多项式提取 m_t。对于 s_t，则需要先确定周期 d，再提取。

2．计算过程

设某周期性数据为 $X_{ij}(i=1,2,\cdots,n; j=1,2,\cdots,12)$，表示共有 n 年且每年有 12 个数据。现对未来 12 个月的死亡数据进行预测。

（1）提取季节项，求出第 i 年平均值

$$\bar{X}_i = \frac{\sum_{j=1}^{12} X_{ij}}{12}, \quad i=1,2,\cdots,n \tag{9.12}$$

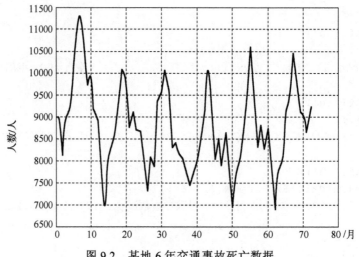

图 9.2 某地 6 年交通事故死亡数据

对每个月数据进行零均值化

$$st_{ij} = X_{ij} - \bar{X}_i, \quad i = 1, 2, \cdots, n, \quad j = 1, 2, \cdots, 12$$

则季节项为

$$S_j = \frac{\sum_{i=1}^{n} st_{ij}}{n}, \quad j = 1, 2, \cdots, 12 \tag{9.13}$$

该 S_j 为季节项，这里 $T = 12$，满足

$$S_1 + S_2 + \cdots + S_{12} = 0$$

（2）获取去掉季节项后的数据为

$$Y_{ij} = X_{ij} - S_j, \quad i = 1, 2, \cdots, n, \quad j = 1, 2, \cdots, 12 \tag{9.14}$$

将所有数据按行拉直变为一行，即

$$Z = \vec{Y} = (Y_{1,1}, Y_{1,2}, \cdots, Y_{1,12}, Y_{2,1}, Y_{2,2}, \cdots, Y_{2,12}, \cdots, Y_{n,1}, Y_{n,2}, \cdots, Y_{n,12})$$
$$= (z_1, z_2, \cdots, z_{12n})$$

（3）回归拟合。对数据 $z_1, z_2, \cdots, z_{12n}$ 采用多项式回归拟合，如一次或二次多项式。如设回归结果为

$$z_t = a + b \cdot t, \quad t = 1, 2, \cdots, 12 \times n$$

（4）预测

在消除季节项后，未来 12 个月的预测值为

$$\hat{z}_{12n+1}, \hat{z}_{12n+2}, \cdots, \hat{z}_{12n+12}$$

即

$$\hat{Y}_{n+1,1}, \hat{Y}_{n+1,2}, \cdots, \hat{Y}_{n+1,12}$$

则原始数据中未来 12 个月预测值为

$$\hat{X}_{n+1,j} = \hat{Y}_{n+1,j} + S_j, \quad j = 1,2,\cdots,12 \tag{9.15}$$

3. 实例计算

根据某地 6 年交通事故死亡数据预测未来一年每个月的交通事故死亡人数。某地交通事故死亡数据如表 9.3 所示，某地 6 年按月统计的交通事故死亡人数数据图如图 9.3 所示。

表 9.3 某地交通事故死亡数据（1973—1978 年）   单位：人

月份	1973 年	1974 年	1975 年	1976 年	1977 年	1978 年
1	9007	7750	8162	7717	7792	7836
2	8106	6981	7306	7461	6957	6892
3	8928	8038	8124	7776	7726	7791
4	9137	8422	7870	7925	8106	8129
5	10017	8714	9387	8634	8890	9115
6	10826	9512	9556	8945	9299	9434
7	11317	10120	10093	10078	10625	10484
8	10744	9823	9620	9179	9302	9827
9	9713	8743	8285	8037	8314	9110
10	9938	9129	8433	8488	8850	9070
11	9161	8710	8160	7874	8265	8633
12	8927	8680	8034	8647	8796	9240

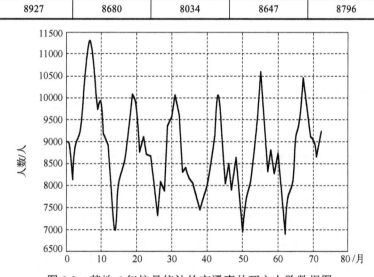

图 9.3 某地 6 年按月统计的交通事故死亡人数数据图

求解该问题的 MATLAB 程序如下（见 chap9_2.m）。

```
clear;
%交通事故数据
x=[9007,8106,8928,9137,10017,10826,11317,10744,9713,9938,9161,8927,...
    7750,6981,8038,8422,8714,9512,10120,9823,8743,9129,8710,8680,...
    8162,7306,8124,7870,9387,9556,10093,9620,8285,8433,8160,8034,...
```

```
            7717,7461,7776,7925,8634,8945,10078,9179,8037,8488,7874,8647,...
            7792,6957,7726,8106,8890,9299,10625,9302,8314,8850,8265,8796,...
            7836,6892,7791,8129,9115,9434,10484,9827,9110,9070,8633,9240];
```
%该数据为一行，便于直接画图

```
D=[9007,8106,8928,9137,10017,10826,11317,10744,9713,9938,9161,8927;
    7750,6981,8038,8422,8714,9512,10120,9823,8743,9129,8710,8680;
    8162,7306,8124,7870,9387,9556,10093,9620,8285,8433,8160,8034;
    7717,7461,7776,7925,8634,8945,10078,9179,8037,8488,7874,8647;
    7792,6957,7726,8106,8890,9299,10625,9302,8314,8850,8265,8796;
    7836,6892,7791,8129,9115,9434,10484,9827,9110,9070,8633,9240];
aver=mean(D');

st=zeros(6,12);
 for i=1:6


    for j=1:12
     st(i,j)=D(i,j)-aver(i);
     end
 end
NST=zeros(1,12);
nst=sum(st)/6;                    %对 6 年各月数据求平均值，并将其作为 st 的估计值

nx=zeros(72,1);
for i=1:6
    for j=1:12
    k=(i-1)*12+j;
    nx(k)=x(k)-nst(j);
     end
end

%对消除季节项后的数据 nx 进行线性拟合并预测
Y=zeros(72,1);
A=zeros(72,2);
for i=1:72
    Y(i)=nx(i);
    A(i,1)=1; A(i,2)=i;
end
coef=inv(A'*A)*A'*Y;
py=zeros(1,84);
 for i=1:84
     py(i)=coef(1)+coef(2)*i;
 end
 subplot(2,1,1);
 plot(1:72,nx,1:72,py(1:72));
```

```
xx=zeros(1,84);
for i=1:7
   for j=1:12
  k=(i-1)*12+j;
  xx(k)=py(k)+nst(j);              %预测各月数据
   end
end

subplot(2,1,2);
  plot(1:72,x,'*',1:84,xx);
```

运行结果如图 9.4 和图 9.5 所示。

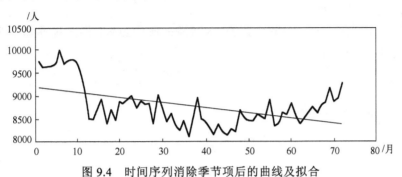

图 9.4　时间序列消除季节项后的曲线及拟合

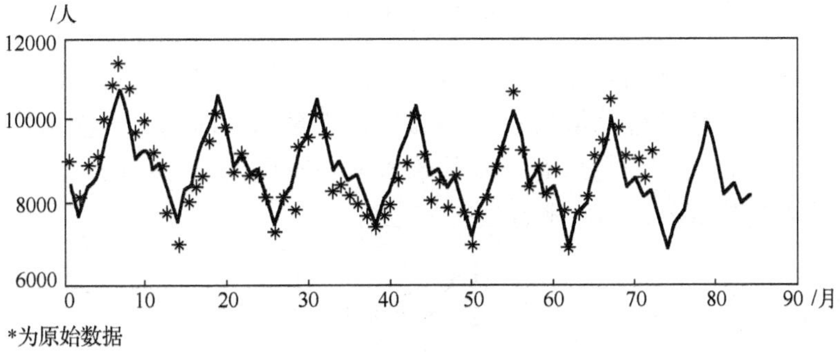

图 9.5　原始数据及预测数据

9.3　神经网络模型

1. 多层前向神经网络原理介绍

多层前向神经网络（MLP）是神经网络中的一种，由一些最基本的神经元（即节点）组成，图 9.6 就是这样的一种网络。这种网络的结构为：网络由分为不同层次的节点集合组成，每层的节点输出到下一层节点，由于这些输出值的连接不同而被放大、衰减或抑制。除了输入层，每层节点的输入为前一层所有节点输出值的和。每层节点的激励输出值由节点输入、激励函数及偏置量决定。

如图 9.6 所示，输入模式的各分量作为第 i 层各节点的输入，通常需要将其归一化到区间$[-1, 1]$内。或者完全等于它们的输入值，或由该层进行归一化处理，使该层的输出值都在区间$[-1, 1]$内。

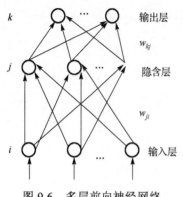

图 9.6　多层前向神经网络

在第 j 层，节点的输入值为

$$\text{net}_j = \sum w_{ji}o_i + \theta_j \tag{9.16}$$

其中，θ_j 为阈值，当阈值大于零时，可将激励函数沿 x 轴向左平移。

节点的输出值为

$$o_j = f(\text{net}_j) \tag{9.17}$$

其中，$f()$ 为节点的激励函数，通常选择如下 Sigmoid 函数

$$f(x) = \frac{1}{1 + \exp(-x)} \tag{9.18}$$

在第 k 层的网络节点输入值为

$$\text{net}_k = \sum w_{kj}o_j + \theta_k \tag{9.19}$$

而输出值为

$$o_k = f(\text{net}_k) \tag{9.20}$$

在网络学习阶段，网络输入为模式样本 $x_p = \{x_{pi}\}$，网络要修正自己的权值及各节点的阈值，使网络输出值不断接近期望值 t_{pk}，每做一次调整后，即换一对输入值与期望值进行输出，再做一次调整，直到满足所有样本的输入值与输出值间的对应。

对于每个输入的模式样本 p，平方误差 E_p 为

$$E_p = \frac{1}{2}\sum_k (t_{pk} - o_{pk})^2 \tag{9.21}$$

全部学习样本总误差为

$$E = \frac{1}{2p}\sum_p \sum_k (t_{pk} - o_{pk})^2 \tag{9.22}$$

在学习过程中，系统将调整连接权重和阈值，使 E_p 尽可能快地减小。

2．MATLAB 相关函数介绍

（1）网络初始化函数为

$$\text{net} = \text{newff}([\,x_m, x_M\,], [\,h_1, h_2, \cdots, h_k\,], \{\,f_1, f_2, \cdots, f_k\,\})$$

其中，x_m 和 x_M 为列向量，分别存储各样本数据的最小值和最大值；第 2 个输入变量是一个行向量，输入各层节点数；第 3 个输入变量是字符串，表示该层的传输函数。

常用函数 tansig 和 logsig 分别为

$$\text{tansig}(x) = \frac{1 - e^{-2x}}{1 + e^{-2x}}, \quad \text{logsig}(x) = \frac{1}{1 + e^{-x}}$$

除了用上面方法为网络赋值，还可以用下面格式设定参数。

```
Net.trainParam.epochs=1000        %设定迭代次数
Net.trainFcn='traingm'            %设定带动量的梯度下降算法
```

（2）网络训练函数为

```
[net,tr,Y1,E]=train(net,X,Y)
```

其中，X 为 n×M 阶矩阵，n 为输入变量的个数，M 为样本数；Y 为 m×M 阶矩阵，m 为输出变量的个数；net 为返回后的神经网络对象；tr 为训练跟踪数据；tr.perf 为各步目标函数值；Y1 为网络的最后输出；E1 为训练误差向量。其中，tr.perf、Y1、E1 这三个参数在实际编程中可以不使用。

（3）网络泛化函数

```
Y2=sim(net,X1)
```

其中，X1 为输入数据矩阵，各列为样本数据；Y2 为对应输出值。

3. 神经网络实验

实验 1　函数拟合实验

产生以下函数在区间[0, 10]内间隔为 0.5 的数据，利用神经网络学习，推广到在区间[0, 10]内间隔为 0.1 的各点函数值，并分别画图。

$$y = 0.2e^{-0.2x} + 0.5e^{-0.15x}\sin(1.25x), \quad 0 \leqslant x \leqslant 10$$

求解该问题的 MATLAB 程序如下（见 chap9_3.m）。

```
x=0:0.5:10;
y=0.2*exp(-0.2*x)+0.5*exp(-0.15*x).*sin(1.25*x);

plot(x,y);                                  %画原始数据图

net.trainParam.epochs=5000;                 %设定迭代步数
net=newff([0,10],[6,1],{'tansig','tansig'});  %初始化网络

net=train(net,x,y);                         %进行网络训练

x1=0:0.1:10;
y1=sim(net,x1);                             %数据泛化

plot(x,y,'*',x1,y1,'r');                    %画对比图
```

从图 9.7 上看，利用神经网络模型输出的曲线比原始数据的曲线光滑，说明神经网络对该函数的学习效果很好。

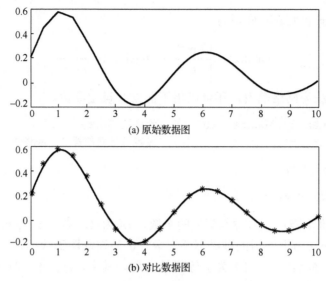

(a) 原始数据图

(b) 对比数据图

图 9.7　原始数据图与对比数据图

实验 2　蠓的分类

已知两种蠓 Af 和 Apf，根据触角长度（mm）和翼长（mm）对两者进行区分。现有 9 只 Af 和 6 只 Apf，触角长度和翼长分别如表 9.4 和表 9.5 所示。

表 9.4　9 只 Af 的触角长度和翼长　　　　　　　　　　　　　　　　单位：mm

序号	1	2	3	4	5	6	7	8	9
触角	1.24	1.36	1.38	1.38	1.38	1.40	1.48	1.54	1.56
翼长	1.72	1.74	1.64	1.82	1.90	1.70	1.82	1.82	2.08

表 9.5　6 只 Apf 的触角长度和翼长　　　　　　　　　　　　　　　　单位：mm

序号	1	2	3	4	5	6
触角	1.14	1.18	1.20	1.26	1.28	1.30
翼长	1.78	1.96	1.86	2.0	2.0	1.96

另有 3 只待判断的蠓，触角长度和翼长数据分别为(1.24, 1.80), (1.28, 1.84), (1.40, 2.04)。试对其进行分类，如图 9.8 所示。这里我们可用三层神经网络进行分类。输入项为 15 个二维向量，输出项也为 15 个二维向量。其中 Af 对应的目标向量为(1, 0)，Apf 对应的目标向量为(0, 1)。

求解该问题的 MATLAB 程序如下（见 chap9_4.m）。

```
x=[1.24,1.36,1.38,1.38,1.38,1.40,1.48,1.54,1.56,1.14,1.18,1.20,1.26,
1.28,1.30;1.72,1.74,1.64,1.82,1.90,1.70,1.82,1.82,2.08,1.78,1.96,1.8
6,2.0,2.0,1.96];
y=[1,1,1,1,1,1,1,1,1,0,0,0,0,0,0;
    0,0,0,0,0,0,0,0,0,1,1,1,1,1,1];
xmax = max(x');                              %求各指标最大值
```

```
xmin = min(x');                                          %求各指标最小值
net.trainParam.epochs=2500;                              %设定迭代步数
net=newff([xmin',xmax'],[5,2],{'logsig','logsig'});      %初始化网络
net=train(net,x,y);                                      %进行网络训练
x1=[1.24,1.28,1.40;
    1.80,1.84,2.04];                                     %待分样本
y1=sim(net,x1);                                          %数据泛化

plot(x(1,1:9),x(2,1:9),'*',x(1,10:15),x(2,10:15),'o',x1(1,:),x1(2,
:),'p')                                                  %画原始数据图
grid on
```

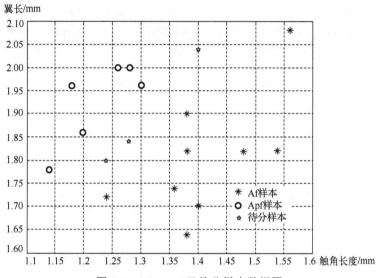

图 9.8　Af、Apf 及待分样本数据图

输出结果如下：

```
y1=0.1235    0.8995    0.0037
   0.8785    0.0951    0.9986
```

从该结果可以看出，第二个样本为 Af，第一个和第三个样本为 Apf。由于每次训练初始参数的随机性，并且待分类的 3 个样本在两类的临界区，因此会导致训练结果有差异。

9.4　插值与拟合模型（一）——水道测量问题

一维插值函数为 interp1()，调用格式如下：

```
yy=interp1(x,y,xx,方法)
```

其中，x = [x1, x2,…, xn], y = [y1, y2,…, yn]，两个向量分别为给定的一组自变量和函数值；xx 为待求插值点处横坐标，yy 为返回的对应纵坐标。

插值方法可以选用默认的 linear（线性插值）、nearest（最近邻等值方式）、cubic（三次 Hermite 插值）和 spline（三次样条插值）。一般采用三次样条插值。

问题 1 插值实验

画函数 $y = (x^2 - 3x + 7) \cdot e^{-4x} \cdot \sin(2x)$ 在区间[0, 1]内取间隔为 0.1 的点图，并用插值进行验证。

求解该问题的 MATLAB 程序如下（见 chap9_5.m）。

```
x=0:0.1:1;
y=(x.^2-3*x+7).*exp(-4*x).*sin(2*x);    %产生原始数据

subplot(1,2,1);
plot(x,y,x,y,'ro')                       %画图

xx=0:0.02:1;                             %待求插值点
yy=interp1(x,y,xx,'spline');    %此处可用 nearest,cubic,spline 分别进行试验
%或 yy=spline(x,y,xx);
subplot(1,2,2)
 plot(x,y,'ro',xx,yy,'b')                %画图
```

运行结果如图 9.9 和图 9.10 所示。

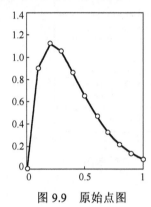 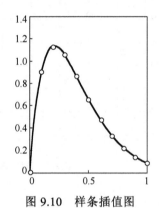

图 9.9 原始点图   图 9.10 样条插值图

问题 2 水道测量问题

表 9.6 给出了以码（1 码 = 0.914m）为单位的直角坐标系，在水面某点处以英尺（1 英尺 = 0.3048m）为单位计的水深 Z，如表 9.6 所示，水深数据是在低潮时测得的。若船的吃水深度为 5 英尺，则在矩形区域(75, 200)×(−50, 150)中的哪些地方船要避免进入。

表 9.6 在低潮时测得的水深

X/码	Y/码	Z/英尺	X/码	Y/码	Z/英尺
129.0	7.5	4	157.5	−6.5	9
140.0	141.5	8	107.5	−81.0	9
108.5	28.0	6	77.0	3.0	8
88.0	147.0	8	81.0	56.5	8
185.5	22.5	6	162.0	84.0	4
195.0	137.5	8	117.5	−38.5	9
105.5	85.5	8	162.0	−66.5	9

解：

水道离散点的散点平面图如图 9.11 所示，其中有两点不落在所给区域中。

采用地球科学上的反距离权重法（IDW）来解决该问题。首先利用较细的网格细分区域$(75, 200) \times (-50, 150)$，再利用所给 14 个点的水深值 Z，按照 IDW 方法求出所有剖分点的水深值 Z，并找出水深浅于 5 英尺的点。再画出水底曲面图和等值线图，并标出水深低于 5 英尺的区域。

设有 n 个点 (x_i, y_i, z_i)，计算平面上任意一点 (x, y) 的 z 值，即

$$z = \sum_{i=1}^{n} w_i \cdot z_i \tag{9.23}$$

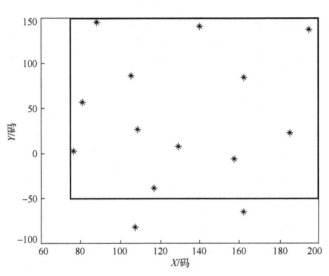

图 9.11　水道离散点的散点平面图

其中权重

$$w_i = \frac{1 / d_i^p}{\sum_{i=1}^{n} 1 / d_i^p}, \quad d_i = \sqrt{(x - x_i)^2 + (y - y_i)^2}$$

p 决定 (x_i, y_i) 与 (x, y) 距离 d_i 作用的相对大小，p 的取值不同 d_i 的作用大小也不同。p 越大，(x_i, y_i) 距离 (x, y) 越近，其相对作用越大，越远相对作用越小，这里取 $p = 3$。

按照 IDW 方法，对 x 方向和 y 方向都按照间隔 1 进行剖分。将 x 方向剖分成 50 个区间，区间间隔为 $dx = 2.5$；将 y 方向剖分成 80 个区间，区间间隔 $dy = 2.5$，得到的水道测量水底形状图和等值线图如图 9.12 所示。

求解该问题的 MATLAB 程序如下（见 chap9_6.m）。

```
clear;
%AMCM86A
data=[129.0,7.5,4;
      140.0,141.5,8;
      108.5,28.0,6;
```

解:

水道离散点的散点平面图如图 9.11 所示,其中有两点不落在所给区域中。

采用地球科学上的反距离权重法(IDW)来解决该问题。首先利用较细的网格细分区域$(75, 200) \times (-50, 150)$,然后利用所给 14 个点的水深值 Z,按照 IDW 方法求出所有剖分点的水深值 Z,并找出水深浅于 5 英尺的点。再画出水底曲面图和等值线图,并标出水深低于 5 英尺的区域。

设有 n 个点 (x_i, y_i, z_i),计算平面上任意一点 (x, y) 的 z 值,即

$$z = \sum_{i=1}^{n} w_i \cdot z_i \tag{9.23}$$

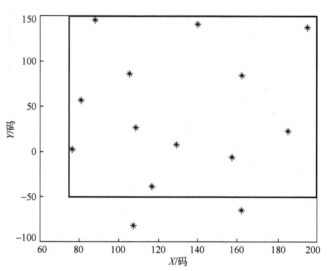

图 9.11 水道离散点的散点平面图

其中权重

$$w_i = \frac{1/d_i^p}{\sum\limits_{i=1}^{n} 1/d_i^p}, \quad d_i = \sqrt{(x - x_i)^2 + (y - y_i)^2}$$

p 决定 (x_i, y_i) 与 (x, y) 距离 d_i 作用的相对大小,p 的取值不同 d_i 的作用大小也不同。p 越大,(x_i, y_i) 距离 (x, y) 越近,其相对作用越大,越远相对作用越小,这里取 $p = 3$。

按照 IDW 方法,对 x 方向和 y 方向都按照间隔 1 进行剖分。将 x 方向剖分成 50 个区间,区间间隔为 $dx = 2.5$;将 y 方向剖分成 80 个区间,区间间隔 $dy = 2.5$,得到的水道测量水底形状图和等值线图如图 9.12 所示。

求解该问题的 MATLAB 程序如下(见 chap9_6.m)。

```
clear;
%AMCM86A
data=[129.0,7.5,4;
      140.0,141.5,8;
      108.5,28.0,6;
```

```
p=3;                                        %参数 p
  [X,Y]=meshgrid(75:1:200,-50:1:150);       %对(X,Y)进行网格剖分
Z=zeros(size(X));
 [m,n]=size(X);


  tp=0;
for i=1:m
 for j=1:n
    for k=1:14
          %(x,y)格点到已知各点距离
          d(k)=sqrt((X(i,j)-data(k,1))^2+(Y(i,j)-data(k,2))^2);
          w(k)=1.0/d(k)^p;                  %各点权重
    end;

    s=sum(w);
    w=w/s;                                  %权值归一化
    z=sum(data(:,3).*w);                    %加权求和
    Z(i,j)=-z;
    if z<=5
      tp=tp+1;
      D(tp,1)=X(i,j); D(tp,2)=Y(i,j);       %获得水深低于 5 英尺的点
    end
end
 end


subplot(2,1,1);
  surf(X,Y,Z)                               %画曲面图
  xlabel('X');
  ylabel('Y');
  zlabel('Z');
  title('水道测量水底形状图');
subplot(2,1,2);
  contour(X,Y,Z);                           %画等值线图
  hold on
  plot(D(:,1),D(:,2),'*')                   %画出水深浅于 5 英尺的点
  xlabel('X');
  ylabel('Y');
  title('水道测量等值线图');
  grid on
  hold off
```

9.5 插值与拟合模型（二）——水塔流量问题

美国某洲的各用水管理机构要求各社区提供以每小时多少加仑计的用水率以及每天总

用水量，但许多社区并没有测量流入水量或流出水量的设备，只能每小时测量水塔中的水位，精度在 0.5%以内。更重要的是，无论什么时候，只要当水塔中的水位下降到某个最低水位 L 时，水泵就启动向水塔重新充水至某一最高水位 H，但也无法得到水泵的供水量的测量数据。因此，在水泵工作时，人们容易建立水塔中的水位与水泵工作时的用水量之间的关系。水泵每天向水塔充水一次或两次，每次约为两小时。

试估计在任何时刻，甚至包括水泵正在工作期间，水从水塔流出的流量 $f(t)$，并估计一天的总用水量，表 9.7 中给出了某小镇某天的水塔水位。

表 9.7　某小镇某天的水塔水位　　　　　　　　　　　　　　单位：0.01 英尺

时间/s	0	3316	6635	10619	13937	17921	21240	25223	28543
水位	3175	3110	3054	2994	2947	2892	2850	2797	2752
时间/s	32284	35935	39332	39435	43318	46636	49953	53936	57254
水位	2697	充水	充水	3550	3445	3350	3260	3167	3087
时间/s	60574	64554	68535	71854	75021	79154	82649	85968	89953
水位	3012	2927	2842	2767	2697	充水	充水	3475	3397
时间/s	93270								
水位	3340								

表 9.7 中给出了从第一次测量开始的以秒为单位的时刻，以及该时刻的高度单位为 0.01 英尺的水塔中水位的测量值，例如，在 3316s 后，水塔中的水位达到 31.10 英尺。

水塔是一个垂直圆形柱体，高为 40 英尺，直径为 57 英尺。当水塔的水位降至 27.00 英尺时，开始向水塔充水，而当水位升至 35.50 英尺时，停止充水。

解：

（1）确定水塔的充水时间。

① 确定第一次充水时间。$t = 32284s \sim 39435s$，充水时间间隔 $dt = (39435-32284)/3600 = 1.9864h$。

当 $t = 32284s$ 时，水位为 26.97 英尺，约低于最低水位 27 英尺，因此可将该时刻作为第一次开始充水时刻。

当 $t = 39435s$ 时，水塔水位 35.5 英尺，恰好为最高水位，因此可作为第一次充水结束时刻。充水时间间隔为 $dt = (39435-32284)/3600 = 1.9864h$，也接近充水时间 2h。

② 确定第二次充水时间。当 $t = 75021s$ 时，水位为 26.97 英尺，约低于最低水位 27 英尺，因此可将该时刻作为第二次开始充水时刻。

当 $t = 82649s$ 时，水泵工作，充水时间间隔 $dt = (82649-75021)/3600 = 2.1189h$；在下一时刻，当 $t = 85968s$ 时，水塔水位为 34.75 英尺，低于最高水位 35.50 英尺。

因此可将 $t = 82649s$ 作为第二次充水的结束时刻，且该时刻水位为最大充水高度 35.50 英尺。

（2）计算各时刻水塔内水的体积。

单位转换：1 英尺 = 0.3048m，1L = 1/3.785411 加仑。体积计算公式为 $v = \pi \cdot d^2 h / 4$。不同时刻水塔内水的体积如表 9.8 所示。

表 9.8　不同时刻水塔内水的体积

时间/h	水体积/加仑	时间/h	水体积/加仑	时间/h	水体积/加仑
0（1）	606125	10.9542（2）	677715	20.8392	514872
0.9211	593716	12.0328	657670	22.9581（3）	677715
1.8431	583026	12.9544	639534	23.8800	663397
2.9497	571571	13.8758	622352	24.9869	648506
3.8714	562599	14.9822	604598	25.9083	637625
4.9781	552099	15.9039	589325		
5.9000	544081	16.8261	575008		
7.0064	533963	17.9317	558781		
7.9286	525372	19.0375	542554		
8.9678	514872	19.9594	528236		

注：（1）表示第一段开始，（2）表示第二段开始，（3）表示第三段开始。

水体积数据图如图 9.13 所示。

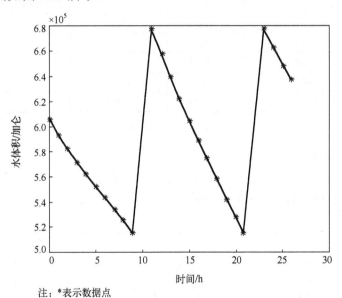

注：*表示数据点

图 9.13　水体积数据图

（3）计算各时刻的水流量（加仑/小时）。

水流量公式为

$$f(t) = \left| \frac{\mathrm{d}v(t)}{\mathrm{d}t} \right| \tag{9.24}$$

采用差分的方法得到 25 个时刻的水流量，共分为以下三段分别处理。

① 对每段前两点采用向前三点差分公式，即

$$f(t_i) = \left| \frac{-3V_i + 4V_{i+1} - V_{i+2}}{2(t_{i+1} - t_i)} \right| \tag{9.25}$$

② 对每段最后两点采用向后三点差分公式，即

$$f(t_i) = \left| \frac{3V_i - 4V_{i-1} + V_{i-2}}{2(t_i - t_{i-1})} \right| \tag{9.26}$$

③ 对每段中间点采用中心差分公式，即

$$f(t_i) = \left| \frac{-V_{i+2} + 8V_{i+1} - 8V_{i-1} + V_{i-2}}{12(t_{i+1} - t_i)} \right| \tag{9.27}$$

不同时刻水流量如表 9.9 所示。

表 9.9　不同时刻水流量

时间/h	水流量/（加仑/h）	时间/h	水流量/（加仑/h）	时间/h	水流量/（加仑/h）
0（1）	14404	10.9542（2）	19469	20.8392	14648
0.9211	11182	12.0328	20195	22.9581（3）	15220
1.8431	10063	12.9544	18941	23.8800	15263
2.9497	11012	13.8758	15903	24.9869	13711
3.8714	8798	14.9822	18055	25.9083	9634
4.9781	9991	15.9039	15646		
5.9000	8124	16.8261	13742		
7.0064	10161	17.9317	14962		
7.9286	8487	19.0375	16652		
8.9678	11023	19.9594	14495		

注：（1）表示第一段开始，（2）表示第二段开始，（3）表示第三段开始。

（4）用三次样条拟合流量数据。

对表 9.9 中的 25 个时刻的流量数据采用三次样条插值得到一条光滑曲线，该曲线可以作为任意时刻的流量曲线，如图 9.14 所示。

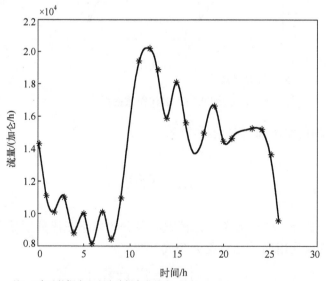

注：*表示数据点，实线为样条曲线

图 9.14　流量曲线

（5）计算一天总用水量。

方法 1：直接积分法

$$S_1 = \int_0^{24} f(t)\mathrm{d}t = 332986 \text{（加仑）}$$

即采用梯形法的数值积分法进行积分。

设通过样条插值得到 n 个点 $y_1, y_2, \cdots, y_n$，间隔为 h，数值积分公式为

$$S = [y_1 + y_n + 2(y_2 + y_3 + \cdots + y_{n-1})] \cdot \frac{h}{2}$$

方法 2：分段计算法

第一次充水前用水量为

$$V_1 = 606125 - 514872 = 91253 \text{（加仑）}$$

第二次充水前用水量为

$$V_2 = 677715 - 514872 = 162843 \text{（加仑）}$$

时间区间[22.9581, 23.88]内的用水量为

$$V_3 = 677715 - 663397 = 14318 \text{（加仑）}$$

第一次充水期间用水量为

$$V_4 = \int_{8.9678}^{10.9542} f(t)\mathrm{d}t = 30326 \text{（加仑）}$$

第二次充水期间用水量为

$$V_5 = \int_{20.8392}^{22.9581} f(t)\mathrm{d}t = 31605 \text{（加仑）}$$

时间区间[23.88, 24]内的用水量为

$$V_6 = \int_{23.88}^{24} f(t)\mathrm{d}t = 1524 \text{（加仑）}$$

总用水量为

$$S_2 = \sum_{i=1}^{6} V_i = 331869 \text{（加仑）}$$

两种方法的相对误差

$$\mathrm{err} = \left| \frac{S_1 - S_2}{S_1} \right| = 0.34\%$$

（6）水泵内的平均流量计算。

第一次充水期间水塔内水量体积增加量为

$$\Delta V_1 = 677715 - 514872 = 162843 \text{（加仑）}$$

充水时间为

$$\Delta t_1 = 10.9542 - 8.9678 = 1.9864 \text{（h）}$$

第一次充水期间水泵内的平均流量为

$$p_1 = \frac{\Delta V_1 + \int_{8.9678}^{10.9542} f(t)\mathrm{d}t}{\Delta t_1} = 97246 \text{（加仑/小时）}$$

第二次充水期间水塔内水量体积增加量为

$$\Delta V_2 = 677715 - 514872 = 162843 \text{（加仑）}$$

充水时间为

$$\Delta t_2 = 22.9581 - 20.8392 = 2.1189 \text{（h）}$$

第二次充水期间水泵内的平均流量为

$$p_2 = \frac{\Delta V_2 + \int_{20.8392}^{22.9581} f(t)\mathrm{d}t}{\Delta t_2} = 91769 \text{（加仑/小时）}$$

则整个充水期间水泵内的平均流量为

$$p = (p_1 + p_2)/2 = 94507.5 \text{（加仑/小时）}$$

求解该问题的 MATLAB 程序如下（见 chap9_7.m）。

```
%AMCM91A
c=0.3048;              %1英尺等于0.3048m
p=1.0/3.785;           %1L=1/3.785411加仑
d=57*c;                %直径
h=31.75*c;
v=pi*d*d*h/4*1000*p;
data=[0,3175;
    3316,3110;
    6635,3054;
    10619,2994;
    13937,2947;
    17921,2892;
    21240,2850;
    25223,2797;
    28543,2752;
    32284,2697;
    39435,3550;
    43318,3445;
    46636,3350;
    49953,3260;
    53936,3167;
    57254,3087;
    60574,3012;
    64554,2927;
    68535,2842;
    71854,2767;
    75021,2697;
```

```
    82649,3550;
    85968,3475;
    89953,3397;
    93270,3340];                              %原始数据
t=data(:,1)/3600;                             %计算时间(单位为小时)
v=pi*d*d*data(:,2)/100*c/4*1000*p;            %计算体积

%计算差分
n=length(v);
f=zeros(n,1);                                 %存储差分值
%计算第一段
n1=10;
for i=1:n1
 if i<=2                                       %前两点采用向前差分公式
    f(i)=abs(-3*v(i)+4*v(i+1)-v(i+2))/(2*(t(i+1)-t(i)));
elseif i<=n1-2
    %采用中心差分公式
    f(i)=abs(-v(i+2)+8*v(i+1)-8*v(i-1)+v(i-2))/(12*(t(i+1)-t(i)));
elseif i>=n1-1
        f(i)=abs(3*v(i)-4*v(i-1)+v(i-2))/(2*(t(i)-t(i-1)));
    end
end

%计算第二段
n2=21;
for i=n1+1:n2
 if i<=n1+2                                    %前两点采用向前差分公式
    f(i)=abs(-3*v(i)+4*v(i+1)-v(i+2))/(2*(t(i+1)-t(i)));
elseif i<=n2-2
    f(i)=abs(-v(i+2)+8*v(i+1)-8*v(i-1)+v(i-2))/(12*(t(i+1)-t(i)));
elseif i>=n2-1
        f(i)=abs(3*v(i)-4*v(i-1)+v(i-2))/(2*(t(i)-t(i-1)));
    end
end

%计算第三段
n3=25;
for i=n2+1:n3
 if i<=n2+2                                    %前两点采用向前差分公式
    f(i)=abs(-3*v(i)+4*v(i+1)-v(i+2))/(2*(t(i+1)-t(i)));
elseif i<=n3-2
    f(i)=abs(-v(i+2)+8*v(i+1)-8*v(i-1)+v(i-2))/(12*(t(i+1)-t(i)));
elseif i>=n3-1
        f(i)=abs(3*v(i)-4*v(i-1)+v(i-2))/(2*(t(i)-t(i-1)));
    end
end
```

```
plot(t,f,'r*');                          %画原始点图

tmin=min(t); tmax=max(t);
tt=tmin:0.1:tmax;                        %获得离散的时间点，用于画样条曲线
ff=spline(t,f,tt);                       %计算三次样条插值
hold on
plot(tt,ff,'b');                         %画样条曲线
xlabel('时间(小时)');
ylabel('流量(加仑/小时)');
title('水塔流量图');
hold off

dt=0.05;
t2=0.5:dt:24.5;                          %获得离散的时间点，用于积分
nn=length(t2);
f2=spline(t,f,t2);
%计算24小时用水量，采用复化梯形公式
s=(f2(1)+f2(nn)+2*sum(f2(2:nn-1)))*dt/2;
fprintf('(全部积分法)1天总水流量 s= %8.2f\n',s);

%第一次充水，水塔增加的水量
v10=v(11)-v(10);
dt1=t(11)-t(10);
%第一次充水期间流出的水量
tp=t(10):dt:t(11);
nn=length(tp);
yp=spline(t,f,tp);                       %计算三次样条插值
v11=(yp(1)+yp(nn)+2*sum(yp(2:nn-1)))*dt/2;
v1=v10+v11;                              %第一次总充水量
p1=v1/dt1;                               %第一次充水的平均水流量

%第二次充水水塔增加的水量
v20=v(22)-v(21);
dt2=t(22)-t(21);
%第二次充水期间流出的水量
tp1=t(21):dt:t(22);
nn=length(tp1);
yp1=spline(t,f,tp1);                     %计算三次样条插值
v21=(yp1(1)+yp1(nn)+2*sum(yp1(2:nn-1)))*dt/2;
v2=v20+v21;                              %第二次总充水量
p2=v2/dt2;                               %第二次充水的平均水流量

p=(p1+p2)/2;                             %两次充水的平均水流量
fprintf('两次充水的平均水流量 p=%8.2f\n',p);
```

```
%第一次充水前的总流量
vv1=v(1)-v(10);
%两次充水间的总流量
vv2=v(11)-v(21);
%t 为 83649～85968 期间的流量
vv3=v(22)-v(23);
%第一次充水期间的流量
ta=t(10):dt:t(11);                        %获得离散的时间点，用于积分
nn=length(ta);
fa=spline(t,f,ta);

s1=(fa(1)+fa(nn)+2*sum(fa(2:nn-1)))*dt/2  ;


%第二次充水期间的流量
 tb=t(21):dt:t(22);                       %获得离散的时间点，用于积分
nn=length(tb);
fb=spline(t,f,tb);
s2=(fb(1)+fb(nn)+2*sum(fb(2:nn-1)))*dt/2  ;



%t 为 85968s～86400s 期间的流量

 tc=t(23):dt:24;                          %获得离散的时间点，用于积分
nn=length(tc);
fc=spline(t,f,tc);
s3=(fc(1)+fc(nn)+2*sum(fc(2:nn-1)))*dt/2  ;
ss=vv1+vv2+vv3+s1+s2+s3;
fprintf('(部分积分法)1 天总水流量 ss=%8.2f\n',ss);

 err=abs((s-ss)/s);
 fprintf('利用两种计算法计算总水流量的相对误差%6.2f%%\n',err*100);
```

运行结果如下：

```
（全部积分法）1 天总水流量 s=332986.22
两次充水的平均水流量 p=94507.48
（部分积分法）1 天总水流量 ss=331869.29
利用两种计算法计算总水流量的相对误差   0.34%
```

第10章　指标合成方法

本章通过一个实例讲解确定指标权重的方法，该实例根据采集到的指标对高校进行排名。

10.1　数据预处理方法

1. 统计数据的指标介绍

为全面反映各高校的实际情况，选取了包括人才培养、科学研究及成果方面等 18 个指标。这 18 个指标具体为 X_1：授予博士学位数量，X_2：授予硕士学位数量，X_3：优博入选数量，X_4：发明专利数量，X_5：实用新型专利数量，X_6：国家一等奖励数量，X_7：国家二等奖励数量，X_8：国家社科基金项目一等奖数量，X_9：国家社科基金项目二等奖数量，X_{10}：国家社科基金项目三等奖数量，X_{11}：教育部人文社科一等奖数量，X_{12}：教育部人文社科二等奖数量，X_{13}：教育部人文社科三等奖数量，X_{14}：国家基地总数和国家重点学科（国家重点实验室、国家工程研究中心、人文社科基地数之和）数量，X_{15}：经费总数（万元），X_{16}：发表 SCI 论文总数，X_{17}：发表 EI 论文总数，X_{18}：发表 CSCD、CSSCI 总数。

部分高校某年的 18 个指标信息如表 10.1 所示。

表 10.1　部分高校某年的 18 个指标信息

学　校	x_1	x_2	x_3	x_4	x_5	x_6	x_7	x_8	x_9
北京大学	967	2212	45	139	10	1	16	4	3
中国人民大学	377	1634	16	0	0	0	0	1	4
清华大学	578	2990	48	947	177	2	27	0	0
北京交通大学	68	535	0	16	6	1	0	0	0
北京工业大学	37	429	1	69	17	0	1	0	0
北京航空航天大学	133	805	8	69	19	0	2	0	0
北京理工大学	201	757	2	14	8	0	0	0	0
北京科技大学	80	496	2	130	16	1	2	0	0
学　校	x_{10}	x_{11}	x_{12}	x_{13}	x_{14}	x_{15}	x_{16}	x_{17}	x_{18}
北京大学	8	4	9	15	99	31 954.1	3837	468	4526
中国人民大学	4	3	7	15	36	3665	23	5	1340
清华大学	2	2	3	6	61	77 163.2	5073	1698	4647
北京交通大学	0	0	0	0	5	11 331	282	49	372
北京工业大学	0	0	0	0	2	15 126.2	250	31	493
北京航空航天大学	0	0	0	0	12	47 526.05	403	33	1189
北京理工大学	0	0	0	0	12	29 713.81	390	200	1035
北京科技大学	0	0	0	1	8	21 358.3	668	5	641

2. 数据的归一化处理

由于各个指标的取值范围不同，并且量纲与意义也不同，因此为消除这些影响，需要对数据进行归一化处理。

设共有 n 所学校，每所学校共有 m 个指标，采集到的观测数据为 x_{ij} $(i=1,2,\cdots,n; j=1,2,\cdots,m)$，显然每个指标的值越大对排名越有利，因此归一化处理方法可采用式（10.1）。

$$y_{ij} = \frac{x_{ij} - x_{jm}^*}{x_{jM}^* - x_{jm}^*}, \quad (i=1,2,\cdots,n; j=1,2,\cdots,m) \tag{10.1}$$

其中，$x_{jM}^* = \max_{1 \leqslant i \leqslant n} x_{ij}$，$x_{jm}^* = \min_{1 \leqslant i \leqslant n} x_{ij}$。

经过归一化处理，所有指标的值都归一化到区间[0, 1]内，便于进行后续工作。

10.2 确定客观权重的 3 种方法

1. 熵权法

设 n 所学校的 m 个指标已经完成了归一化处理，处理后的数据为 y_{ij} $(i=1,2,\cdots,n; j=1,2,\cdots,m)$，其第 j 项指标的信息熵计算式为

$$E_j = -\frac{\sum_{i=1}^{n} p_{ij} \ln p_{ij}}{\ln n}, \quad j=1,2,\cdots,m \tag{10.2}$$

其中，$p_{ij} = \dfrac{y_{ij}}{\sum_{i=1}^{n} y_{ij}}$，若 $p_{ij}=0$，则定义 $p_{ij} \ln p_{ij} = 0$。

易知

$$0 \leqslant E_j \leqslant 1$$

由于 E_j 越小，表明数据间差异越大，因此提供的信息越多，该指标权重就越大；由于 E_j 越大，表明数据间差异越小，因此提供的信息越少，该指标权重就越小。

客观权重为

$$w_j = \frac{1-E_j}{m - \sum_{j=1}^{m} E_j}, \quad j=1,2,\cdots,m \tag{10.3}$$

2. 标准离差法

利用标准离差法计算各指标的客观权重，其计算式为

$$w_j = \frac{\sigma_j}{\sum_{j=1}^{m} \sigma_j}, \quad j=1,2,\cdots,m \tag{10.4}$$

3. CRITIC 法

CRITIC 法是 Diakoulaki 提出的一种客观赋权方法，该方法的基本思想是确定权值，以两个基本概念为基础：一是对比度，表示同一指标下不同观察值之间差异的大小，以标准差的形式体现，标准差越大表明该指标反映的信息越多，权重相对越大；二是评价指标间的冲突性，而冲突性以指标间的相关性为基础。当两个指标间有较强的正相关关系时，说明两个指标冲突性弱，并且反映的信息具有较大的相似性；当两个指标间有较强的负相关关系时，说明两个指标冲突性强，并且反映的信息具有明显的不同。

确定第 j 个指标包含的信息量为

$$c_j = \sigma_j \sum_{i=1}^{m}(1 - r_{ij}), \quad j = 1, 2, \cdots, m \tag{10.5}$$

其中，σ_j 表示第 j 个指标标准差；r_{ij} 表示第 i 个和第 j 个指标间的相关系数。

第 j 个指标权重为

$$w_j = \frac{c_j}{\sum_{i=1}^{m} c_i}, \quad j = 1, 2, \cdots, m \tag{10.6}$$

10.3　综合排名方法

采用式（10.1）对数据归一化处理后，利用三种不同方法确定客观权重，对各学校的所有指标进行加权平均，可以得到各学校的综合得分，即

$$f_i = \sum_{j=1}^{m} w_j \cdot y_{ij}, \quad i = 1, 2, \cdots, n \tag{10.7}$$

其中，权重 w_j 可由式（10.3）、式（10.4）或式（10.6）计算得到。

利用三种不同方法得到的前 9 名高校如表 10.2 所示。

表 10.2　利用三种不同方法得到的前 9 名高校

名次	熵权法	标准离差法	CRITIC 法
1	北京大学	北京大学	北京大学
2	清华大学	清华大学	清华大学
3	复旦大学	浙江大学	复旦大学
4	中国人民大学	复旦大学	浙江大学
5	武汉大学	武汉大学	武汉大学
6	北京师范大学	中国人民大学	中国人民大学
7	浙江大学	北京师范大学	北京师范大学
8	南京大学	南京大学	南京大学
9	吉林大学	吉林大学	吉林大学

从表 10.2 中的排名结果来看，利用不同方法确定的客观权重排名结果存在一定差异，

这说明排名结果是相对的，与利用的方法有关。从差异大小来看，标准离差法和 CRITIC 法的高校排名结果更接近。

10.4 排名差异的度量方法

为了对不同的排名结果进行分析，我们提出了一种衡量不同排名平均差异的计算方法和公式。设利用两种不同方法得到的排名序列分别为 $B_1 = (k_1, k_2, \cdots, k_n)$，$B_2 = (z_1, z_2, \cdots, z_n)$，其中 $k_1, k_2, \cdots, k_n$ 和 $z_1, z_2, \cdots, z_n$ 都是 $1, 2, \cdots, n$ 的一个排列。k_i 表示第一种排名方法中第 i 所学校的名次；z_i 表示第二种排名方法中第 i 所学校的名次。

第 i 所学校的名次在两种排名方法中的差异为

$$d_i = |k_i - z_i|, \quad i = 1, 2, \cdots, n \tag{10.8}$$

利用两种排名方法的排名平均差异为

$$d = \sum_{i=1}^{n} d_i / n \tag{10.9}$$

其中，d 表示利用两种排名方法引起的同一所学校的平均名次差异。

为反映两种排名方法对学校名次排名差异的波动程度，利用排名差异构成的序列 d_i（$i = 1, 2, \cdots, n$）的标准差来度量，其计算式为

$$v = \sqrt{\sum_{i=1}^{n} (d_i - d)^2 / n} \tag{10.10}$$

三种方法的排名差异如表 10.3 所示。

表 10.3 三种方法的排名差异

方　　法	(1, 2)	(1, 3)	(2, 3)
平均差异度 d	5.1200	4.4400	1.7400
差异度的标准差	5.6089	4.8686	2.3034

注：1 代表熵权法，2 代表标准离差法，3 代表 CRITIC 法。

从表 10.3 的结果来看，标准离差法与 CRITIC 法的排名差异最小，平均差异度为 1.74，即平均一个学校采用这两种排名方法相差 1.74 个名次。各学校采用这两种方法的排名差异的波动程度也最小，其标准差为 2.3034。因此从结果上来看，采用标准离差法和 CRITIC 法确定的权重排名结果最接近。

MATLAB 程序如下（见 chap10_1.m）。

```
load university.txt;
x=university;
[n,m]=size(x);
%n 为学校数量(数据样本数)
%m 为指标数量
```

```
%数据的标准化
xmin=min(x);
xmax=max(x);
dis=xmax-xmin;
for j=1:m
    x(:,j)=(x(:,j)-xmin(j))/dis(j);
end                               %归一化
 %1.熵权法
p=[];
E=[];
 for j=1:m
    s=sum(x(:,j));
    p=x(:,j)/s;
     s=0.0;
     for i=1:n
        if(p(i)>0) s=s+p(i)*log(p(i)); end
     end
     E(j)=-s/log(n);              %获得熵
 end;
 s=sum(E);
 W1=(1-E)/(m-s);                  %利用熵权法获得的权重
  %2.标准离差法
 au=mean(x);                      %均值
sig=std(x);                       %标准差
s=sum(sig);
W2=sig/s;                         %利用标准离差法获得的权重
%3.CRITIC法
r=corrcoef(x);                    %求相关系数

w=[];
 for j=1:m
        s=0.0;
 for i=1:m
    s=s+(1.0-r(i,j));
  end
    W3(j)=sig(j)*s;
end
 s=sum(W3);
W3=W3/s;                          %利用CRITIC法获得的权重
  w=W1;                           %采用哪一种权重
 wg=100*w;                        %权重归一化
f=x*wg';                          %计算各所学校的得分
  ff=f;
s=1:n;
for i=1:n-1
 for j=i+1:n
  if(ff(j)>ff(i))
```

```
        temp=ff(i);
        ff(i)=ff(j);
        ff(j)=temp;
        temp=s(i);
        s(i)=s(j);
        s(j)=temp;                           %s(i)为排名第 i 名的学校序号
      end
     end
end

    fid=fopen('result.txt','w');        %输出前 20 名学校的名次、学校序号、得分
    fprintf(fid,'名次,学校序号,得分\r\n');
    for i=1:20
      fprintf(fid,'%5d  %5d  %6.2f\r\n',i,s(i),ff(i));
    end
    fclose(fid);
```

输出结果如下：

```
名次,学校序号,得分
   1      1   63.65
   2      3   53.98
   3    194   42.02
   4    147   41.55
   5    276   39.07
   6      2   31.92
   7     22   31.18
   8    119   27.82
   9    166   27.67
  10    465   25.61
  11    305   25.39
  12    333   24.80
  13     45   24.03
  14    240   23.73
  15    149   22.23
  16    277   20.24
  17    221   19.49
  18    383   16.76
  19    157   15.70
  20    133   14.98
```

10.5　竞 赛 应 用

[2006A　出版社资源配置优化问题]

出版社的资源主要包括人力资源、生产资源、资金资源和管理资源等，这些资源都捆绑在书号上，经过各个部门的通力合作，形成成本（策划成本、编辑成本、生产成本、库

存成本、销售成本、财务与管理成本等）和利润。

针对某个以教材类出版物为主的出版社，总社领导每年需要针对分社提交的生产计划申请书号，将总量一定的书号合理地分配给各个分社，使出版的教材产生最高的经济效益。事实上，由于各个分社提交的需求书号总量远大于总社的书号总量，因此总社领导一般以增加强势产品支持力度的原则优化资源配置。资源配置完成后，各个分社（分社以学科划分）根据分配到的书号，再重新对学科所属每个课程制订出版计划，并付诸实施。

资源配置是总社每年都需要进行的重要决策，直接关系到出版社的当年经济效益和长远发展战略。根据该出版社掌握的数据资料，利用数学建模的方法，在信息不足的条件下，提出以量化分析为基础的资源（书号）配置方法，并给出一个明确的分配方案，为出版社提供有益的建议。

下面是其中一部分重要内容：72 门课程强势程度的度量。

考虑出版社对强势产品的支持，我们首先对 72 门课程的强势程度的度量进行刻画。为此根据实际情况提出 4 项指标：该门课程的读者平均满意度、市场占有率、平均销售量、销售量的年平均增长率。我们认为，读者满意度越高就表示该产品越受欢迎，出版社越支持，市场占有率越大，平均销售量越多，说明该课程销售势头很好，出版社也应大力支持；而对销售增长率大的课程，其发展潜力大，出版社也要考虑支持。因此我们认为这 4 项指标值越大，则该课程就越强势。最后将 4 项指标进行合成处理，通过一个合成指标值来表示该产品的强势程度。下面给出详细描述及计算过程。

1. 指标提取

（1）读者平均满意度

已知读者对某出版社的满意度的 4 项指标进行了打分，各项均从不同的侧面反映了读者对该出版社的满意度，因此我们认为 4 项指标之间是并列关系。

设 4 项指标分别为 A, B, C, D，对应第 t 年第 r 位读者对第 i 门课程的各项指标所给出的满意度，各项指标分别为 $s_{triA}, s_{triB}, s_{triC}, s_{triD}$，将 4 项指标相加，得到第 t 年第 r 位读者对第 i 门课程的满意度为

$$c_{tri} = (s_{triA} + s_{triB} + s_{triC} + s_{triD}) / 4 \tag{10.11}$$

其中，$1 \leqslant s_{trj} \leqslant 5$，$j = 1, 2, \cdots, 72$，$t = 1, 2, \cdots, 5$，$t = 1$ 表示 2001 年，$t = 5$ 表示 2005 年。

设第 i 门课程第 t 年共有 n_{it} 名学生打分，则读者对第 i 门课程的平均满意度 f_i 为

$$f_i = \frac{\sum_{t=1}^{5} \sum_{r=1}^{n_{ti}} c_{tri}}{\sum_{t=1}^{5} n_{it}} \tag{10.12}$$

其中，$1 \leqslant f_i \leqslant 5$，$i = 1, 2, \cdots, 72$。

（2）市场占有率

根据分析，某出版社每门课程配套教材的市场占有率为某出版社售出的课程配套教材数量与整个市场售出的课程配套教材总量的比值，市场调查具有广泛性和普遍性，我们用

调查数据中购买某出版社出售课程配套教材与整个调查中所有购买该类配套教材的总量进行比值。

设第 i 门课程第 t 年学生使用配套教材总人数为 z_{it}，其中使用某出版社出售课程配套教材的人数为 u_{it}，则设第 i 门课程 5 年的平均市场占有率 m_i 为

$$m_i = \frac{\sum\limits_{t=1}^{5} u_{it}}{\sum\limits_{t=1}^{5} z_{it}} \tag{10.13}$$

其中，$i = 1, 2, \cdots, 72$。

（3）平均销售量

这里我们采用实际销售量作为该指标的数据来源，采用数据为 2001—2005 年的平均销售量。

设第 t 年第 i 门课程配套教材的销售量为 T_{it}，则 5 年的平均销售量 v_i 为

$$v_i = \frac{\sum\limits_{t=1}^{5} T_{it}}{5} \tag{10.14}$$

其中，$i = 1, 2, \cdots, 72$。

（4）销售量的年平均增长率

设第 t 年第 i 门课程配套教材的销售量为 T_{it}，每年增长率为

$$每年增长率 = \frac{本年销售量 - 前一年销售量}{前一年销售量}$$

可以得到 5 年平均增长率为

$$r_i = \frac{\sum\limits_{t=2}^{5} \left(\frac{T_{i,t}}{T_{i,t-1}} - 1 \right)}{4} \tag{10.15}$$

其中，$i = 1, 2, \cdots, 72$。

2. 强势程度排序

（1）指标归一化处理

由于上面直接得到的 4 项指标值在数据方面相差比较大，因此要将 4 者合成一项总指标，即强势产品评价指标，故应把 4 者进行归一化处理。

设第 i 门课程第 j 项指标为 a_{ij}，则采用如下归一化方法进行处理

$$b_i = \frac{a_{ij} - \min\limits_j \{a_{ij}\}}{\max\limits_j \{a_{ij}\} - \min\limits_j \{a_{ij}\}} \tag{10.16}$$

其中，$i = 1, 2, \cdots, 72$。

通过归一化处理，每个指标值都归一化到区间[0, 1]内，便于统一处理。

（2）指标的强势程度排序

基于对问题分析及权值处理方法的不同，我们采用主观权重加权法和 CRITIC 加权法分别进行处理，得到新的合成指标。下面我们对两种方法进行讨论。

方法一　主观权重加权法

通过分析可知，各门课程的强势程度主要依据 4 项指标的某种加权和，从而得到各门课程的强势程度。设第 j 项指标的权重为 w_j（$j=1,2,3,4$）。由上面计算得到各指标的归一化值为 a_{ij}，则通过权重合成的新指标值为

$$f1_i = \sum_{j=1}^{4} a_{ij} \cdot w_j \tag{10.17}$$

其中，$i=1,2,\cdots,72$。

可以通过专家打分或层次分析法得到主观权重，这里我们取等权重。权向量 $w=(0.25, 0.25,0.25,0.25)$，利用该权重计算得到的 72 门课程的强势指标值如表 10.4 所示。注意，由于这里的权重均为 0.25，因此将表 10.4 中的主观权重加权称为平均加权。

方法 2　CRITIC 加权法

CRITIC 加权法是一种客观权重加权法。该方法确定权值以两个基本概念为基础：一是对比度，表示同一指标下不同观察值之间差异的大小，以标准差的形式体现，标准差越大表明该指标反映的信息越多，权重相对越大；二是评价指标间的冲突性，而冲突性以指标间的相关性为基础。当两个指标间具有较强的正相关关系时，说明两个指标冲突性低，其反映的信息具有较大的相似性；当两个指标间具有较强的负相关关系时，说明两个指标冲突性大，其反映的信息具有较大的不同，由此确定第 i 个指标包含的信息量为

$$I_i = \sigma_i \sum_{j=1}^{4} (1-r_{ij}), \quad i=1,2,\cdots,4 \tag{10.18}$$

其中，σ_i 表示第 i 个指标的标准差；r_{ij} 表示第 i 个指标和第 j 个指标间的相关系数。

第 i 个指标包含的权重为

$$w_i = \frac{I_i}{\sum_{j=1}^{4} I_j}, \quad i=1,2,\cdots,4 \tag{10.19}$$

由上面计算得到各指标的归一化值为 b_{ij}，则通过 CRITIC 加权法合成的新指标值为

$$f2_i = \sum_{j=1}^{4} b_{ij} \cdot w_j \tag{10.20}$$

其中，$i=1,2,\cdots,72$。

利用 CRITIC 加权法合成得到的 72 门课程的强势指标值如表 10.4 所示。

表 10.4　各课程代码平均加权与 CRITIC 加权排序结果

课程代码	平均加权	CRITIC 加权	课程代码	平均加权	CRITIC 加权	课程代码	平均加权	CRITIC 加权
1	23	23	25	40	51	49	28	10
2	59	59	26	4	17	50	8	39
3	64	63	27	49	33	51	13	41
4	25	64	28	17	57	52	56	50
5	63	66	29	45	34	53	39	16
6	22	22	30	55	30	54	41	1
7	70	25	31	30	55	55	50	8
8	62	69	32	57	48	56	16	13
9	60	60	33	35	45	57	1	28
10	69	61	34	51	19	58	6	65
11	66	27	35	48	71	59	38	37
12	26	62	36	34	4	60	37	38
13	27	67	37	42	35	61	2	6
14	61	70	38	19	40	62	31	9
15	67	68	39	46	12	63	9	7
16	24	72	40	43	42	64	15	3
17	52	24	41	36	43	65	65	2
18	20	52	42	44	36	66	7	15
19	33	26	43	12	46	67	18	32
20	72	53	44	21	21	68	32	18
21	68	54	45	10	44	69	3	31
22	54	20	46	71	56	70	5	5
23	11	11	47	47	29	71	14	14
24	53	49	48	29	47	72	58	58

　　通过表 10.4 中的两种方法对强势程度的排序结果可以看出,两种排序结果有一定差异,说明两种排序方法本身是有差异的,但差异程度不大,如前两名都是 23 与 59,课程代码 23 对应的课程是高等数学,59 对应的课程是工程化学,即高等数学和工程化学的综合强势程度都居前两名。这说明两种方法可在一定程度上相互补充,也说明了我们提取的指标具有合理性。

第 11 章　竞赛实战建模案例（一）

11.1　案例 1　葡萄酒评价问题

一般通过聘请一批有资质的品酒员对葡萄酒的质量进行品评，每个品酒员在品尝葡萄酒后对其分类指标进行打分，然后求和得到总分，从而确定葡萄酒的质量。附件（见本书配套资源）给出了某年一些葡萄酒的评价结果，包括红葡萄酒多项指标的两组评分，白葡萄酒多项指标的两组评分。数据及 VBA 程序参见附件"2012A 葡萄酒品尝评分表及 VBA 程序.xls"。

分析两组品酒员的评价结果有无显著性差异，哪一组结果更可信。该问题及数据来自 CUMCM2012A 赛题部分。

1．数据计算与软件操作

该问题主要分析两组品酒员的评价结果有无显著性差异，并判断哪一组结果更可信。我们采用如下步骤完成。

（1）统计两组品酒员的评价结果。

采用 VBA 对附件中的数据编写程序，统计对 27 种红葡萄酒两组品酒员的得分结果，并统计对 28 种白葡萄酒两组品酒员的得分结果。对品酒员各分类指标得分求和，得到总分，从而确定葡萄酒的质量。

操作过程如下：

① 打开所在 xls 文件，新增一个表单，将其命名为"计算结果"，用于存储所有结果。

② 选中"计算结果"表单。依次单击"视图"→"工具栏"→"控件工具箱"按钮，这样在表单中就会出现控件工具箱，如图 11.1 所示。

图 11.1　控件工具箱

③ 单击控件工具箱中的"命令"按钮，表示选中该控件，然后在表单中单击想要放置该控件的位置，对应的命令按钮就出现在该位置了。按钮上出现的名称为"CommandButton1"，该名称可以根据用户的需求进行修改。修改名称的方法是把鼠标放在该按钮上右击，弹出一个菜单，在菜单中选择"属性"选项，弹出"属性"对话框，单击"Caption"选项，将其重命名为"计算红葡萄酒的得分"，这样该命令按钮上的名称就变为"计算红葡萄酒的得分"。

④ 双击"计算红葡萄酒"按钮，出现 VBA 的函数如下：

```
Private Sub CommandButton1_Click()


End Sub
```

这样用户就可以在函数体中编写自己需要的 VBA 程序了。求解本题的 VBA 程序如下：

```
'计算红葡萄酒的得分
Private Sub CommandButton1_Click()
Dim i, j, k As Integer
Dim Info(30) As String
Dim x(30, 10), All(30)                  '记录 10 个品酒员对葡萄酒的评分
Total = 27
Cells(5, 1) = "第一组红葡萄酒得分"
For k = 1 To Total
pos = 3 + 14 * (k - 1)                   '获得第 k 个样品评分信息所在行
Info(k) = Sheets("第一组红葡萄酒品尝评分").Cells(pos, 1)
 '打开所在表单

For j = 1 To 10                          '获得 10 个品酒员的评分数据
   s = 0
   For Item = 1 To 10
 s = s + Sheets("第一组红葡萄酒品尝评分").Cells(pos + 1 + Item, 2 + j)
   Next Item                             '计算第 j 个品酒员的总评分
      x(k, j) = s                        '存储第 k 个样品 10 个品酒员的总评分
   Next j
Next k


For k = 1 To 27
Cells(6 + k, 1) = Info(k)                '显示第一组红葡萄酒第 k 个样品的序号信息
  For j = 1 To 10
  Cells(6 + k, 2 + j) = x(k, j)
 '显示 10 个品酒员对第一组红葡萄酒第 k 个样品的总评分
  Next j
 Next k


 '以下计算方式与计算第一组红葡萄酒的得分相同
    Cells(37, 1) = "第二组红葡萄酒得分"
  For k = 1 To Total
pos = 3 + 14 * (k - 1)
Info(k) = Sheets("第二组红葡萄酒品尝评分").Cells(pos, 1)
  For j = 1 To 10 '人
  s = 0
  For Item = 1 To 10
 s = s + Sheets("第二组红葡萄酒品尝评分").Cells(pos + 1 + Item, 2 + j)
  Next Item
  x(k, j) = s
  Next j
Next k


For k = 1 To Total
Cells(38 + k, 1) = Info(k)
  For j = 1 To 10
```

```
    Cells(38 + k, 2 + j) = x(k, j)
   Next j
  Next k
 End Sub


'计算白葡萄酒的得分
Private Sub CommandButton2_Click()
Dim i, j, k As Integer
Dim Info(30) As String
Dim x(30, 10), All(30)              '记录10个品酒员对葡萄酒的评分
Total = 28
Cells(68, 1) = "第一组白葡萄酒得分"
For k = 1 To Total
pos = 4 + 13 * (k - 1)              '获得第k个样品评分信息所在行
Info(k) = Sheets("第一组白葡萄酒品尝评分").Cells(pos, 3)
For j = 1 To 10                     '获得10个品酒员的评分数据

   s = 0
   For Item = 1 To 10
 s = s + Sheets("第一组白葡萄酒品尝评分").Cells(pos + Item, 3 + j)
   Next Item                        '计算第j个品酒员的总评分
   x(k, j) = s                      '存储第k个样品10个品酒员的总评分
Next j
Next k
For k = 1 To Total
Cells(69 + k, 1) = Info(k)          '显示第一组白葡萄酒第k个样品的序号信息
  For j = 1 To 10
   Cells(69 + k, 2 + j) = x(k, j)
 '显示10个品酒员对第一组白葡萄酒第k个样品的总评分
  Next j
 Next k


 '以下计算方式与计算第一组白葡萄酒的得分相同
 Cells(100, 1) = "第二组白葡萄酒得分"
For k = 1 To Total
pos = 4 + 12 * (k - 1)
Info(k) = Sheets("第二组白葡萄酒品尝评分").Cells(pos, 2)
For j = 1 To 10
   s = 0
   For Item = 1 To 10
 s = s + Sheets("第二组白葡萄酒品尝评分").Cells(pos - 1 + Item, 4 + j)
   Next Item
   x(k, j) = s
Next j
Next k


For k = 1 To Total
```

```
Cells(101 + k, 1) = Info(k)
  For j = 1 To 10
  Cells(101 + k, 2 + j) = x(k, j)
  Next j
Next k
End Sub
```

在"计算结果"表单中添加"命令"按钮和执行，计算后的部分结果如图 11.2 所示。

	A	B	C	D	E	F	G	H	I	J	K	L
1												
2												
3				计算红葡萄酒的得分			计算白葡萄酒的得分					
4												
5	第一组红葡萄酒得分											
6												
7	酒样品25	60	78	81	62	70	67	64	62	81	67	
8	酒样品27	70	77	63	64	80	76	73	67	85	75	
9	酒样品7	63	70	76	64	59	84	72	59	84	84	
10	酒样品10	67	82	83	68	75	73	75	68	76	75	
11	酒样品11	73	60	72	63	63	71	70	66	90	73	
12	酒样品20	78	84	76	68	82	79	76	76	86	81	
13	酒样品16	72	80	80	71	69	71	80	74	78	74	
14	酒样品24	70	85	90	68	90	84	70	75	78	70	
15	酒样品19	76	84	84	66	68	87	80	78	82	81	
16	酒样品18	63	65	51	55	52	57	62	58	70	68	
17	酒样品6	72	69	71	61	82	69	69	64	81	84	
18	酒样品4	52	64	65	66	58	82	76	63	83	77	
19	酒样品13	69	84	79	59	73	77	77	76	75	77	
20	酒样品22	73	83	72	68	93	72	75	77	79	80	
21	酒样品17	70	79	91	68	97	82	69	80	81	76	
22	酒样品1	51	66	49	54	77	61	72	61	74	62	
23	酒样品2	71	81	86	74	91	80	83	79	85	73	
24	酒样品3	80	85	89	76	69	89	73	83	84	76	

图 11.2 执行计算后的部分结果

将所计算数据按样品排序后的结果如表 11.1～表 11.4 所示。

表 11.1 第一组品酒员对红葡萄酒的评分结果 单位：分

样品号	品酒员 1号	品酒员 2号	品酒员 3号	品酒员 4号	品酒员 5号	品酒员 6号	品酒员 7号	品酒员 8号	品酒员 9号	品酒员 10号
1	51	66	49	54	77	61	72	61	74	62
2	71	81	86	74	91	80	83	79	85	73
3	80	85	89	76	69	89	73	83	84	76
4	52	64	65	66	58	82	76	63	83	77
5	74	74	72	62	84	63	68	84	81	71
6	72	69	71	61	82	69	69	64	81	84
7	63	70	76	64	59	84	72	59	84	84
8	64	76	65	65	76	72	69	85	75	76
9	77	78	76	82	85	90	76	92	80	79
10	67	82	83	68	75	73	75	68	76	75
11	73	60	72	63	63	71	70	66	90	73
12	54	42	40	55	53	60	47	61	58	69
13	69	84	79	59	73	77	77	76	75	77

续表

样品号	品酒员1号	品酒员2号	品酒员3号	品酒员4号	品酒员5号	品酒员6号	品酒员7号	品酒员8号	品酒员9号	品酒员10号
14	70	77	70	70	80	59	76	76	76	76
15	69	50	50	58	51	50	56	60	67	76
16	72	80	80	71	69	71	80	74	78	74
17	70	79	91	68	97	82	69	80	81	76
18	63	65	51	55	52	57	62	58	70	68
19	76	84	84	66	68	87	80	78	82	81
20	78	84	76	68	82	79	76	76	86	81
21	73	90	96	71	69	60	79	73	86	74
22	73	83	72	68	93	72	75	77	79	80
23	83	85	86	80	95	93	81	91	84	78
24	70	85	90	68	90	84	70	75	78	70
25	60	78	81	62	70	67	64	62	81	67
26	73	80	71	61	78	71	72	76	79	77
27	70	77	63	64	80	76	73	67	85	75

表 11.2　第二组品酒员对红葡萄酒的评分结果　　　　　单位：分

样品号	品酒员1号	品酒员2号	品酒员3号	品酒员4号	品酒员5号	品酒员6号	品酒员7号	品酒员8号	品酒员9号	品酒员10号
1	68	71	80	52	53	76	71	73	70	67
2	75	76	76	71	68	74	83	73	73	71
3	82	69	80	78	63	75	72	77	74	76
4	75	79	73	72	60	77	73	73	60	70
5	66	68	77	75	76	73	72	72	74	68
6	65	67	75	61	58	66	70	67	67	67
7	68	65	68	65	47	70	57	74	72	67
8	71	70	78	51	62	69	73	59	68	59
9	81	83	85	76	69	80	83	77	75	73
10	67	73	82	62	63	66	66	72	65	72
11	64	61	67	62	50	66	64	51	67	64
12	67	68	75	58	63	73	67	72	69	71
13	74	64	68	65	70	67	70	76	69	65
14	71	71	78	64	67	76	74	80	73	72
15	62	60	73	54	59	71	71	70	68	69
16	71	65	78	70	64	73	66	75	68	69
17	72	73	75	74	75	77	79	76	76	68
18	67	65	80	55	62	64	62	74	60	65
19	72	65	82	61	64	81	76	80	74	71
20	80	75	80	66	70	84	79	83	71	70
21	80	72	75	72	62	77	63	70	73	78
22	77	79	75	62	68	69	73	71	69	73

样品号	品酒员1号	品酒员2号	品酒员3号	品酒员4号	品酒员5号	品酒员6号	品酒员7号	品酒员8号	品酒员9号	品酒员10号
23	79	77	80	83	67	79	80	71	81	74
24	66	69	72	73	73	68	72	76	76	70
25	68	68	84	62	60	66	69	73	66	66
26	68	67	83	64	73	74	77	78	63	73
27	71	64	72	71	69	71	82	73	73	69

表 11.3　第一组品酒员对白葡萄酒的评分结果　　　　　　单位：分

样品号	品酒员1号	品酒员2号	品酒员3号	品酒员4号	品酒员5号	品酒员6号	品酒员7号	品酒员8号	品酒员9号	品酒员10号
1	85	80	88	61	76	93	83	80	95	79
2	78	47	86	54	79	91	85	68	73	81
3	85	67	89	75	78	75	66	79	90	79
4	75	77	80	65	77	83	88	78	85	86
5	84	47	77	60	79	62	74	74	79	74
6	61	45	83	65	78	56	80	67	65	84
7	84	81	83	66	74	80	80	68	77	82
8	75	46	81	54	81	59	73	77	85	83
9	79	69	81	60	70	55	73	81	76	85
10	75	42	86	60	87	75	83	73	91	71
11	79	46	85	60	74	71	86	62	88	72
12	64	42	75	52	67	62	77	56	68	70
13	82	42	83	49	66	65	76	62	65	69
14	78	48	84	67	79	64	78	68	81	73
15	74	48	87	71	81	61	79	67	74	82
16	69	49	86	65	70	91	87	62	84	77
17	81	54	90	70	78	71	87	74	92	91
18	86	44	83	71	72	71	85	64	74	81
19	75	66	83	68	73	64	80	63	73	77
20	80	68	82	71	83	81	84	62	87	80
21	84	49	85	59	76	86	83	70	88	84
22	65	48	90	58	72	77	76	70	80	74
23	71	66	80	69	80	82	78	71	87	75
24	82	56	79	73	67	59	68	78	86	85
25	86	80	82	69	74	67	77	78	77	81
26	75	66	82	75	93	91	81	76	90	84
27	58	40	79	67	59	55	66	74	73	77
28	66	75	89	69	88	87	85	76	88	90

表 11.4　第二组品酒员对白葡萄酒的评分结果　　　　　　　单位：分

样品号	品酒员1号	品酒员2号	品酒员3号	品酒员4号	品酒员5号	品酒员6号	品酒员7号	品酒员8号	品酒员9号	品酒员10号
1	84	78	82	75	79	84	81	69	75	72
2	79	76	77	85	77	79	80	59	76	70
3	85	74	71	87	79	79	80	45	83	73
4	84	78	74	83	69	82	84	66	77	72
5	83	79	79	80	77	87	82	73	84	91
6	83	75	74	69	75	77	80	67	77	78
7	78	79	74	69	69	82	80	61	72	78
8	74	78	74	67	73	77	79	66	73	62
9	77	78	89	88	84	89	85	54	79	81
10	86	77	77	82	81	87	84	61	73	90
11	79	83	78	63	60	73	81	61	60	76
12	73	81	73	79	67	79	80	44	64	84
13	68	78	79	81	78	72	75	62	65	81
14	75	77	76	76	78	82	79	68	78	82
15	83	77	88	80	84	83	80	63	76	70
16	68	63	75	60	67	86	67	71	52	64
17	77	69	79	83	79	87	88	75	78	88
18	75	83	82	79	74	84	78	71	74	67
19	76	75	78	70	81	80	83	66	78	77
20	86	74	75	78	85	81	78	61	73	75
21	81	80	79	85	83	76	80	58	85	85
22	80	76	82	88	75	89	80	66	72	86
23	74	80	80	80	74	79	75	73	83	76
24	67	80	77	77	79	78	83	65	72	83
25	79	76	79	86	83	88	83	52	85	84
26	80	72	75	83	71	83	83	53	62	81
27	72	79	84	79	76	83	77	63	79	78
28	75	82	81	81	78	84	79	71	76	89

（2）对红葡萄酒和白葡萄酒两组品酒员品酒的差异性进行分析。

将红葡萄酒或白葡萄酒两组合在一起进行三因素方差分析，三因素如下：

A：酒样品　　　　B：组别　　　　C：品酒员

三因素方差分析的公式为

$$\mathrm{SS_T} = \sum_{i=1}^{m}\sum_{j=1}^{n}\sum_{k=1}^{p}(x_{ijk} - \bar{x})^2 = \mathrm{SS_A} + \mathrm{SS_B} + \mathrm{SS_C} + \mathrm{SS_{AB}} + \mathrm{SS_{AC}} + \mathrm{SS_{BC}} + \mathrm{SS_E}$$

其中，$\mathrm{SS_A}$ 是酒样品因素；$\mathrm{SS_B}$ 是组别因素；$\mathrm{SS_C}$ 是品酒员因素；$\mathrm{SS_E}$ 是误差因素。

在进行操作前，需要先下载以下 SAS8 数据文件（见本书配套资源）。

am2012_r.sas7bdat：用于三因素方差分析和单因素方差分析的红葡萄酒数据。

am2012_b.sas7bdat：用于三因素方差分析和单因素方差分析的白葡萄酒数据。

am2012_r1.sas7bdat, am2012_r2.sas7bdat：用于双因素方差分析对红葡萄酒两组人员可信度的评价数据。

am2012_b1.sas7bdat, am2012_b2.sas7bdat：用于双因素方差分析对白葡萄酒两组人员可信度的评价数据。

使用数据文件 am2012_r. sas7bdat。对红葡萄酒两组人员进行三因素方差分析和单因素方差分析。

① 对红葡萄酒进行三因素方差分析的操作步骤如下：

a．依次单击"Solutions"→"Analysis"→"Analyst"按钮，打开"Select A Member"对话框。

b．依次单击"File"→"Open By SAS Name"按钮，选中"Sasuser"选项下的数据"Am2012_r"，然后单击"OK"按钮。"Select A Member"对话框如图 11.3 所示，两组红葡萄酒品酒员的部分评分数据如图 11.4 所示。

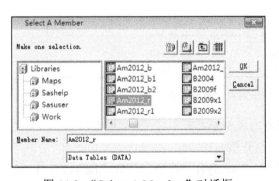

图 11.3　"Select A Member"对话框

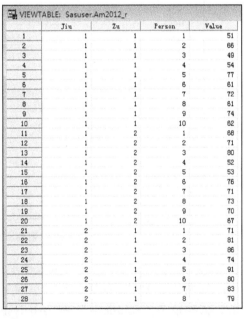

图 11.4　两组红葡萄酒品酒员的部分评分数据

在图 11.4 中，Jiu 代表因素 A 酒样品，Zu 代表因素 B 组别，Person 代表因素 C 品酒员，Value 代表酒样品的得分。如 Jiu 为 2，Zu 为 1，Person 为 3，Value 为 86，代表酒样品 2，第 1 组的第 3 个品酒员的评分为 86。

c．依次单击"Statistics"→"ANOVA"→"Factorial ANOVA"按钮。打开三因素方差分析对话框，如图 11.5 所示。将"Value"选入"Dependent"框，将"Jiu""Zu""Person"选入"Independent"框。

d．单击"OK"按钮，得到对红葡萄酒进行三因素方差分析的结果，如图 11.6 所示。

从结果看，两组品酒员之间的 $F = 19.46$，$Pr < 0.0001$，说明对于红葡萄酒的评分，两组品酒员有显著差异。

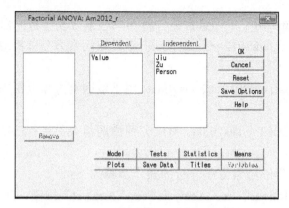

图 11.5　三因素方差分析对话框

```
                 The GLM Procedure
Dependent Variable: Value


                 Sum of
Source         DF      Squares        Mean Square    F Value    Pr > F
Model          36      18711.65556    519.76821      11.54      <0.0001
Error          503     22660.27778    45.05025


Corrected Total 539    41371.93333
 R-Square      Coeff Var   Root MSE       Value Mean
 0.452279      9.349565    6.711949       71.78889


Source     DF   Type III SS      Mean Square    F Value    Pr > F
Jiu        26   14344.23333      551.70128      12.25      <0.0001
Zu         1    876.56296        876.56296      19.46      <0.0001
Person     9    3490.85926       387.87325      8.61       <0.0001
```

图 11.6　对红葡萄酒进行三因素方差分析的结果

还可以对两组红葡萄酒品酒员进行单因素方差分析。

② 对两组红葡萄酒品酒员进行单因素方差分析。

a．依次单击"Solutions"→"Analysis"→"Analyst"按钮，打开"Select A Member"对话框。

b．依次单击"File"→"Open By SAS Name"按钮，选中"Sasuser"选项下的数据"Am2012_r"，然后单击"OK"按钮。

c．依次单击 Statistics"→"ANOVA"→"One-Way ANOVA"按钮，打开单因素方差分析对话框，如图 11.7 所示。将 Value 选入"Dependent"框，将 Zu 选入"Independent"框。

d．单击"OK"按钮，得到红葡萄酒单因素方差分析结果，如图 11.8 所示。

从结果看，两组品酒员之间的 $F = 11.65$，$Pr = 0.0007 < 0.01$，说明对于红葡萄酒的评分，两组品酒员有显著差异。

对白葡萄酒也可采用三因素方差分析和单因素方差分析，其操作过程与红葡萄酒的相同，使用的数据集为 Am2012_b，其分析结果分别如图 11.9 和图 11.10 所示。

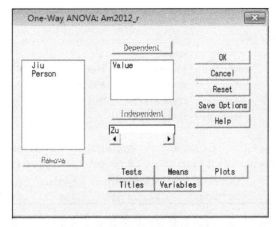

图 11.7　单因素方差分析对话框

Source	DF	Squares	Mean Square	F Value	Pr > F
Model	1	876.56296	876.56296	11.65	0.0007
Error	538	40495.37037	75.27021		
Corrected Total	539	41371.93333			

R-Square	Coeff Var	Root MSE	Value Mean
0.021187	12.08521	8.675840	71.78889

Source	DF	Anova SS	Mean Square	F Value	Pr > F
Zu	1	876.5629630	876.5629630	11.65	0.0007

图 11.8　对红葡萄酒进行单因素方差分析的结果

The GLM Procedure

Dependent Variable: Value

Source	DF	Sum of Squares	Mean Square	F Value	Pr > F
Model	37	19517.43571	527.49826	8.03	<0.0001
Error	522	34303.30714	65.71515		
Corrected Total	559	53820.74286			

R-Square	Coeff Var	Root MSE	Value Mean
0.362638	10.76967	8.106488	75.27143

Source	DF	Type III SS	Mean Square	F Value	Pr > F
Jiu	27	5458.34286	202.16085	3.08	<0.0001
Zu	1	890.06429	890.06429	13.54	0.0003
Person	9	13169.02857	1463.22540	22.27	<0.0001

图 11.9　对白葡萄酒进行三因素方差分析的结果

从结果看，两组品酒员之间的 $F = 13.54$，$Pr = 0.0003 < 0.01$，说明对于白葡萄酒的评分，两组品酒员有显著差异。

The ANOVA Procedure

Dependent Variable: Value

Source	DF	Sum of Squares	Mean Square	F Value	Pr > F
Model	1	890.06429	890.06429	9.38	0.0023
Error	558	52930.67857	94.85785		
Corrected Total	559	53820.74286			

R-Square	Coeff Var	Root MSE	Value Mean
0.016538	12.93917	9.739499	75.27143

Source	DF	Anova SS	Mean Square	F Value	Pr >
Zu	1	890.0642857	890.0642857	9.38	0.0023

图 11.10　对白葡萄酒进行单因素方差分析的结果

从结果看，两组品酒员之间的 $F = 9.38$，$Pr = 0.0023 < 0.01$，说明对于白葡萄酒的评分，两组品酒员有显著差异。

（3）对两种葡萄酒两组品酒员评分可信度的分析。

采用双因素方差分析对红葡萄酒或白葡萄酒的可信度进行评价，双因素如下：

A：酒样品　　B：品酒员

双因素方差分析的公式为

$$SS_T = \sum_{i=1}^{m}\sum_{j=1}^{n}(x_{ij} - \overline{x})^2 = SS_A + SS_B + SS_{AB} + SS_E$$

其中，SS_A 是因素 A 酒样品；SS_B 是因素 B 品酒员；SS_E 是误差。

① 对两组红葡萄酒品酒员可信度的评价。

第一组红葡萄酒数据集为 Am2012_r1，部分数据如图 11.11 所示。

	Jiu	Person	Value
1	1	1	51
2	1	2	66
3	1	3	49
4	1	4	54
5	1	5	77
6	1	6	61
7	1	7	72
8	1	8	61
9	1	9	74
10	1	10	62
11	2	1	71
12	2	2	81
13	2	3	86
14	2	4	74
15	2	5	91
16	2	6	80
17	2	7	83
18	2	8	79
19	2	9	85
20	2	10	73
21	3	1	80
22	3	2	85
23	3	3	89
24	3	4	76

图 11.11　第一组红葡萄酒部分数据

采用双因素方差分析对每组红葡萄酒进行评分。操作过程与三因素方差分析相同，这里不再叙述。对第一组红葡萄酒品酒员的双因素方差分析结果如图 11.12 所示。第二组红葡萄酒数据集为 Am2012_r2，对第二组红葡萄酒品酒员的双因素方差分析结果如图 11.13 所示。

从第一组结果来看，红葡萄酒之间的差异 $F = 11.39$，$Pr<0.0001$，说明红葡萄酒之间有显著差异，品酒员之间的差异 $F = 7.48$，$Pr < 0.0001$，说明两组品酒员之间有显著差异。

从第二组结果来看，红葡萄酒之间的差异 $F = 7.19$，$Pr < 0.0001$，说明红葡萄酒之间有显著差异，品酒员之间的差异 $F = 15.45$，$Pr < 0.0001$，说明两组品酒员之间有显著差异。

红葡萄酒之间的差异 $F_{酒}$ 反映了酒的区分度，品酒员品酒的差异 $F_{人}$ 反映了品酒员之间的一致性程度，采用评价指标

$$F = \frac{F_{人}}{F_{酒}}$$

Source	DF	Sum of Squares	Mean Square	F Value	Pr > F
Model	35	17139.50741	489.70021	10.39	<0.0001
Error	234	11030.42222	47.13856		
Corrected Total	269	28169.92963			
R-Square	Coeff Var	Root MSE	Value Mean		
0.608433	9.397035	6.865752	73.06296		
Source	DF	Type III SS	Mean Square	F Value	Pr > F
Jiu	26	13965.42963	537.13191	11.39	<0.0001
Person	9	3174.07778	352.67531	7.48	<0.0001

图 11.12　对第一组红葡萄酒品酒员的双因素方差分析结果

Source	DF	Sum of Squares	Mean Square	F Value	Pr > F
Model	35	7175.11481	205.00328	9.31	<0.0001
Error	234	5150.32593	22.00994		
Corrected Total	269	12325.44074			
R-Square	Coeff Var	Root MSE	Value Mean		
0.582139	6.653177	4.691475	70.51481		
Source	DF	Type III SS	Mean Square	F Value	Pr > F
Jiu	26	4114.340741	158.243875	7.19	<0.0001
Person	9	3060.774074	340.086008	15.45	<0.0001

图 11.13　对第二组红葡萄酒品酒员的双因素方差分析结果

若 F 值越小，则评价结果越可靠。第一组 $F_1 = 7.48/11.39 = 0.6567$，第二组 $F_2 = 15.45/7.19 = 2.1488$，故第一组品酒员的评价结果更可靠。

② 对两组白葡萄酒品酒员可信度的评价。

第一组白葡萄酒数据集为 Am2012_b1，对第一组白葡萄酒品酒员的双因素方差分析结果如图 11.14 所示。

Source	DF	Sum of Squares	Mean Square	F Value	Pr > F
Model	36	23369.20000	649.14444	12.39	<0.0001
Error	243	12729.76786	52.38588		
Corrected Total	279	36098.96786			
R-Square	Coeff Var	Root MSE	Value Mean		
0.647365	9.779407	7.237809	74.01071		
Source	DF	Type III SS	Mean Square	F Value	Pr > F
Jiu	27	6231.26786	230.78770	4.41	<0.0001
Person	9	17137.93214	1904.21468	36.35	<0.0001

图 11.14　对第一组白葡萄酒品酒员的双因素方差分析结果

由图 11.14 可知，$F_人 = 36.35$，$F_酒 = 4.41$，则有

$$F_1 = \frac{F_人}{F_酒} = \frac{36.35}{4.41} \approx 8.2426$$

第二组白葡萄酒数据集为 Am2012_b2，对第二组白葡萄酒品酒员的双因素方差分析结果如图 11.15 所示。

Source	DF	Sum of Squares	Mean Square	F Value	Pr > F
Model	36	9439.91429	262.21984	8.62	<0.0001
Error	243	7391.79643	30.41892		
Corrected Total	279		16831.71071		
R-Square		Coeff Var	Root MSE	Value Mean	
0.560841		7.206560	5.515335	76.53214	
Source	DF	Type III SS	Mean Square	F Value	Pr > F
Jiu	27	2714.810714	100.548545	3.31	<0.0001
Person	9	6725.103571	747.233730	24.56	<0.0001

图 11.15 对第二组白葡萄酒品酒员的双因素方差分析结果

由图 11.15 可知，$F_人 = 24.56$，$F_酒 = 3.31$，则有

$$F_2 = \frac{F_人}{F_酒} = \frac{24.56}{3.31} \approx 7.4199$$

对白葡萄酒，第二组品酒员的评价指标 $F_2 = 7.4199$ 小于第一组品酒员的评价指标 $F_1 \approx 8.2426$，故第二组品酒员的评价结果更可靠。

通过对该案例的练习，可达到如下学习目标。

（1）利用 VBA 编程可以对 Excel 文件中的数据进行处理。

（2）利用统计软件分别进行三因素方差分析、双因素方差分析与单因素方差分析。

（3）掌握对多组品酒员评价可信度的分析方法。

11.2 案例 2 交巡警服务平台的设置与调度

某市需要在市区的一些交通要道和重要位置设置交巡警服务平台（以下简称平台）。每个平台的职能和警力配备基本相同。由于警务资源有限，如何根据城市的实际情况与需求合理地设置平台、分配各平台的管辖范围、调度警务资源是警务部门面临的实际问题。

（1）图 11.16 给出了该市中心城区 A 的交通网络和现有 20 个平台的设置情况，相关的数据信息见 2011B.xls（见本书配套资源），图 11.17 是部分数据信息示意图，图 11.18 是部分节点连接示意图。要求为各平台分配管辖范围，使其在所管辖的范围内，当发出突发事件时，尽量能在 3min 内有交巡警（警车的速度为 60km/h）到达事发地。

（2）对于重大突发事件，需要调度全区 20 个平台的警力资源，对进出该区的 13 条交通要道实现快速全封锁。实际情况是一个平台的警力最多能封锁一个路口，要求制订该区平台警力合理的调度方案。

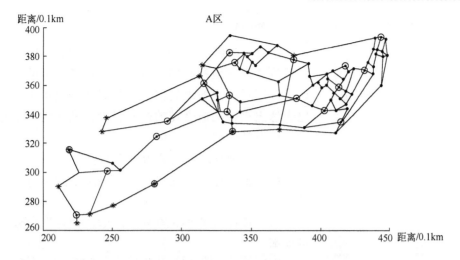

图 11.16　A区的交通网络与平台的设置情况

A	B	C	D	E	F	G	H	I	J	K
全市路口节点标号	路口的横坐标X	路口的纵坐标Y	路口所属区域	发案率(次数)		说明:				
1	413	359	A	1.7		A列: 全市交通网络中路口节点的标号（序号）				
2	403	343	A	2.1		B列: 路口节点的横坐标X，是在交通网络中的实际横坐标值				
3	383.5	351	A	2.2		C列: 路口节点的纵坐标Y，是在交通网络中的实际纵坐标值				
4	381	377.5	A	1.7		D列: 路口节点所属的区				
5	339	376	A	2.1		E列: 各路口节点的发案率是每个路口平均每天的发生报警案件数量				
6	335	383	A	2.5						
7	317	362	A	2.4						
8	334.5	353.5	A	2.4		地图距离和实际距离的比例是1:100000，即1毫米对应100米				
9	333	342	A	2.1		坐标的长度单位				
10	282	325	A	1.6						
11	247	301	A	2.6						
12	219	316	A	2.4						
13	225	270	A	2.2						
14	280	292	A	2.5						
15	290	335	A	2.1						
16	337	328	A	2.6						
17	415	335	A	2.5						
18	432	371	A	1.9						
19	418	374	A	1.8						
20	444	394	A	1.9						
83	434	376	A	0.9						
84	438	385	A	1						
85	440	392	A	1.2						
86	447	392	A	1.4						
87	448	381	A	1.1						
88	444.5	383	A	0.9						
89	441	385	A	1.4						
90	440.5	381.5	A	0.9						
91	445	380	A	0.9						
92	444	360	A	0.8						

图 11.17　部分数据信息示意图

（3）根据现有平台的工作量不均衡和有些地方出警时间过长的实际情况，拟在该区内再增加 2～5 个平台，确定需要增加平台的个数和具体位置。

对图 11.16 进行如下说明：

（1）实圆点"·"表示交叉路口的节点，没有实圆点的交叉线为道路立体相交。

（2）星号"*"表示出入城区的路口节点。

（3）圆圈"○"表示现有平台的位置。

	A	B
	路线起点（节点）标号	路线终点（节点）标号
	1	75
	1	78
	2	44
	3	45
	3	65
	4	39
	4	63
	5	49
	5	50
	6	59
	7	32
	7	47
	8	9
	8	47
	9	35
	10	34
	11	22
	11	26
	12	25
	12	471
	14	21
	15	7
	15	31
	16	14

图 11.18　部分节点连接示意图

求解问题（1）

针对该问题，首先建立数学模型，将需要达到的目标，包括到达事发地的时间尽量短，各服务平台的工作量尽量均衡等用目标函数表达出来，同时将需要满足的约束条件也表达出来，构成合理的数学模型；其次讨论求解算法；最后给出具体的计算结果。

路口管辖分配方案分为以下两步。

第一步：对 $T_j > 3$ 的路口，分配给到达第 j 个路口时间最短的平台。

第二步：对 $T_j \leqslant 3$ 的路口，尽量使各平台分配的任务量均衡。

利用 Floyd 算法计算任意两节点间的最短路径。

（1）根据已知的部分节点之间的连接信息，建立初始距离矩阵 $\boldsymbol{B}(i,j)$，其中 $i,j = 1,2,\cdots,n$，对于没有给出距离的节点，为其赋一个无穷大或一个充分大数值，以便于更新。

（2）进行迭代计算。对于任意两点 (i,j)，若存在 k，使 $\boldsymbol{B}(i,k) + \boldsymbol{B}(k,j) < \boldsymbol{B}(i,j)$，则更新

$$\boldsymbol{B}(i,j) = \boldsymbol{B}(i,k) + \boldsymbol{B}(k,j)$$

（3）直到所有点的距离不再更新，则停止计算，得到最短路径的距离矩阵 $\boldsymbol{B}(i,j)$，其中 $i,j = 1,2,\cdots,n$。

Floyd 算法程序如下：

```
for k=1:n
for i=1:n
   for j=1:n
       t=B(i,k)+B(k,j);
       if t<B(i,j)  B(i,j)=t; end
       end
   end
end
```

3min 内交巡警不能到达的路口及所属平台信息如表 11.5 所示。

表 11.5　3min 内交巡警不能到达的路口及所属平台信息

序号	路口/个	任务量/个	所属平台/个	最短时间/min
1	28	1.3	15	4.75
2	29	1.4	15	5.70
3	38	1.2	16	3.41
4	39	1.4	2	3.68
5	61	0.6	7	4.19
6	92	0.8	20	3.60

因此，我们将这 6 个路口分配给最近的平台，而剩下的 86 个路口则要求交巡警到达各路口的时间不超过 3min，同时根据任务量尽量均衡的原则进行优化。

实现的 MATLAB 程序见后文的 b2011_1.m，利用 Floyd 算法计算 92 个路口的最短路径矩阵，输出如表 11.6 所示的数据。分别输出 20 个平台和剩余 92 个路口的最短路径矩阵文件 dt1.txt，92 个路口的任务量文件 ft1.txt，以及 20 个平台和 13 个交通要道的距离矩阵文件 dis1.txt，该数据文件用于问题（2）的计算，下面对该问题进行建模。

表 11.6　各平台管辖的路口、总任务量及最长时间

平台	管辖的路口	总任务量/个	最长时间/min
1	1, 71, 73, 74, 76, 77, 79	7.50	1.64
2	2, 39, 42, 44, 69	7.10	3.68
3	3, 43, 54, 55, 65, 68	7.40	2.91
4	4, 57, 60, 62, 63, 64, 66	7.40	2.84
5	5, 49, 52, 53, 59	6.20	1.66
6	6, 50, 51, 56, 58	6.00	2.75
7	7, 30, 48, 61	6.50	4.19
8	8, 33, 46, 47	6.60	2.08
9	9, 32, 34, 35	6.70	1.77
10	10	1.60	0
11	11, 26, 27	4.60	1.64
12	12, 25	4.00	1.79
13	13, 21, 22, 23, 24	8.50	2.71
14	14	2.50	0
15	15, 28, 29, 31	6.40	5.70
16	16, 36, 37, 38, 45	6.40	3.41
17	17, 40, 41, 70, 72	7.30	2.69
18	18, 83, 85, 88, 89, 90	7.20	2.25
19	19, 67, 75, 78, 80, 81, 82	7.50	2.78
20	20, 84, 86, 87, 91, 92	7.10	3.60

设有 20 个平台，路口有 92 个。d_{ij} 表示第 i 个平台与第 j 个路口之间的最短路径，由 Floyd 算法求得，其中 $i=1,2,\cdots,20$，　$j=1,2,\cdots,92$。

v 为警车行驶速度，这里取 $v=60\,\mathrm{km/h}=1000\mathrm{m/min}$。建立决策变量

$$x_{ij}=\begin{cases}1, & \text{第 }i\text{ 个平台管理第 }j\text{ 个路口}\\0, & \text{第 }i\text{ 个平台不管理第 }j\text{ 个路口}\end{cases}$$

若每个路口只分配给一个平台，则有约束

$$\sum_{i=1}^{20} x_{ij} = 1 , \quad j = 1, 2, \cdots, 92$$

若每个平台至少管理一个路口，则有约束

$$\sum_{j=1}^{92} x_{ij} \geqslant 1, \quad i = 1, 2, \cdots, 20$$

若每个平台只管理自己负责的路口，则有

$$x_{ii} = 1, \quad i = 1, 2, \cdots, 20$$

同时对 $T_j > 3$ 的 6 个路口选用最近平台，则有

$$x_{15,28} = 1, \quad x_{15,29} = 1, \quad x_{16,38} = 1, \quad x_{2,39} = 1, \quad x_{7,61} = 1, \quad x_{20,92} = 1$$

交巡警从第 j 个路口到指派平台的时间为 t_j，则有

$$t_j = \sum_{i=1}^{20} (x_{ij} \cdot d_{ij}) / v, \quad j = 1, 2, \cdots, 92$$

要求交巡警到达剩余 86 个路口的时间不超过 3min，则有

$$t_j \leqslant 3, \quad j = 1, 2, \cdots, 92 \text{ 且 } j \neq 28, 29, 38, 39, 61, 92$$

计算第 i 个平台分配的路口数的任务量，设第 j 个路口的任务量为 f_j，$j = 1, 2, \cdots, 92$，则分配给第 i 个平台的任务量为

$$s_i = \sum_{j=1}^{92} x_{ij} \cdot f_j, \quad i = 1, 2, \cdots, 20$$

分配给各平台的平均任务量为

$$\overline{s} = \sum_{i=1}^{20} s_i / 20$$

要求分配给各平台的任务量标准差尽可能小，则有

$$\min Z = \sqrt{\dfrac{\sum\limits_{i=1}^{20} (s_i - \overline{s})^2}{20 - 1}}$$

因此我们得到的综合模型为

$$\min Z = \sqrt{\dfrac{\sum\limits_{i=1}^{20} (s_i - \overline{s})^2}{20 - 1}}$$

$$
\text{s.t.}
\begin{cases}
\sum_{i=1}^{20} x_{ij}=1, & j=1,2,\cdots,92 \\[2mm]
\sum_{j=1}^{92} x_{ij}\geqslant 1, & i=1,2,\cdots,20 \\[2mm]
x_{ii}=1, & i=1,2,\cdots,20 \\[2mm]
x_{15,28}=1, x_{15,29}=1, x_{16,38}=1, x_{2,39}=1, x_{7,61}=1, x_{20,92}=1 \\[2mm]
t_j=\sum_{i=1}^{20}(x_{ij}\cdot d_{ij})/v, & j=1,2,\cdots,92 \\[2mm]
t_j\leqslant 3, & j=1,2,\cdots,92\text{且 } j\neq 28,29,38,39,61,92 \\[2mm]
s_i=\sum_{j=1}^{92} f_j\cdot x_{ij}, & i=1,2,\cdots,20 \\[2mm]
\bar{s}=\sum_{i=1}^{20} s_i/20, & \\[2mm]
x_{ij}=0\text{或}1, & i=1,2,\cdots,20; j=1,2,\cdots,92
\end{cases}
$$

求解该问题的 LINGO 程序如下（b2011_1.lg4）。

该程序对 92 个路口进行分派，所使用的数据文件 dt1.txt 和 ft1.txt 由 MATLAB 程序 b2011_1.m 生成。利用 LINGO 计算得到的结果可直接复制到 b2011_1.m 中的最后相应位置，重新按照规范格式输出，并且在 b2011_1.m 中设置 TEST = 1，以控制输出。

```
!求解问题（1）的 LINGO 程序;
!对问题（1）的求解，92 个路口管理程序;
model:
sets:
Plat/1..20/:s;
Kou/1..92/:T,f;
Assign(Plat,Kou):dis,x;
endsets
data:
v=1000;
n=20;
dis=@file('d:\lingo12\dat\dt1.txt');   !20*92 距离矩阵;
f=@file('d:\lingo12\dat\ft1.txt');     !92 个路口任务量;
@text()=@writefor(Assign(i,j)|x(i,j)#GT#0:';x(',i,',',j,')=',x(i,j),
' ');
!w=0,1.4,0,0,0,0,0.6,0,0,0,0,0,0,0,2.7,1.2,0,0,0,0.8;
enddata

min=sig;
sig=@sqrt(@sum(Plat(i):(s(i)-sv)^2)/(n-1));
@for(Kou(j):@sum(Plat(i):x(i,j))=1);          !每个路口恰好有一个平台;
@for(Plat(i):@sum(Kou(j):x(i,j))>=1);         !每个平台至少管理一个路口;
@for(Kou(j):T(j)=@sum(Plat(i):x(i,j)*dis(i,j)/v));
                                              !在第 j 个路口的处理时间;
```

```
        @for(Kou(j)|j#NE#28#and#j#NE#29#and#j#NE#38#and#j#NE#39#and#j#NE#61#
and#j#ne#92:T(j)<=3);                    !除 6 个路口外,到达其他路口的时间均短于 3min;
        @for(Plat(i):x(i,i)=1);          !每个平台管辖自己的路口;
        x(15,28)=1; x(15,29)=1;
        x(16,38)=1; x(2,39)=1;
        x(7,61)=1;  x(20,92)=1;
        @for(Plat(i):s(i)=@sum(Kou(j):f(j)*x(i,j)));
                                         !计算各平台管辖的路口的任务量;
        sv=@sum(Plat(i):s(i))/n;         !平均路口数;
        @for(Assign(i,j):@bin(x(i,j)));

    end
```

采用 LINGO 优化可以很快得到 Z=1.75，表示每个平台有 1.75 个平均任务量的波动。各平台管辖的路口、总任务量及最长时间如表 11.6 所示。

求解问题（2）

图 11.16 给出了该市中心城区 A 的交通网络和现有的 20 个平台的设置情况，相关的数据信息见 2011B.xls（见本书配套资源）。

对于该问题，我们首先建立最优的调度模型，使各平台到达交通要道的时间尽可能短，然后讨论求解算法，最后给出具体的计算结果。

对于重大突发事件，需要调度全部平台的警力资源，对进出该区的多条交通要道实现快速全部封锁，故采用的模型如下。

设该市有 20 个平台，要封锁的交通要道有 13 个。d_{ij} 表示第 i 个平台与第 j 个交通要道之间的最短路径，该路径由 Floyd 算法求得。v 为警车行驶速度，取 $v = 60 \text{ km/h} = 1000 \text{m/min}$。设 0-1 决策变量

$$x_{ij} = \begin{cases} 1, & \text{第 } i \text{ 个平台对第 } j \text{ 个路口进行围堵} \\ 0, & \text{第 } i \text{ 个平台不对第 } j \text{ 个路口进行围堵} \end{cases}$$

对每个交通要道，只需要分配一个平台对其进行围堵，则有

$$\sum_{i=1}^{20} x_{ij} = 1, \quad j = 1, 2, \cdots, 13$$

每个平台的警力最多可围堵一个交通要道，则有

$$\sum_{j=1}^{13} x_{ij} \leqslant 1, \quad i = 1, 2, \cdots, 20$$

设 t_j 表示交巡警到达第 j 个路口的时间，则有

$$t_j = \sum_{i=1}^{20} (d_{ij} x_{ij}) / v, \quad j = 1, 2, \cdots, 13$$

选取第一目标是令最长时间最短，则有

$$\min Z_1 = \max_{1 \leqslant j \leqslant 13} t_j$$

在最长时间最短的情况下，同时对短于最长时间的分配方式进行优化，使交巡警到达各交通要道的平均时间最短。

选取第二目标是平均时间最短，则有

$$\min Z_2 = \sum_{j=1}^{13} t_j / 13$$

综上所述，我们建立的综合模型为

$$\min Z_1 = \max_{1 \leqslant j \leqslant 13} t_j$$

$$\min Z_2 = \sum_{j=1}^{13} t_j / 13$$

$$\text{s.t.} \begin{cases} \sum_{i=1}^{20} x_{ij} = 1, & j = 1,2,\cdots,13 \\ \sum_{j=1}^{13} x_{ij} \leqslant 1, & i = 1,2,\cdots,20 \\ t_j = \sum_{i=1}^{20} (d_{ij} x_{ij}) / v \\ x_{ij} = 0 或 1 \end{cases}$$

将第一目标转化为线性表达，便于 LINGO 求解，调整后的模型为

$$\min Z_1 = D$$

$$\min Z_2 = \sum_{j=1}^{13} t_j / 13$$

$$\text{s.t.} \begin{cases} \sum_{i=1}^{20} x_{ij} = 1, & j = 1,2,\cdots,13 \\ \sum_{j=1}^{13} x_{ij} \leqslant 1, & i = 1,2,\cdots,20 \\ t_j = \sum_{i=1}^{20} (d_{ij} x_{ij}) / v \\ t_j \leqslant D, & j = 1,2,\cdots,13 \\ x_{ij} = 0 或 1 \end{cases}$$

LINGO 程序见后文的 b2011_2.lg4。可以先优化第一目标，得到最短时间为 8.02min。然后将 $Z_1 \leqslant 8.02$ 作为约束优化的第二目标，得到最短的平均时间为 3.55min。利用 LINGO 求解的最优分配方案如表 11.7 所示。

表 11.7　利用 LINGO 求解的最优分配方案

序号	交通要道号	分配的平台号	到达时间/min
1	12	12	0
2	14	16	6.74
3	16	9	1.53
4	21	14	3.26
5	22	10	7.71
6	23	13	0.50
7	24	11	3.81
8	28	15	4.75
9	29	7	8.02
10	30	8	3.06
11	38	2	3.98
12	48	5	2.48
13	62	4	0.35

求解问题（2）的 LINGO 程序如下（b2011_2.lg4）。

```
!该程序对 13 个交通要道的围堵问题进行优化求解;
model:
sets:
Plat/1..20/;
Kou/1..13/:T;
Assign(Plat,Kou):dis,x,Time;
endsets
data:
v=1000;
dis=@file('d:\lingo12\dat\dis1.txt');  !平台和路口的距离矩阵 20*13;
@text()=@writefor(Assign(i,j)|x(i,j)#GT#0:'x(',i,',',j,')=',x(i,j),';');

enddata

! min=aver;
min=D;
aver=@sum(Kou(j):T(j))/@size(Kou);       !平均时间;
!D<=8.0156;
@for(kou(j):T(j)=@sum(Plat(i):x(i,j)*dis(i,j))/v);
                                    !交巡警到第 j 个路口的时间;
@for(kou(j):D>=T(j));
@for(Plat(i):@sum(Kou(j):x(i,j))<=1);  !第 i 个平台的交巡警最多可到达一个路口;
@for(Kou(j):@sum(Plat(i):x(i,j))=1);   !恰好有一个平台的交巡警到达第 j 个路口;
@for(Assign(i,j):@bin(x(i,j)));
end
```

由于该模型是非线性的,利用 LINGO 求解较费时,并且通常不能保证得到最优解,故我们也可以设计另外一种算法，便于快速求解，尤其便于在后面的围堵问题中快速求解。

我们采用三步完成对算法的设计。第一步，先利用贪婪法使各平台到达交通要道的时间尽可能短。第二步，对到达各交通要道的时间进行调整，进一步优化，直到最长时间不能再缩短为止。第三步，在保证最长时间不增长的情况下，对到各交通要道的平均时间进行调整，直到平均时间不再缩短为止。

以上的算法步骤如下：

（1）先将 13 个交通要道依次分配给距离各交通要道最近的平台。

（2）将到达时间最长的交通要道与其他交通要道分配的平台进行对换，若最长时间可以缩短，则对换。实际中在对换后，另一个交通要道可在剩余平台中选择离自己最近的平台。

（3）重复步骤（2），直到最长时间不再缩短为止。

采用同样的方法缩短平均时间，直到总时间或平均时间不再缩短为止，输出各交通要道到达对应平台的时间及平均时间。

采用步骤（1）中的贪婪法求得最长时间为 13.67min，平均时间为 3.95min。采用步骤（2）中缩短最长时间的算法，经过 5 次调整，最长时间达到最短。最长时间为 8.02min，平均时间为 3.78min。利用贪婪法计算出的围堵方案如表 11.8 所示。遗憾的是没有达到最短时间 3.55min，但该方法的优点是计算速度快。

表 11.8　利用贪婪法计算出的围堵方案

序号	交通要道号	分配的平台号	到达时间/min
1	12	10	7.59
2	14	16	6.74
3	16	9	1.53
4	21	14	3.26
5	22	11	3.27
6	23	13	0.50
7	24	12	3.59
8	28	15	4.75
9	29	7	8.02
10	30	8	3.06
11	38	2	3.98
12	48	5	2.48
13	62	4	0.35

假设对全市所有路口进行围堵，我们可建立同样的模型，分别采用 LINGO 和贪婪法进行计算。

全市有交巡警平台 80 个，全市出入口位置有 17 个，即要封锁的交通要道 $m=17$ 个，其集合为 J = {151, 153, 177, 202, 203, 264, 317, 325, 328, 332, 362, 387, 418, 483, 541, 572, 578}。可供分配的平台 $n=80$ 个，其集合为 P = {1, 2, 3, 4, 5, 6, 7, 8, 9, 10, 11, 12, 13, 14, 15, 16, 17, 18, 19, 20, 93, 94, 95, 96, 97, 98, 99, 100, 166, 167, 168, 169, 170, 171, 172, 173, 174, 175, 176, 177, 178, 179, 180, 181, 182, 320, 321, 322, 323, 324, 325, 326, 327, 328, 372, 373,

374, 375, 376, 377, 378, 379, 380, 381, 382, 383, 384, 385, 386, 475, 476, 477, 478, 479, 480, 481, 482, 483, 484, 485}。

利用步骤（1）中的贪婪法求得最长时间为 12.68min，平均时间为 5.07min。对于该结果，通过调整并不能缩短最长时间，可以验证，在该分配方案中，除 202 号交通要道外，其他各交通要道都被分配到达时间最短的平台。而到达 202 号交通要道的最短时间的平台为 177，次之为 175，即 177 号平台管理 177 号交通要道为最佳，175 号平台管理 202 号交通要道为最佳。计算结果为：最长时间最短为 12.68min，平均时间最短为 5.07min，可验证该结果为最优结果。利用贪婪法计算出的全市围堵方案如表 11.9 所示。

表 11.9　利用贪婪法计算出的全市围堵方案

序号	交通要道号	分配的平台号	到达时间/min
1	151	96	3.19
2	153	99	4.47
3	177	177	0
4	202	175	11.62
5	203	178	4.45
6	264	166	6.62
7	317	181	5.48
8	325	325	0
9	328	328	0
10	332	386	7.62
11	362	323	8.11
12	387	100	12.68
13	418	379	7.419
14	483	483	0
15	541	484	7.04
16	572	485	1.66
17	578	479	5.76

该结果与利用 LINGO 求解的结果一致，说明该方法有效。另外，在确定围堵方案时，需要多次计算 80 个平台到包围圈（由路口组成）的最长时间，这时采用贪婪法可实现快速计算，而且可离开 LINGO 环境直接利用 MATLAB 进行计算。

求解问题（3）

针对该问题设该区的路口有 92 个，其序号为 $j=1,2,\cdots,92$。现在已有 20 个平台，其序号为 $i=1,2,\cdots,20$。d_{ij} 表示第 i 个平台与第 j 个路口之间的最短路径，$i,j=1,2,\cdots,92$。v 为警车行驶速度，这里取 $v=60$ km/h $=1000$ m/min。设增加平台数为 k 个，则共有平台 $20+k$ 个。每个路口的日平均案件量为 f_i，$i=1,2,\cdots,92$。下面我们建立新增平台的多目标规划模型。

设 0-1 变量 Y_i 表示将哪些路口选作平台，则有

$$Y_i=\begin{cases}1, & \text{将第 }i\text{ 个路口选作平台}\\0, & \text{不将第 }i\text{ 个路口选作平台}\end{cases}, \quad i=1,2,\cdots,92$$

建立 0-1 决策变量 x_{ij}，表示平台管理路口的情况，则有

$$x_{ij} = \begin{cases} 1, & \text{第 } i \text{ 平台管理第 } j \text{ 个路口} \\ 0, & \text{第 } i \text{ 平台不管理第 } j \text{ 个路口} \end{cases}, \quad i,j = 1,2,\cdots,92$$

只需要一个平台对第 j 个路口进行管理，则有

$$\sum_{i=1}^{92} x_{ij} = 1, \quad j = 1,2,\cdots,92$$

设平台总数 $20+k$ 个，则有

$$\sum_{i=1}^{92} y_i = 20 + k$$

其中，已经有 20 个平台，且为前 20 个，因此 $y_i = 1$，$i = 1,2,\cdots,20$。

当将第 i 个路口选作平台时，才能管理第 j 个路口，则有

$$x_{ij} \leqslant y_i, \quad i,j = 1,2,\cdots,92$$

要求各平台警力到达各路口的时间尽可能短，故需要计算交巡警到达各路口的时间。到达路口 j 的时间为

$$t_j = \sum_{i=1}^{92} (x_{ij} \cdot d_{ij}) / v, \quad j = 1,2,\cdots,92$$

目标是让最长时间最短，则有

$$\min Z_1 = \max_{1 \leqslant j \leqslant 92} t_j$$

考虑任务量，第 i 个平台处理的任务量为

$$w_i = \sum_{j=1}^{92} x_{ij} \cdot f_j, \quad i = 1,2,\cdots,92$$

当 $y_i = 0$ 时，所有 $x_{ij} = 0$，$j = 1,2,\cdots,92$，则 $w_i = 0$。即该路口没有被选作平台，其任务量为 0。

平均任务量为

$$\overline{w} = \frac{\sum\limits_{i=1}^{92} w_i}{20+k}$$

下面计算各平台任务量的离差平方和，即

$$S = \sum_{i=1}^{92} (w_i - \overline{w})^2$$

但这里我们是计算任务量 $w_i > 0$ 的 $20+k$ 个平台的离差平方和，因此其计算式为

$$S = \sum_{i=1}^{92}(w_i - \bar{w})^2 = \sum_{i=1}^{92}w_i^2 - (20+k)\cdot\bar{w}^2$$

样本标准差为

$$\sigma = \sqrt{S/(20+k-1)}$$

第二目标是使各平台任务量均衡，则有

$$\min Z_2 = \min\sqrt{S/(n+k-1)}$$

综上所述，我们得到的总模型为

$$\min Z_1 = TT$$

$$\min Z_2 = \sqrt{S/(n+k-1)}$$

$$\text{s.t.}\begin{cases}
\sum_{i=1}^{92}x_{ij} = 1, & j = 1,2,\cdots,92 \\
\sum_{i=1}^{92}y_i = 20+k \\
w_i = \sum_{j=1}^{92}x_{ij}\cdot f_j, & i = 1,2,\cdots,92 \\
\bar{w} = \sum_{i=1}^{92}w_i/20+k \\
S = \sum_{i=1}^{92}w_i^2 - (20+k)\cdot\bar{w}^2 \\
t_j = \sum_{i=1}^{92}(x_{ij}\cdot d_{ij})/v, & j = 1,2,\cdots,92 \\
t_j \leqslant D, & j = 1,2,\cdots,92 \\
x_{ij} \leqslant y_i, & i,j = 1,2,\cdots,92 \\
y_i = 1, & i = 1,2,\cdots,20 \\
x_{ij} = 0\text{或}1, & i,j = 1,2,\cdots,92 \\
y_i = 0\text{或}1, & i = 21,\cdots,92
\end{cases}$$

求解该问题的 LINGO 程序如下（b2011_3.lg4）。增加平台数 $k = 4$，所增加平台的出警最短时间为 2.7083min，所选平台为 28, 38, 61, 92。另外也可考虑设计其他简单算法来实现。

```
model:
sets:
Plat/1..92/:Y;
Kou/1..92/:T;
Assign(Plat,Kou):dis,x;
endsets
data:
v=1000;
```

```
dis=@file('d:\lingo12\dat\dt2.txt');        !92*92 个路口间的距离矩阵;
@text()=@writefor(Plat(i)|Y(i)#GT#0:'Y(',i,')=',Y(i),';');
@text()=@writefor(Assign(i,j)|x(i,j)#GT#0:'x(',i,',',j,')=',x(i,j),';');
k=4;                                         !增加平台数;
enddata

min=D;
!D<=12.69;
@for(kou(j):t(j)=@sum(Plat(i):x(i,j)*dis(i,j))/v);
                                             !到第 j 个路口的时间;
@for(kou(j):t(j)<=D);
@for(Plat(i):@for(Kou(j):x(i,j)<=Y(i)));     !第 i 个平台最多管理一个路口;
@for(Kou(j):@sum(Plat(i):x(i,j))=1);         !恰好有一个平台管理第 j 个路口;
@for(Plat(i)|i#LE#20:Y(i)=1);                !前 20 个路口已经成为平台;
@sum(Plat(i):Y(i))=20+k;
@for(Assign(i,j):@bin(x(i,j)));
@for(Plat(i):@bin(Y(i)));
end
```

下面利用贪婪法来求解问题（3）。

每次从最长出警时间超过 3min 的路口中选取使最长时间最短的路口作为平台，直到每个路口到平台的时间都不超过 3min 为止，其计算程序为后文的 b2011_3.m。

对于 A 区，路口数为 92，平台数为 20，最长出警时间超过 3min 的路口有 6 个。计算结果如下：

```
Kp=1 Plat=28 maxT=4.1902
Kp=2 Plat=61 maxT=3.6822
Kp=3 Plat=38 maxT=3.6013
Kp=4 Plat=92 maxT=2.7083
```

由运行结果可知，增加 4 个平台为最佳方案。

求解问题（4）　考虑全市 6 个区新增平台情形（附加问题）

对于 B 区，路口数为 73，平台数为 8，最长出警时间超过 3min 的路口有 6 个，其路口号分别为 122, 123, 124, 151, 152 ,153，对应的平台号分别为 94, 94, 96, 96, 99, 99，对应的最长出警时间（单位为 min）分别为 3.29, 3.37, 3.21, 3.19, 3.37, 4.47。

增加平台数的计算结果如下：

```
Kp=1 Plat=151 maxT=3.3653
Kp=2 Plat=122 maxT=2.9863
```

对于 B 区，增加两个平台，最长出警时间为 2.9863min。

其他区也可采用该程序进行计算，可以发现若要满足最长出警时间不超过 3min，则需要增加的平台数较多。

考虑全区整体情况，增加平台数量及对应最长出警时间如图 11.19 所示。

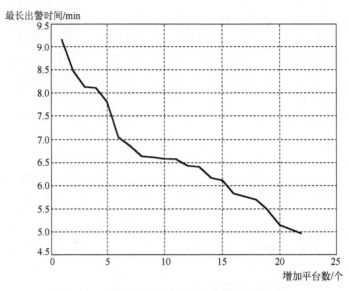

图 11.19　增加平台数量及对应最长出警时间

　　全区的路口数为 582 个，平台数为 80 个，最长出警时间超过 3min 的路口有 138 个。增加平台数和最长出警时间如下：

```
Kp=1  Plat=389 maxT=9.1609
Kp=2  Plat=329 maxT=8.4671
Kp=3  Plat=387 maxT=8.1188
Kp=4  Plat=417 maxT=8.1069
Kp=5  Plat=362 maxT=7.8085
Kp=6  Plat=248 maxT=7.0418
Kp=7  Plat=540 maxT=6.8605
Kp=8  Plat=199 maxT=6.6223
Kp=9  Plat=259 maxT=6.6068
Kp=10 Plat=505 maxT=6.5832
Kp=11 Plat=569 maxT=6.5686
Kp=12 Plat=28  maxT=6.4259
Kp=13 Plat=369 maxT=6.4152
Kp=14 Plat=261 maxT=6.1636
Kp=15 Plat=574 maxT=6.1112
Kp=16 Plat=200 maxT=5.8259
Kp=17 Plat=29  maxT=5.7575
Kp=18 Plat=578 maxT=5.6953
Kp=19 Plat=239 maxT=5.4752
Kp=20 Plat=300 maxT=5.1506
Kp=21 Plat=418 maxT=5.0529
Kp=22 Plat=370 maxT=4.9555
```

　　从该结果来看，要让最长出警时间不足 3min，则需要增加很多平台，具体数量根据实际情况确定即可。

　　在求解本例过程中，需要将 MATLAB 编程与 LINGO 编程相结合。利用 MATLAB 可以进行数据预处理，根据 Floyd 算法进行最短路径计算，对包围路线作图，以及对自己设计的算法进行计算。利用 LINGO 则可以直接根据模型进行优化计算，而通过 MATLAB 输出其中使用的大量数据。通过 MATLAB 和 LINGO 相互结合完成计算是近年来在数学建模竞赛中经常使用的方法。

数据预处理及输出数据文件的 MATLAB 程序如下（b2011_1.m）。

```
%初始数据处理，作图，并得到 92 个路口之间的最短路径 A(92,92)
%计算并输出 20 个平台与 13 个路口之间的距离 dis1.txt
%输出 20 个路口到 92 个路口的距离矩阵 20*92，dt1.txt，92 个路口案发数 ft1.txt
%输出 92 个路口距离矩阵 92*92，dt2.txt

load DA.txt                    %所有路口(582 个)，x 坐标，y 坐标，区域，案发率
%街道数据
load DB.txt;                   %连接线，928 条
DA=DA(1:92,:);                 %取前 92 个路口信息

[ma,na]=size(DA);
[mb,nb]=size(DB);

pos=[12,14,16,21,22,23,24,28,29,30,38,48,62];       %A 区出入口位置

%1~20 个平台

k=20;
x=DA(:,2);  y=DA(:,3); f=DA(:,5);  %分别获得 k 个路口的 x 坐标，y 坐标，案发数

plot(x,y,'bo',x(1:k),y(1:k),'g*');%作图，蓝色为所有路口，绿色为前 20 个平台

kp=0;                          %统计 A 区街道数
LineA=zeros(200,2);

for i=1:mb
  if DB(i,1)<=92&&DB(i,2)<=92          %只考虑 A 区的连接
    kp=kp+1;
    LineA(kp,1)=DB(i,1);
    LineA(kp,2)=DB(i,2);
     end
end   %将 A 区街道的起始点和终点分别存储在数组 LineA(kp,1)和 LineA(kp,2)中

hold on
fprintf('A 区街道数%2d\n',kp);

px=zeros(2,1); py=zeros(2,1);

for i=1:kp
px(1)=x(LineA(i,1)); py(1)=y(LineA(i,1));
px(2)=x(LineA(i,2)); py(2)=y(LineA(i,2));
 plot(px,py);                          %将 A 区所有街道相连
```

```
        end


    %利用 Floyd 算法求任意两点之间的最短路径

    v=1000;                          %每分钟的速度
    n=92;                            %A 区路口数为 92

    A=zeros(n,n);                    %存储任意两点之间的最短路径

    for i=1:n
        for j=1:n
            if(i==j) A(i,j)=0;
            else A(i,j)=1000000;
            end
        end
    end

    for i=1:kp                       %给每条线路赋距离
        point1=LineA(i,1); point2=LineA(i,2);
    p1x=x(point1); p1y=y(point1);
    p2x=x(point2); p2y=y(point2);
    d=sqrt((p1x-p2x)^2+(p1y-p2y)^2);
     A(point1,point2)=d;
     A(point2,point1)=d;
    end

    U=A;                             %原始矩阵

    %1.1 利用 Floyd 算法计算最短距离矩阵
     for k=1:n
    for i=1 :n
        for j=1:n
            t=A(i,k)+A(k,j);
            if t<A(i,j)  A(i,j)=t; end
            end     %end for j
            end %end for i
    end   %end for k

    A=100*A;                         %每 mm 代表 100m，得到以 m 为单位的距离

    Dis=zeros(20,13);                %存储 20 个平台和 13 个交通要道的距离
      for i=1:20
        for j=1:13
            ip=i;                    %第 ip 个平台
            jp=pos(j);               %第 jp 个路口
            Dis(i,j)=A(ip,jp);
```

```
        end
    end                                      %获得 20 个平台和 13 个交通要道（路口）的距离矩阵

%输出 20 个平台与 13 个路口之间的距离
    fid=fopen('d:\lingo12\dat\dis1.txt','w');
    for i=1:20
        for j=1:13
            fprintf(fid,'%6.2f ',Dis(i,j));
        end
        fprintf(fid,'\r\n');
    end

    fclose(fid);

 n=92;                              %路口数
 m=20;                              %平台数
Plat=1:m;                           %平台

  T=zeros(1,n);                     %存储到各个路口的时间
  S=zeros(1,n);                     %存储到各个路口时间最短的平台号

    %求到各个路口的最短时间和对应的平台号
for j=1:n
    jp=j;                           %路口
      mint=1000;
    for i=1:m
        ip=Plat(i);                 %平台
      t=A(ip,jp)/v;
      if t<mint mint=t; xu=ip; end
    end

    T(j)=mint;                      %到第 j 个路口的最短时间
    S(j)=xu;                        %到第 j 个路口的最短时间的平台号
end

%计算各个路口到平台的最短时间
fprintf('到平台超过 3min 的路口信息\n');
fprintf('路口,平台,最短时间,任务量\n');
  U=ones(1,n);
for j=1:n
  if T(j)>3.0  U(j)=0;
      fprintf('%2d  %2d  %6.2f %6.2f\n',j,S(j),T(j), f(j));
  end
end                                        %输出出警超过 3min 到达的路口

 fid=fopen('d:\lingo12\dat\dt1.txt','w'); %输出 20*92 的距离矩阵
```

```
        for i=1:20
            for j=1:92
                fprintf(fid,'%6.1f ',A(i,j));
            end
            fprintf(fid,'\r\n');
        end
        fclose(fid);

        fid=fopen('d:\lingo12\dat\dt2.txt','w');        %输出 A 区 92*92 的距离矩阵
        for i=1:92
            for j=1:92
                fprintf(fid,'%6.1f ',A(i,j));
            end
            fprintf(fid,'\r\n');
        end
        fclose(fid);

        fid=fopen('d:\lingo12\dat\ft1.txt','w');        %输出剩余 92 个路口的任务量
        for j=1:92
            fprintf(fid,'%5.1f\r\n', f(j));
        end
        fclose(fid);
```

%此段程序对 LINGO 程序 b2011_1.lg4 的计算结果进行整理，注意在开始时不需要 TEST=1
　%当 TEST=1 时，对利用 LINGO 计算的结果进行规范输出，便于阅读和写作

```
    if TEST==1
            %对利用 LINGO 求解的结果进行整合，重新按照规范格式输出
            x=zeros(20,92);
    %将利用 LINGO 的计算结果复制到下方
x(1,1)=1;x(1,71)=1;x(1,73)=1;x(1,74)=1;x(1,76)=1;x(1,77)=1;x(1,79)=1;
x(2,2)=1;x(2,39)=1;x(2,42)=1;x(2,44)=1;x(2,69)=1;x(3,3)=1;x(3,43)=1;
x(3,54)=1;x(3,55)=1;x(3,65)=1;x(3,68)=1;x(4,4)=1;x(4,57)=1;x(4,60)=1;
x(4,62)=1;x(4,63)=1;x(4,64)=1;x(4,66)=1;x(5,5)=1;x(5,49)=1;x(5,52)=1;
x(5,53)=1;x(5,59)=1;x(6,6)=1;x(6,50)=1;x(6,51)=1;x(6,56)=1;x(6,58)=1;
x(7,7)=1;x(7,30)=1;x(7,48)=1;x(7,61)=1;x(8,8)=1;x(8,33)=1;x(8,46)=1;
x(8,47)=1;x(9,9)=1;x(9,32)=1;x(9,34)=1;x(9,35)=1;x(10,10)=1;x(11,11)=1;
x(11,26)=1;x(11,27)=1;x(12,12)=1;x(12,25)=1;x(13,13)=1;x(13,21)=1;
x(13,22)=1;x(13,23)=1;x(13,24)=1;x(14,14)=1;x(15,15)=1;x(15,28)=1;
x(15,29)=1;x(15,31)=1;x(16,16)=1;x(16,36)=1;x(16,37)=1;x(16,38)=1;
x(16,45)=1;x(17,17)=1;x(17,40)=1;x(17,41)=1;x(17,70)=1;x(17,72)=1;
x(18,18)=1;x(18,83)=1;x(18,85)=1;x(18,88)=1;x(18,89)=1;x(18,90)=1;
x(19,19)=1;x(19,67)=1;x(19,75)=1;x(19,78)=1;x(19,80)=1;x(19,81)=1;
x(19,82)=1;x(20,20)=1;x(20,84)=1;x(20,86)=1;x(20,87)=1;x(20,91)=1;
x(20,92)=1;
```

```
%输出每个平台管理的路口、任务量、最长时间
fprintf('\n 第（1）问 LINGO 求解结果的输出.\n');
fprintf('平台,管理的路口,任务量,最长时间:\n');


 TT=zeros(20,1);
 W=zeros(20,1);
  for i=1:20
     fprintf('%2d:',i);                          %平台


     TT(i)=0;
      s1=0;


     for j=1:92
        if x(i,j)==1
           s1=s1+f(j);
           t=A(i,j)/v;
           if t>TT(i)  TT(i)=t;end
           fprintf('%2d,',j);                    %管理的路口
        end
        W(i)=s1;
     end %end j
     fprintf('  W=%5.2f  T=%5.2f\n',W(i),TT(i));
                                %输出该平台的任务量及最长时间
  end    %end i
     end
```

11.3　案例 3　五连珠问题

问题 1：特殊问题

如图 11.20 所示，在 6×7 的长方形棋盘的每个小方格的中心点各放一枚棋子，如果两枚棋子所在的小方格共边或共顶点，那么称这两枚棋子相连。现从这 42 枚棋子中取出一些棋子，使得棋盘上剩下的棋子没有 5 个在一条直线（横、竖、斜方向）上依次相连。请用数学的方法解决最少取出多少枚棋子才可能满足要求，并说明理由。

提示：如果要证明至少需要取出 k 枚棋子，那么可采用的一种思路是：理论上证明取 $k-1$ 枚棋子不能满足要求，而确实能找到一种取出 k 枚棋子就可以满足要求的取法。

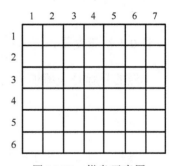

图 11.20　棋盘示意图

另一种思路是：采用一种方法证明至少需要取 k 枚棋子才能满足要求，而确实能找到一种取出 k 枚棋子就可以满足要求的取法。当然还有其他思路，在这个具体问题中，请用数学方法解决该问题。

问题 2：二维一般问题

对问题 1 中使用的数学方法只能解决规模很小的问题，而且针对不同的规模，使用的数学方法也不同，这样就不具有一般性。如果现在需要从一般性的角度考虑，那么将如何解决这个问题呢？一个很自然的想法是利用数学建模的方法建立一般模型，然后设计算法或利用软件求解。基于此，针对任意规模 $m \times n$ 的棋盘，要求满足的条件与问题 1 相同，问至少去掉多少枚棋子，可以使没有 5 枚棋子在一条直线（横、竖、斜方向）上依次相连，并对 13×17 的长方形棋盘给出具体的求解结果，将最后结果以直观的棋盘表格显示。

问题 3：三维问题

若将该二维平面网格扩展到三维空间，得到一个 $m \times n \times p$ 的空间长方体网格。每个格子都是一个 1×1×1 的小正方体，在这些格子中同样都填满了棋子，现要从中抽取一部分，使得在每种平面上（包括横向所截的 m 个平面，纵向所截的 n 个平面，竖直方向所截的 p 个平面）在横向、纵向、斜方向上都不出现 5 枚棋子相连，并且要求在空间斜线上也不出现 5 枚棋子相连，问最少去掉多少枚棋子可以满足要求，建立解决一般问题的数学模型，并针对 6×7×6 的空间网格用计算机求解，给出具体的结果。

提示：如果用 (i, j, k) 三维坐标表示空间的每个格子，对 6×7×6 网格，有 $i = 1, 2, \cdots, 6; j = 1, 2, \cdots, 7; k = 1, 2, \cdots, 6$。可以通过判断这些格子是否在一条空间直线上来判断某些格子是否共线。如 $(1, 1, 1), (2, 2, 2), (3, 3, 3,), (4, 4, 4), (5, 5, 5), (6, 6, 6)$ 这些格子在一条斜线上，$(1, 7, 1), (2, 6, 2), (3, 5, 3), (4, 4, 4), (5, 3, 5), (6, 2, 6)$ 这些格子在一条斜线上。

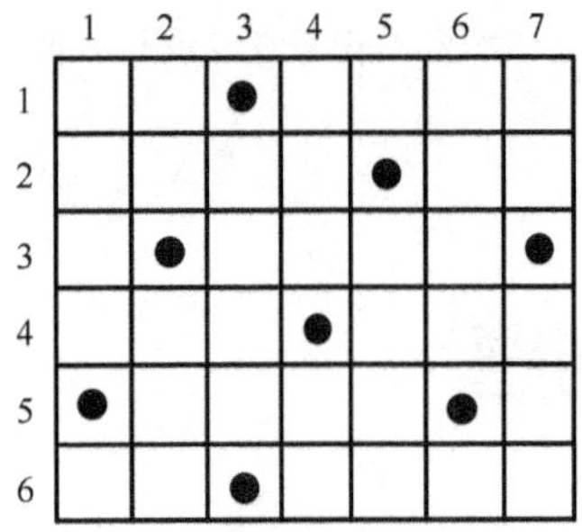

图 11.21 一种去掉 8 枚棋子能满足条件的方案

解答问题 1：假设至少去掉 8 枚棋子。

证明：对前 5 列，每行至少需要去掉 1 枚棋子，则前 5 列至少需要去掉 6 枚棋子。对后两列，每列至少需要去掉 1 枚棋子，因此后两列至少需要去掉 2 枚棋子，则总的至少需要去掉 8 枚棋子。

图 11.21 是一种去掉 8 枚棋子能满足条件的方案。

解答问题 2：对 $m \times n$ 的五连珠问题，建立一般线性规划模型如下：

设 0-1 决策变量，$x_{ij} = \begin{cases} 1, & \text{去掉}(i, j)\text{格子中的棋子} \\ 0, & \text{不去掉}(i, j)\text{格子中的棋子} \end{cases}$

本题的目标是去掉棋子数最少，则有目标函数为

$$\min Z = \sum_{i=1}^{m} \sum_{j=1}^{n} x_{ij}$$

在每行连续 5 个格子中至少要去掉 1 枚棋子，则有

$$\sum_{r=0}^{4} x_{i, j+r} \geq 1, \quad i = 1, 2, \cdots, m; j = 1, 2, \cdots, n-4$$

在每列连续 5 个格子中至少要去掉 1 枚棋子，则有

$$\sum_{r=0}^{4} x_{i+r,j} \geq 1, \qquad i = 1, 2, \cdots, m-4; j = 1, 2, \cdots, n$$

在每条反斜线上连续 5 个格子中至少要去掉 1 枚棋子，则有

$$\sum_{r=0}^{4} x_{i+r,j+r} \geq 1, \qquad i = 1, 2, \cdots, m-4; j = 1, 2, \cdots, n-4$$

在每条正斜线上连续 5 个格子中至少要去掉 1 枚棋子，则有

$$\sum_{r=0}^{4} x_{i+r,j+4-r} \geq 1, \qquad i = 1, 2, \cdots, m-4; j = 1, 2, \cdots, n-4$$

因此总的线性规划模型为

$$\min Z = \sum_{i=1}^{m} \sum_{j=1}^{n} x_{ij}$$

约束总数为

$$S = m(n-4) + (m-4)n + 2(m-4)(n-4)$$
$$= 4mn - 12(m+n) + 32$$

当 $m = 13$，$n = 17$ 时，$S = 556$。

约束条件为

$$\text{s.t.} \begin{cases} \displaystyle\sum_{r=0}^{4} x_{i,j+r} \geq 1, & i = 1, 2, \cdots, m; j = 1, 2, \cdots, n-4 \\[2ex] \displaystyle\sum_{r=0}^{4} x_{i+rj} \geq 1, & i = 1, 2, \cdots, n; j = 1, 2, \cdots, m-4 \\[2ex] \displaystyle\sum_{r=0}^{4} x_{i+r,j+r} \geq 1, & i = 1, 2, \cdots, m-4; j = 1, 2, \cdots, n-4 \\[2ex] \displaystyle\sum_{r=0}^{4} x_{i+r,j+4-r} \geq 1, & i = 1, 2, \cdots, m-4; j = 1, 2, \cdots, n-4 \\[2ex] x_{ij} = 0\text{或}1 \end{cases}$$

求解问题 2 的 LINGO 程序如下（见 chess1.lg4）。

```
!13*17 的五连珠问题;
model:
sets:
Line/1..13/;
Column/1..17/;
Lnum/1..9/;
Cnum/1..13/;
Rnum/1..5/;
assign(Line,column):x;
```

```
endsets
data:
@text()=@writefor(Assign(i,j)|x(i,j)#GT#0:'x(',i,',',j,')=',x(i,j),'');
enddata

min=@sum(assign(i,j):x(i,j));

!单方向改变的约束;
@for(Lnum(i):@for(column(j):@sum(Rnum(r):x(i+r-1,j))>=1));
                          !i+方向得到的约束;
@for(Line(i):@for(Cnum(j):@sum(Rnum(r):x(i,j+r-1))>=1));
                          !j+方向得到的约束;
@for(Lnum(i):@for(Cnum(j):x(i,j)+x(i+1,j+1)+x(i+2,j+2)+x(i+3,j+3)+
x(i+4,j+4)>=1));          !反斜线约束;
@for(Lnum(i):@for(Cnum(j):x(i,j+4)+x(i+1,j+3)+x(i+2,j+2)+x(i+3,j+1)+
x(i+4,j)>=1));            !正斜线;

@for(assign(i,j):@bin(x(i,j)));
end
      x(1, 5) = 1 x(1, 10) = 1 x(1, 15) = 1 x(2, 3) = 1 x(2, 8) = 1 x(2, 13) = 1
x(3, 1) = 1 x(3, 6) = 1 x(3, 11) = 1 x(3, 16) = 1 x(4, 4) = 1 x(4, 9) = 1 x(4,
14) = 1 x(5, 2) = 1 x(5, 7) = 1 x(5, 12) = 1 x(5, 17) = 1 x(6, 5) = 1 x(6, 10) = 1
x(6, 15) = 1 x(7, 3) = 1 x(7, 8) = 1 x(7, 13) = 1 x(8, 1) = 1 x(8, 6) = 1 x(8,
11) = 1 x(8, 16) = 1 x(9, 4) = 1 x(9, 9) = 1 x(9, 14) = 1 x(10, 2) = 1 x(10,
7) = 1 x(10, 12) = 1 x(10, 17) = 1 x(11, 5) = 1 x(11, 10) = 1 x(11, 15) = 1 x(12,
3) = 1 x(12, 8) = 1 x(12, 13) = 1 x(13, 1) = 1 x(13, 6) = 1 x(13, 11) = 1 x(13,
16) = 1
```

求解问题 2 的方案如图 11.22 所示。

求解问题 3：对 $m \times n \times p$ 的五连珠问题，建立一般线性规划模型如下：

设 0-1 决策变量，$x_{ijk} = \begin{cases} 1, & 去掉(i,j,k)格子中的棋子 \\ 0, & 不去掉(i,j,k)格子中的棋子 \end{cases}$

本题的目标是去掉棋子数最少，则有目标函数为

$$\min Z = \sum_{i=1}^{m}\sum_{j=1}^{n}\sum_{k=1}^{p} x_{ijk}$$

设三个方向分别为 x 轴方向、y 轴方向、z 轴方向。

（1）只变一个方向的约束。

沿 $(i,j,k) \rightarrow (i+1,j,k)$ 方向的约束为

$$\sum_{r=0}^{4} x_{i+r,j,k} \geq 1, \quad i=1,2,\cdots,m-4; j=1,2,\cdots,n; k=1,2,\cdots,p$$

沿 $(i,j,k) \rightarrow (i,j+1,k)$ 方向的约束为

$$\sum_{r=0}^{4} x_{i,j+r,k} \geq 1, \qquad i=1,2,\cdots,m; j=1,2,\cdots,n-4; k=1,2,\cdots,p$$

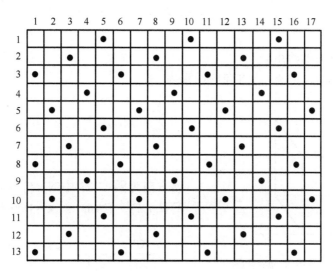

图 11.22　求解问题 2 的方案

沿 $(i,j,k) \to (i,j,k+1)$ 方向的约束为

$$\sum_{r=0}^{4} x_{i,j,k+r} \geq 1, \qquad i=1,2,\cdots,m; j=1,2,\cdots,n; k=1,2,\cdots,p-4$$

（2）变两个方向的约束。

沿 $(i,j,k) \to (i+1,j+1,k)$ 方向的约束为

$$\sum_{r=0}^{4} x_{i+r,j+r,k} \geq 1, \qquad i=1,2,\cdots,m-4; j=1,2,\cdots,n-4; k=1,2,\cdots,p$$

沿 $(i,j,k) \to (i+1,j-1,k)$ 方向的约束为

$$\sum_{r=0}^{4} x_{i+r,j+4-r,k} \geq 1, \qquad i=1,2,\cdots,m-4; j=1,2,\cdots,n-4; k=1,2,\cdots,p$$

沿 $(i,j,k) \to (i,j+1,k+1)$ 方向的约束为

$$\sum_{r=0}^{4} x_{i,j+r,k+r} \geq 1, \qquad i=1,2,\cdots,m; j=1,2,\cdots,n-4; k=1,2,\cdots,p-4$$

沿 $(i,j,k) \to (i,j+1,k-1)$ 方向的约束为

$$\sum_{r=0}^{4} x_{i,j+r,k+4-r} \geq 1, \qquad i=1,2,\cdots,m; j=1,2,\cdots,n-4; k=1,2,\cdots,p-4$$

沿 $(i,j,k) \to (i+1,j,k+1)$ 方向的约束为

$$\sum_{r=0}^{4} x_{i+r,j,k+r} \geq 1, \qquad i=1,2,\cdots,m-4; j=1,2,\cdots,n; k=1,2,\cdots,p-4$$

沿 $(i,j,k) \rightarrow (i+1,j,k-1)$ 方向的约束为

$$\sum_{r=0}^{4} x_{i+r,j,k+4-r} \geq 1, \quad i=1,2,\cdots,m-4; j=1,2,\cdots,n; k=1,2,\cdots,p-4$$

（3）变三个方向的约束。

沿 $(i,j,k) \rightarrow (i+1,j+1,k+1)$ 方向的约束为

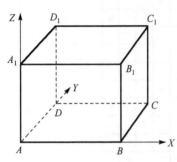

图 11.23　4 条空间对角线方向示意图

$$\sum_{r=0}^{4} x_{i+r,j+r,k+r} \geq 1, \quad i=1,\cdots,m-4; j=1,\cdots,$$
$$n-4; k=1,\cdots,p-4$$

该方向为图 11.23 中的 AC_1 方向 $(1,1,1)$。
沿 $(i,j,k) \rightarrow (i+1,j+1,k-1)$ 方向的约束为

$$\sum_{r=0}^{4} x_{i+r,j+r,k+4-r} \geq 1, \quad i=1,\cdots,m-4;$$
$$j=1,\cdots,n-4; k=1,\cdots,p-4$$

该方向为图 11.23 中的 A_1C 方向 $(1,1,-1)$。
沿 $(i,j,k) \rightarrow (i+1,j-1,k+1)$ 方向的约束为

$$\sum_{r=0}^{4} x_{i+r,j+4-r,k+r} \geq 1, \quad i=1,\cdots,m-4; j=1,\cdots,n-4; k=1,\cdots,p-4$$

该方向为图 11.23 中的 DB_1 方向 $(1,-1,1)$。
沿 $(i,j,k) \rightarrow (i+1,j-1,k-1)$ 方向的约束为

$$\sum_{r=0}^{4} x_{i+r,j+4-r,k+4-r} \geq 1, \quad i=1,\cdots,m-4; j=1,\cdots,n-4; k=1,\cdots,p-4$$

该方向为图 11.23 中的 D_1B 方向 $(1,-1,-1)$。
共有约束 3+6+4 = 13（类）。约束总数为

$$S = mn(p-4)+m(n-4)p+(m-4)np+$$
$$2[(m-4)(n-4)p+(m-4)n(p-4)+m(n-4)(p-4)]+$$
$$4(m-4)(n-4)(p-4)$$
$$=13mnp-36(mn+mp+np)+96(m+n+p)-256$$

当 $m=6, n=7, p=6$ 时，$S=524$。
因此总的线性规划模型为

$$\min Z = \sum_{i=1}^{m}\sum_{j=1}^{n}\sum_{k=1}^{p} x_{ijk}$$

$$\text{s.t.} \begin{cases} \displaystyle\sum_{r=0}^{4} x_{i+r,j,k} \geq 1, & i=1,2,\cdots,m-4; j=1,2,\cdots,n; k=1,2,\cdots,p \\[3mm] \displaystyle\sum_{r=0}^{4} x_{i,j+r,k} \geq 1, & i=1,2,\cdots,m; j=1,2,\cdots,n-4; k=1,2,\cdots,p \\[3mm] \displaystyle\sum_{r=0}^{4} x_{i,j,k+r} \geq 1, & i=1,2,\cdots,m; j=1,2,\cdots,n; k=1,2,\cdots,p-4 \\[3mm] \displaystyle\sum_{r=0}^{4} x_{i+r,j+r,k} \geq 1, & i=1,2,\cdots,m-4; j=1,2,\cdots,n-4; k=1,2,\cdots,p \\[3mm] \displaystyle\sum_{r=0}^{4} x_{i+r,j+4-r,k} \geq 1, & i=1,2,\cdots,m-4; j=1,2,\cdots,n-4; k=1,2,\cdots,p \\[3mm] \displaystyle\sum_{r=0}^{4} x_{i,j+r,k+r} \geq 1, & i=1,2,\cdots,m; j=1,2,\cdots,n-4; k=1,2,\cdots,p-4 \\[3mm] \displaystyle\sum_{r=0}^{4} x_{i,j+r,k+4-r} \geq 1, & i=1,2,\cdots,m; j=1,2,\cdots,n-4; k=1,2,\cdots,p-4 \\[3mm] \displaystyle\sum_{r=0}^{4} x_{i+r,j,k+r} \geq 1, & i=1,2,\cdots,m-4; j=1,2,\cdots,n; k=1,2,\cdots,p-4 \\[3mm] \displaystyle\sum_{r=0}^{4} x_{i+r,j,k+4-r} \geq 1, & i=1,2,\cdots,m-4; j=1,2,\cdots,n; k=1,2,\cdots,p-4 \\[3mm] \displaystyle\sum_{r=0}^{4} x_{i+r,j+r,k+r} \geq 1, & i=1,2,\cdots,m-4; j=1,2,\cdots,n-4; k=1,2,\cdots,p-4 \\[3mm] \displaystyle\sum_{r=0}^{4} x_{i+r,j+r,k+4-r} \geq 1, & i=1,2,\cdots,m-4; j=1,2,\cdots,n-4; k=1,2,\cdots,p-4 \\[3mm] \displaystyle\sum_{r=0}^{4} x_{i+r,j+4-r,k+r} \geq 1, & i=1,2,\cdots,m-4; j=1,2,\cdots,n-4; k=1,2,\cdots,p-4 \\[3mm] \displaystyle\sum_{r=0}^{4} x_{i+r,j+4-r,k+4-r} \geq 1, & i=1,2,\cdots,m-4; j=1,2,\cdots,n-4; k=1,2,\cdots,p-4 \\[3mm] x_{ijk}=0\text{或}1, & i=1,2,\cdots,m; j=1,2,\cdots,n; k=1,2,\cdots,p \end{cases}$$

求解结果如下：

```
    minZ = 64
    x(1, 1, 2) = 1 x(1, 2, 5) = 1 x(1, 3, 1) = 1 x(1, 3, 3) = 1 x(1, 4, 1) = 1
x(1, 4, 6) = 1 x(1, 5, 2) = 1 x(1, 5, 4) = 1 x(1, 6, 2) = 1 x(1, 7, 5) = 1 x(2,
1, 1) = 1 x(2, 1, 3) = 1 x(2, 1, 6) = 1 x(2, 2, 4) = 1 x(2, 3, 2) = 1 x(2, 4,
4) = 1 x(2, 4, 5) = 1 x(2, 5, 5) = 1 x(2, 6, 1) = 1 x(2, 6, 3) = 1 x(2, 6, 6) = 1
x(2, 7, 1) = 1 x(2, 7, 5) = 1 x(3, 1, 4) = 1 x(3, 2, 3) = 1 x(3, 3, 3) = 1 x(3,
3, 5) = 1 x(3, 3, 6) = 1 x(3, 4, 1) = 1 x(3, 4, 3) = 1 x(3, 4, 4) = 1 x(3, 5,
2) = 1 x(3, 6, 4) = 1 x(3, 7, 3) = 1 x(4, 1, 2) = 1 x(4, 2, 1) = 1 x(4, 2, 4) = 1
```

```
x(4, 3, 1) = 1 x(4, 3, 3) = 1 x(4, 3, 5) = 1 x(4, 4, 3) = 1 x(4, 4, 4) = 1 x(4,
5, 4) = 1 x(4, 5, 6) = 1 x(4, 6, 2) = 1 x(4, 7, 4) = 1 x(5, 1, 5) = 1 x(5, 2,
2) = 1 x(5, 2, 6) = 1 x(5, 3, 4) = 1 x(5, 4, 2) = 1 x(5, 5, 1) = 1 x(5, 5, 3) = 1
x(5, 6, 5) = 1 x(5, 7, 2) = 1 x(5, 7, 6) = 1 x(6, 1, 2) = 1 x(6, 2, 5) = 1 x(6,
3, 3) = 1 x(6, 4, 1) = 1 x(6, 4, 6) = 1 x(6, 5, 4) = 1 x(6, 6, 2) = 1 x(6, 7,
5) = 1
```

求解问题 3 的 LINGO 程序如下（见 chess2.lg4）。

```
model:
sets:
xzhou/1..6/;
yzhou/1..7/;
zzhou/1..6/;
numx/1..2/;
numy/1..3/;
numz/1..2/;
numr/1..5/;
assign(xzhou,yzhou,zzhou):x;
endsets
data:
@text()=@writefor(Assign(i,j,k)|x(i,j,k)#GT#0:'x(',i,',',j,',',k,')=',
x(i,j,k),' ');
enddata

min=@sum(assign(i,j,k):x(i,j,k));

!单方向改变的约束;
@for(numx(i):@for(yzhou(j):@for(zzhou(k):@sum(numr(r):x(i+r-1,j,k))>
=1)));                          !i+方向得到的约束;
@for(xzhou(i):@for(numy(j):@for(zzhou(k):@sum(numr(r):x(i,j+r-1,k))>
=1)));                          !j+方向得到的约束;
@for(xzhou(i):@for(yzhou(j):@for(numz(k):@sum(numr(r):x(i,j,k+r-1))>
=1)));                          !k+方向得到的约束;

!两个方向都改变的约束;
@for(numx(i):@for(numy(j):@for(zzhou(k):@sum(numr(r):x(i+r-1,j+r-1,
k))>=1)));                      !i+,j+方向得到的约束;
@for(numx(i):@for(numy(j):@for(zzhou(k):@sum(numr(r):x(i+r-1,j+5-r,
k))>=1)));                      !i+,j-方向得到的约束;
@for(xzhou(i):@for(numy(j):@for(numz(k):@sum(numr(r):x(i,j+r-1,k+
r-1))>=1)));                    !j+,k+方向得到的约束;
@for(xzhou(i):@for(numy(j):@for(numz(k):@sum(numr(r):x(i,j+r-1,k+5-
r))>=1)));                      !j+,k-方向得到的约束;
@for(numx(i):@for(yzhou(j):@for(numz(k):@sum(numr(r):x(i+r-1,j,k+r-
1))>=1)));                      !i+,k+方向得到的约束;
@for(numx(i):@for(yzhou(j):@for(numz(k):@sum(numr(r):x(i+r-1,j,k+5-
```

```
r))>=1)));                          !i+,k-方向得到的约束;
!三个方向都改变的约束;
@for(numx(i):@for(numy(j):@for(numz(k):@sum(numr(r):x(i+r-1,j+r-1,k+
r-1))>=1)));                        !i+,j+,k+方向得到的约束;
@for(numx(i):@for(numy(j):@for(numz(k):@sum(numr(r):x(i+r-1,j+r-1,k+
5-r))>=1)));                        !i+,j+,k-方向得到的约束;
@for(numx(i):@for(numy(j):@for(numz(k):@sum(numr(r):x(i+r-1,j+5-r,k+
r-1))>=1)));                        !i+,j-,k+方向得到的约束;
@for(numx(i):@for(numy(j):@for(numz(k):@sum(numr(r):x(i+r-1,j+5-r,k+
5-r))>=1)));                        !i+,j-,k-方向得到的约束;
@for(assign(i,j,k):@bin(x(i,j,k)));
end
```

第12章　竞赛实战建模案例（二）

12.1　案例1　校车安排问题

许多学校都建有新校区，常常需要将老校区的教师和工作人员用校车送到新校区。由于每天到新校区的教师和工作人员很多，往往需要安排许多辆校车。如何有效地安排校车，让教师和工作人员尽量满意是一个十分重要的问题。假设老校区的教师和工作人员分布在50个区域，各区域距离如表12.1所示，各区人员分布如表12.2所示。

表 12.1　各区域距离

区域号	区域号	距离/m	区域号	区域号	距离/m	区域号	区域号	距离/m
1	2	400	15	16	170	27	28	190
1	3	450	15	17	250	28	29	260
2	4	300	16	17	140	29	31	190
2	21	230	16	18	130	30	31	240
2	47	140	17	27	240	30	42	130
3	4	600	18	19	204	30	43	210
4	5	210	18	25	180	31	32	230
4	19	310	19	20	140	31	36	260
5	6	230	19	24	175	31	50	210
5	7	200	20	21	180	32	33	190
6	7	320	20	24	190	32	35	140
6	8	340	21	22	300	32	36	240
7	8	170	21	23	270	33	34	210
7	18	160	21	47	350	35	37	160
8	9	200	22	44	160	36	39	180
8	15	285	22	45	270	36	40	190
9	10	180	22	48	180	37	38	135
10	11	150	23	24	240	38	39	130
10	15	160	23	29	210	39	41	310
11	12	140	23	30	290	40	41	140
11	14	130	23	44	150	40	50	190
12	13	200	24	25	170	42	50	200
13	34	400	24	28	130	43	44	260
14	15	190	26	27	140	43	45	210
14	26	190	26	34	320	45	46	240
46	48	280	48	49	200			

表 12.2　各区人员分布

区域号	人数/人	区域号	人数/人	区域号	人数/人	区域号	人数/人
1	65	14	21	27	94	40	40
2	67	15	70	28	18	41	57
3	42	16	85	29	29	42	40
4	34	17	12	30	75	43	69
5	38	18	35	31	10	44	67
6	29	19	48	32	86	45	20
7	17	20	54	33	70	46	18
8	64	21	49	34	56	47	68
9	39	22	12	35	65	48	72
10	20	23	54	36	26	49	76
11	61	24	46	37	80	50	62
12	47	25	76	38	90		
13	66	26	16	39	47		

问题 1：若建立 n 个乘车点，为使各区人员到乘车点的距离最短，则乘车点应建立在哪 n 个点？建立一般模型，并给出当 $n=2$ 或 $n=3$ 时的结果。

问题 2：若考虑每个区的乘车人数，为使教师和工作人员满意度最高，则乘车点应建立在哪 n 个点？建立一般模型，并给出当 $n=2$ 或 $n=3$ 时的结果（假定校车只在始发站载人）。

问题 3：若建立 3 个乘车点，为使教师和工作人员尽量满意，则至少需要安排多少辆校车？给出每个乘车点的位置和校车数（假设每辆车最多载客 47 人）。

以上数据仅供参考，不一定完全符合实际。

准备工作：采用 Floyd 算法求解最短路距离矩阵 $\boldsymbol{B}(i,j)$，$i,j=1,2,\cdots,50$。

算法如下：

（1）先根据题干中的数据给初始矩阵 $\boldsymbol{B}(i,j)$ 赋值，将其中没有给出的距离赋为无穷大或充分大的值，以便于更新。

（2）进行迭代计算。对任意两点 (i,j)，若存在 k，使 $\boldsymbol{B}(i,k)+\boldsymbol{B}(k,j)<\boldsymbol{B}(i,j)$，则更新为

$$\boldsymbol{B}(i,j)=\boldsymbol{B}(i,k)+\boldsymbol{B}(k,j)$$

（3）直到所有点的距离不再更新，停止计算，得到最短路距离矩阵 $\boldsymbol{B}(i,j)$，$i,j=1,2,\cdots,50$。

求解以上问题的 MATLAB 程序如下（见 xiaoche1.m）。

```
n=50;                        %共有 50 个乘车点
A=zeros(n,n);

for i=1:n
    for j=1:n
        if(i==j) A(i,j)=0;
        else A(i,j)=100000;
        end
```

```
        end
    end
A(1,2)=400;   A(1,3)=450;   A(2,4)=300;    A(2,21)=230; A(2,47)=140;
A(3,4)=600;   A(4,5)=210;   A(4,19)=310;   A(5,6)=230;   A(5,7)=200;
A(6,7)=320;   A(6,8)=340;   A(7,8)=170;    A(7,18)=160; A(8,9)=200;
A(8,15)=285; A(9,10)=180;A(10,11)=150;  A(10,15)=160;A(11,12)=140;
A(11,14)=130;A(12,13)=200;A(13,34)=400;A(14,15)=190;A(14,26)=190;
A(15,16)=170;A(15,17)=250;A(16,17)=140;A(16,18)=130;A(17,27)=240;
A(18,19)=204;A(18,25)=180;A(19,20)=140;A(19,24)=175;A(20,21)=180;
A(20,24)=190;A(21,22)=300;A(21,23)=270;A(21,47)=350;A(22,44)=160;
A(22,45)=270;A(22,48)=180;A(23,24)=240;A(23,29)=210;A(23,30)=290;
A(23,44)=150;A(24,25)=170;A(24,28)=130;A(26,27)=140;A(26,34)=320;
A(27,28)=190;A(28,29)=260;A(29,31)=190;A(30,31)=240;A(30,42)=130;
A(30,43)=210;A(31,32)=230;A(31,36)=260;A(31,50)=210;A(32,33)=190;
A(32,35)=140;A(32,36)=240;A(33,34)=210;A(35,37)=160;A(36,39)=180;
A(36,40)=190;A(37,38)=135;A(38,39)=130;A(39,41)=310;A(40,41)=140;
A(40,50)=190;A(42,50)=200;A(43,44)=260;A(43,45)=210;A(45,46)=240;
A(46,48)=280;A(48,49)=200;


for j=1:n
    for i=1:j-1
        A(j,i)=A(i,j);                            %使对称
    end
end


[m,n]=size(A);

B=zeros(m,n);
B=A;

%利用Floyd算法计算最短距离矩阵
for k=1:n
  for i=1 :n
    for j=1:n
        t=B(i,k)+B(k,j);
      if t<B(i,j)  B(i,j)=t; end
    end
  end
end

  %输出最短距离矩阵
fid=fopen('d:\lingo12\dat\distance.txt','w');
  for i=1:n
    for j=1:n
        fprintf(fid,'%4d ',B(i,j));
```

```
        end
        fprintf(fid,'\n');
    end
    fclose(fid);
```

求解问题 1：人员分布在 m 个区，乘车点用决策变量 $X_j(j=1,2,\cdots,m)$ 表示。$X_j=1$ 表示将第 j 个区作为乘车点，$X_j=0$ 表示不将第 j 个区作为乘车点。

每个区的人员到乘车点的路线用决策变量 $Y_{ij}(i,j=1,2,\cdots,m)$ 表示。$Y_{ij}=1$ 表示第 i 个区的人员到第 j 个乘车点乘车；$Y_{ij}=0$ 表示第 i 个区的人员不到第 j 个乘车点乘车。设 d_{ij} 表示第 i 个区到第 j 个区的最短距离，可由 Floyd 算法求出。

目标函数为总距离最短，因此有

$$\min Z = \sum_{i=1}^{m}\sum_{j=1}^{m} d_{ij}Y_{ij}$$

乘车点为 n 个，则有

$$\sum_{j=1}^{m} X_j = n$$

每个区的人员只到有乘车点的区域乘车，则有

$$Y_{ij} \le X_j, \quad i,j=1,2,\cdots,m$$

每个区的人员只到一个乘车点乘车，则有

$$\sum_{j=1}^{m} Y_{ij} = 1, \quad i=1,2,\cdots,m$$

因此总的模型为

$$\min Z = \sum_{i=1}^{m}\sum_{j=1}^{m} d_{ij}Y_{ij}$$

$$\text{s.t.}\begin{cases} \sum_{j=1}^{m} X_j = n \\ Y_{ij} \le X_j, & i,j=1,2,\cdots,m \\ \sum_{j=1}^{m} Y_{ij} = 1, & i=1,2,\cdots,m \\ X_j = 0\text{或}1, & j=1,2,\cdots,m \\ Y_{ij} = 0\text{或}1, & i,j=1,2,\cdots,m \end{cases}$$

求解问题 1 的 LINGO 程序如下（见 xiaoche2.lg4）。

```
model:
sets:
Station/1..50/:X;
Zone/1..50/;
```

```
Assign(Zone,Station):D,Y;
endsets
data:
D=@file('d:\lingo12\dat\distance.txt');
!输出为Y(i,j)和X(j)的值;
@text('d:\dat\Y.txt')=@writefor(Zone(i):@writefor(Station(j):Y(i,j),
' '),@newline(1));
@text('d:\dat\X.txt')=@writefor(Station(j):X(j),' ');
enddata
min=@sum(Zone(i):@sum(Station(j):D(i,j)*Y(i,j)));
@for(Zone(i):@sum(Station(j):Y(i,j))=1);
@sum(Station(j):X(j))=3;              !确定乘车点数;
@for(Zone(i):@for(Station(j):Y(i,j)<=X(j)));
@for(Station(j):@bin(X(j)));
@for(Assign(i,j):@bin(Y(i,j)));
end
```

采用 MATLAB 输出结果，其中 distance.txt 为距离矩阵。当 $n=2$ 时，目标值 $z=24992\text{m}$；乘车点共有两个：18, 31，到乘车点 18 乘车的区域有 26 个：1, 2, 3, 4, 5, 6, 7, 8, 9, 10, 11, 12, 13, 14, 15, 16, 17, 18, 19, 20, 21, 24, 25, 26, 27, 47。到乘车点 31 乘车的区域有 24 个：22, 23, 28, 29, 30, 31, 32, 33, 34, 35, 36, 37, 38, 39, 40, 41, 42, 43, 44, 45, 46, 48, 49, 50。

当 $n=3$ 时，目标值 $z=19660\text{m}$，乘车点共有 3 个：15, 21, 31，到乘车点 15 乘车的区域有 17 个：5, 6, 7, 8, 9, 10, 11, 12, 13, 14, 15, 16, 17, 18, 25, 26, 27。到乘车点 21 乘车的区域有 16 个：1, 2, 3, 4, 19, 20, 21, 22, 23, 24, 44, 45, 46, 47, 48, 49。到乘车点 31 乘车的区域有 17 个：28, 29, 30, 31, 32, 33, 34, 35, 36, 37, 38, 39, 40, 41, 42, 43, 50。

用于输出结果的 MATLAB 程序如下（见 xiaoche3.m）。

```
clear;
load d:\dat\Y.txt;                    %50*50 矩阵
load d:\dat\X.txt;                    %1*50

n=length(X);                          %区域数
number=sum(X);                        %总乘车点的数量
fprintf('总乘车点%1d 个:(',number);
S=zeros(1,number);
 kp=0;
for i=1:n
    if X(i)==1  fprintf('%1d,',i);
    kp=kp+1;  S(kp)=i;                %存储站点序号
    end
end
fprintf(')\n');

Total=sum(Y);                         %对到各乘车点的区域数求和
for j=1:number
    zhan=S(j);                        %获得乘车点序号
```

```
    fprintf('到乘车点%1d乘车的区域有%2d个:\n',zhan,Total(zhan));
    for i=1:n
        if Y(i,zhan)==1  fprintf('%1d,',i); end
    end
    fprintf('\n');
end
```

求解问题 2：给定各区域人数，要使教师和工作人员满意度最高，只有当每个人乘车的距离尽量小时，其满意度才可能最高。这里选用每个人乘车的最小平均距离作为目标函数。

设第 i 区的人数为 P_i $(i=1,2,\cdots,50)$，总人数为 $T=\sum_{i=1}^{50}P_i$，则第 i 区人数权重为 $W_i=P_i/T$ $(i=1,2,\cdots,50)$。可建立任意随距离单调递减的满意度函数，这里建立如下满意度函数。

设两点之间最小距离的最大值为 $\max d$（该题中为 2235m）。满意度函数是当距离为 0 时满意度为 1；当距离为 $\max d$ 时，满意度为 0 的线性函数，即

$$s(d)=1-\frac{d}{\max d}$$

若要求满意度最高，则有

$$\max Z=\sum_{i=1}^{m}\sum_{j=1}^{m}W_i s(d_{ij})Y_{ij}$$

其他约束条件与问题 1 的约束条件相同，因此总模型为

$$\max Z=\sum_{i=1}^{m}\sum_{j=1}^{m}W_i s(d_{ij})Y_{ij}$$

$$\text{s.t.}\begin{cases}\sum_{j=1}^{m}X_j=n & \\ Y_{ij}\leqslant X_j, & i,j=1,2,\cdots,m \\ \sum_{j=1}^{m}Y_{ij}=1, & i=1,2,\cdots,m \\ s(d_{ij})=1-\dfrac{d_{ij}}{\max d}, & i,j=1,2,\cdots,m \\ T=\sum_{i=1}^{50}P_i & \\ W_i=P_i/T, & i=1,2,\cdots,m \\ X_j=0或1, & j=1,2,\cdots,m \\ Y_{ij}=0或1, & i,j=1,2,\cdots,m\end{cases}$$

求解问题 2 的 LINGO 程序如下（见 xiaoche4.lg4）。

```
model:
sets:
Station/1..50/:X;
```

```
    Zone/1..50/:W,P;
    Assign(Zone,Station):D,S,Y;
    endsets
    data:
    P=@file('d:\lingo12\dat\person.txt');
    D=@file('d:\lingo12\dat\distance.txt');
    maxd=2235;
    !输出为 Y(i,j)和 X(j)的值;
    @text('d:\dat\Y.txt')=@writefor(Zone(i):@writefor(Station(j):Y(i,j),
' '),@newline(1));
    @text('d:\dat\X.txt')=@writefor(Station(j):X(j),' ');
    enddata
    max=@sum(Zone(i):@sum(Station(j):W(i)*S(i,j)*Y(i,j)));
    @for(Assign(i,j):S(i,j)=1.0-D(i,j)/maxd);
    T=@sum(Zone(i):P(i));
    @for(Zone(i):W(i)=P(i)/T);
    @for(Zone(i):@sum(Station(j):Y(i,j))=1);
    @sum(Station(j):X(j))=3;                    !确定乘车点数;
    @for(Zone(i):@for(Station(j):Y(i,j)<=X(j)));
    @for(Station(j):@bin(X(j)));
    @for(Assign(i,j):@bin(Y(i,j)));
    end
```

其中 distance.txt 为距离矩阵，person.txt 为各区域人数。当 $n=2$ 时，目标值 $Z=0.778$。格式输出仍然使用前面的 MATLAB 程序。

总乘车点有两个：19, 32，到乘车点 19 乘车的区域有 33 个：1, 2, 3, 4, 5, 6, 7, 8, 9, 10, 11, 12, 14, 15, 16, 17, 18, 19, 20, 21, 22, 23, 24, 25, 26, 27, 28, 44, 45, 46, 47, 48, 49。到乘车点 32 乘车的区域有 17 个：13, 29, 30, 31, 32, 33, 34, 35, 36, 37, 38, 39, 40, 41, 42, 43, 50。

当 $n=3$ 时，目标值 $Z=0.826$。总乘车点为 3 个：15, 21, 32。到乘车点 15 乘车的区域有 17 个：5, 6, 7, 8, 9, 10, 11, 12, 13, 14, 15, 16, 17, 18, 25, 26, 27。到乘车点 21 乘车的区域有 18 个：1, 2, 3, 4, 19, 20, 21, 22, 23, 24, 28, 43, 44, 45, 46, 47, 48, 49。到乘车点 32 乘车的区域有 15 个：29, 30, 31, 32, 33, 34, 35, 36, 37, 38, 39, 40, 41, 42, 50。

求解问题 3：考虑以下两个目标。

目标 1 为教师和工作人员的满意度最高，即

$$\max Z_1 = \sum_{i=1}^{m} \sum_{j=1}^{m} W_i s(d_{ij}) Y_{ij}$$

目标 2 为总校车数最少，即

$$\min Z_2 = c_1 + c_2 + c_3$$

其中，$c_i (i=1,2,3)$ 为第 i 个乘车点的校车数。

设到第 i 个乘车点的子集合为 A_i，则 $c_i = \left\lceil \dfrac{\sum_{k \in A_i} P_k}{47} \right\rceil$。其中 $\lceil \; \rceil$ 表示向上取整。

计算结果为：乘车点共有 3 个：15，21，32。到乘车点 15 乘车的有 790 人，校车有 $16.81 \approx$ 17 辆。到乘车点 21 乘车的有 879 人，校车有 $18.70 \approx 19$ 辆。到乘车点 32 乘车的有 833 人，校车有 $17.72 \approx 18$ 辆。总人数为 2502 人，最多校车数约为 54 辆。

用于统计的 MATLAB 程序如下（见 xiaoche5.m）。

```
clear;
load d:\dat\Y.txt;                    %50*50 矩阵
load d:\dat\X.txt;                    %1*50
load d:\lingo12\dat\person.txt;       %载入各区域人数
n=length(X);                          %区域数
number=sum(X);                        %乘车点总数
fprintf('总共乘车点%1d 个:(',number);
S=zeros(1,number);
 kp=0;
for i=1:n
    if X(i)==1  fprintf('%1d,',i);
    kp=kp+1;  S(kp)=i;                %存储乘车点序号
    end
end
fprintf(')\n');

t=0;
for j=1:number
    zhan=S(j);                        %获得乘车点序号
     t=0;
   for i=1:n
      if Y(i,zhan)==1   t=t+person(i); end
   end
    che=ceil(t/47);
    fprintf('到乘车点%1d 乘车的有%2d 人，车%4.2f=%2d 辆\n',zhan,t,t/47,che);
end

all_person=sum(person);              %总人数
fprintf('总人数%2d 人，最多校车数%2d.\n',all_person,ceil(all_person/47));
```

本题的评阅标准如下：

一等奖：三个问题都有带目标函数的数学模型，计算结果正确。对问题能展开讨论，特别是有一些独立思想的解题思路。

二等奖：计算结果正确，至少有一个问题的建模过程是完整的。

三等奖：模型或计算只有其中一项正确。

12.2 案例 2 "两江游"游轮调度问题

某著名江边码头位于长江和嘉陵江汇合处，江面与两岸景色十分优美，许多游客慕名而来，欣赏两江景色。当地游轮公司因此开设了"两江游"服务。

目前，"两江游"服务提供的游轮满载是 150 人，安排游轮载客游览时间是 1.5 小时/次，票价为 25 元/(人·次)。另外，为了节约游客的时间成本，提高游客的满意度，游轮公司规定：游轮不需要满载即可起航，但起航时游轮的载客量至少要达到满载的 60%以上。

据统计，游客主要在上午 8:00 到下午 6:00 来参观游览，且在早上 8:00 到晚上 6:00 时间段内，游客以平均 3 人/min 的速度到达码头并选择"两江游"服务。

从游轮公司角度出发，最希望的是每天收入最高。另外，由于游轮每次运输游客都是有成本的，因此也要求每天总运输次数最少。同时游轮公司希望在总运载人数不变的情况下，每次运载的人数尽量均衡。从这 3 个方面出发，建立数学模型并解决如下问题。

（1）如果游轮公司只有一艘游轮，那么如何安排该游轮的航程？一天总载客量是多少？

（2）若游轮公司有多艘游轮，则游轮公司最少需要使用几艘游轮？分别如何安排航程？每艘游轮载客量是多少？

（3）针对实际中出现的游客愿意等待游轮返回的情形，假设游客到达港口最长等待 10min，若 10min 游轮还未到达，则游客自动离开。请在该假设下重新考虑问题（1）和问题（2）。

以下问题需要注意：

（1）对于问题（1）和问题（2）中的假设，当游轮未到达时，游客都不等待。

（2）不考虑游客上下船时间。

（3）对于多艘游轮，若在后一艘游轮到达时前一艘游轮还未起航，则需要等待前一艘游轮离开游客才能上游轮。

（4）游轮起航时刻以整分钟为基本单位。

求解问题 1：设共发 n 个班次的游轮，各个班次游轮起航时刻（min）依次为 $t_1, t_2, \cdots, t_n$。约束条件中起航时刻满足条件

$$0 \leqslant t_1 < t_2 < t_3 < \cdots < t_n \leqslant 600$$

设每个班次游轮的载客量分别为 $d_1, d_2, \cdots, d_n$，则第一个班次的游轮能将 $[0, t_1]$ 时间段内到达的游客全部载完，则有 $d_1 = 3t_1$。

第二个班次的游轮可以将 $[t_1, t_2]$ 时间段内到达的游客全部载完，因为前 90min 没有游轮返航，导致游客流失，因此有

$$d_2 = 3(t_2 - t_1 - 90)$$

同理，第 i 个班次的游轮可以将 $[t_{i-1}, t_i]$ 时间段内到达的游客全部载完，因为前 90min 没有游轮返航，所以导致游客流失，因此有

$$d_i = 3(t_i - t_{i-1} - 90), \quad i = 2, 3, \cdots, n$$

由于游轮载客量不能超过 150 人，因此有

$$d_i \leqslant 150, \quad i = 1, 2, \cdots, n$$

由于游轮的每次载客量要达到 $150 \times 60\% = 90$ 人，因此有

$$d_i \geqslant 90, \quad i = 1, 2, \cdots, n$$

目标函数为 n 个班次总收入最高，由于每名游客的游览费都为 25 元，因此可转化为游轮载客数最大，即

$$\max Z_1 = \sum_{i=1}^{n} d_i$$

同时根据题目要求，第二目标是运输次数最少，则有

$$\min Z_2 = n$$

第三目标是每次运输游客数尽量均衡，则有

$$\min Z_3 = \frac{\sum_{i=1}^{n}(d_i - \bar{d})^2}{n-1}$$

其中，$\bar{d} = \dfrac{\sum_{i=1}^{n} d_i}{n}$ 为各次运载游客的平均值。

则总的模型为

$$\max Z_1 = \sum_{i=1}^{n} d_i$$

$$\min Z_2 = n$$

$$\min Z_3 = \frac{\sum_{i=1}^{n}(d_i - \bar{d})^2}{n-1}$$

$$\text{s.t.} \begin{cases} 0 \leqslant t_1 < t_2 < t_3 < \cdots < t_n \leqslant 600 \\ d_1 = 3t_1 \\ d_i = 3(t_i - t_{i-1} - 90), & i = 2,3,\cdots,n \\ d_i \leqslant 150, & i = 1,2,\cdots,n \\ d_i \geqslant 90, & i = 1,2,\cdots,n \\ \bar{d} = \sum_{i=1}^{n} d_i / n \\ t_i, d_i \text{取整} \end{cases}$$

实际计算时游轮班次最多为 $10 \times [60/(90+30)] = 5$，这里 90 为游客每次航行时间，30 为游客每次至少等待的时间。我们对 $n = 4, n = 5$ 分别计算，取载客量最大的班次 n。当取 $n = 4$ 时，得到最大载客量为 600 人，总收入为 15000 元。当取 $n = 5$ 时，得到最大载客量为 720 人，总收入为 18000 元。故取 $n = 5$，每日游轮发 5 个班次。

考察同时满足三个目标函数的结果如下：

起航时刻为 $t_1 = 48, t_2 = 186, t_3 = 324, t_4 = 462, t_5 = 600$，单位为 min。5 个班次游轮的载客量分别为 $d_1 = 144, d_2 = 144, d_3 = 144, d_4 = 144, d_5 = 144$，故总人数 $z = 720$。

求解该问题的 LINGO 程序如下（见 boat1.lg4）。

```
model:
```

```
sets:
number/1..5/:t,d;
endsets
max=z1;
z1=@sum(number(i):d(i));
!z1=720;
!min=z3;
n=@size(number);
@for(number(i)|i#GT#1:t(i)>t(i-1));                    !游轮起航时间约束;
t(n)<=600;
d(1)=3*t(1);
z3=@sum(number(i):(d(i)-aver)^2)/(n-1);
aver=@sum(number(i):d(i))/n;
@for(number(i)|i#GT#1:d(i)=3*(t(i)-t(i-1)-90));    !计算等候时间;
@for(number(i):d(i)>=90);                          !每班次游轮的至少载客人数;
@for(number(i):d(i)<=150);                          !最多载客人数;
end
```

求解问题 2：我们的目标是使用最少的游轮把所有游客载完。使用一艘游轮，显然无法将所有游客载完。当使用两艘游轮时，第一艘游轮可载[0,50]min 内到达的游客，其返回时间为140min，第二艘游轮从 50min 开始，可载[50,100]min 内到达的游客。无法运载[100，140]min 内到达的游客，则两艘船无法将所有游客载完。因此至少需要 3 艘游轮载所有游客。

我们建立 3 艘游轮将所有游客载完的模型，判断其是否有解。若有解，则 3 艘是最少的游轮数量。

设 3 艘游轮载客顺序为 1，2，3，1，2，3，…。设共发 n 个班次，各个班次游轮起航时刻（min）依次为 $t_1, t_2, \cdots, t_n$，分别为 1，2，3 艘船装载完毕后的起航时刻。

设每个班次游轮载客为 $d_1, d_2, \cdots, d_n$，则

$$d_1 = 3t_1, \quad d_2 = 3(t_2 - t_1), \quad \cdots, \quad d_n = 3(t_n - t_{n-1})$$

由于载客量不能超过 150 人，因此有

$$d_i \leqslant 150, \quad i = 1, 2, \cdots, n$$

每次载客量要达到 $150 \times 60\% = 90$ 人，因此有

$$d_i \geqslant 90, \quad i = 1, 2, \cdots, n$$

由于每艘游轮起航 90min 后才返回，因此第二次起航与前一次起航时间的间隔至少为 90min。设 t_i 是第一艘游轮起航时刻，t_{i+1} 是第二艘游轮起航时刻，t_{i+2} 是第三艘游轮起航时刻。

为保证所有游客都能上船，当第三艘游轮必须在第一艘游轮返回后起航，其时间需满足

$$t_{i+2} \geqslant t_i + 90, \quad i = 1, 2, \cdots, n-2$$

总的模型为

$$\max Z_1 = \sum_{i=1}^{n} d_i$$

$$\min Z_2 = n$$

$$\min Z_3 = \frac{\sum_{i=1}^{n} (d_i - \bar{d})^2}{n-1}$$

$$\text{s.t.} \begin{cases} 0 \leqslant t_1 < t_2 < t_3 < \cdots < t_n \leqslant 600 \\ d_1 = 3t_1 \\ d_i = 3(t_i - t_{i-1}), & i = 2,3,\cdots,n \\ t_1 \leqslant 50 \\ t_{i+2} \geqslant t_i + 90, & i = 1,2,\cdots,n-2 \\ d_i \leqslant 150, & i = 1,2,\cdots,n \\ d_i \geqslant 90, & i = 1,2,\cdots,n \\ \bar{d} = \sum_{i=1}^{n} d_i / n \\ t_i, d_i \text{取整} \end{cases}$$

在计算时，需要对给定的不同 n 进行计算。每艘游轮每次最多载客 150 人，即 50min 的客流量，则 600min 的客流量至少需要班次 $n = 600/50 = 12$。

在进行实际计算时，对 $n = 11, 12, 13$ 分别计算，可得当 $n = 11$ 时，$Z_1 = 1650$ 人；当 $n = 12$ 时，$Z_1 = 1800$ 人；当 $n = 13$ 时，$Z_1 = 1800$ 人。故取 $n = 12$，最大载客数 $Z_1 = 1800$ 人。总载客次数为 12 次，且每次都运输 150 人，共载客 1800 人。

第一、二、三艘游轮轮流起航时刻（min）分别为：50, 100, 150, 200, 250, 300, 350, 400, 450, 500, 550, 600。

求解该问题的 LINGO 程序如下（见 boat2.lg4）。

```
!问题 2,无延迟;
  model:
sets:
number/1..12/:t,d;
endsets
!min=z3;
max=z1;
!z1=1800;
z1=@sum(number(i):d(i));

n=@size(number);
t(n)<=600;
@for(number(i)|i#LE#(n-2):t(i+2)>=t(i)+90);
```

```
d(1)=3*t(1);
@for(number(i)|i#GE#2:d(i)=3*(t(i)-t(i-1)));
 @for(number(i):d(i)>=90);
 @for(number(i):d(i)<=150);
 aver=@sum(number(i):d(i))/n;
 z3=@sqrt(@sum(number(i):(d(i)-aver)^2)/(n-1));
 @for(number(i):@gin(t(i)));
 @for(number(i):@gin(d(i)));
End
```

注意，在实际计算时，先取 max = $z1$，并将 min = $z3$ 注释。当取第三目标时，固定 $z1 =$ 1800，将 max = $z1$ 注释，取 min = $z3$。另外在取第一目标最大时，可将 z3 = @sqrt(@sum (number(i): (d(i)-aver)^2)/(n-1)); 进行注释。

注释后的该条语句此时不起作用，但该语句是非线性表达，可能会影响结果。

求解问题 3：（1）可延迟 10min，考虑一艘游轮的模型。

此时只需要考虑第一次载客，游轮载 7:50—8:00 这 10min 内的游客。因此有

$$d_1 = 3(t_1 + 10)$$

考察第 i 个班次，对于 $[t_{i-1}, t_i]$ 时间段内到达的游客，由于游客最长能等待 10min，因此前 90min 内只有前 80min 内的游客损失，则有

$$d_i = 3(t_i - t_{i-1} - 80), \qquad i = 2,3,\cdots,n$$

其他条件与问题 1 的相同，因此总模型为

$$\max Z_1 = \sum_{i=1}^{n} d_i$$

$$\min Z_2 = n$$

$$\min Z_3 = \frac{\sum_{i=1}^{n}(d_i - \bar{d})^2}{n-1}$$

$$\text{s.t.} \begin{cases} 0 \leqslant t_1 < t_2 < t_3 < \cdots < t_n \leqslant 600 \\ d_1 = 3(t_1 + 10) \\ d_i = 3(t_i - t_{i-1} - 80), & i = 2,3,\cdots,n \\ d_i \leqslant 150, & i = 1,2,\cdots,n \\ d_i \geqslant 90, & i = 1,2,\cdots,n \\ \bar{d} = \sum_{i=1}^{n} d_i/n \\ t_i, d_i \text{取整} \end{cases}$$

当取 $n = 4$ 时，得到最大载客量为 600 人，总收入为 15000 元。当取 $n = 5$ 时，得到最

大载客量为 750 人，总收入为 18750 元。故取 $n=5$，每日发 5 个班次游轮。其起航时刻分别为 $t_1=40$，$t_2=170$，$t_3=300$，$t_4=430$，$t_5=560$。每艘游轮载客 5 次，每次载客都为 150 人，故总人数 $Z=750$。

求解该问题的 LINGO 程序如下（见 boat3.lg4）。

```
!延迟 10min 模型;
model:
sets:
number/1..5/:t,d;
endsets
max=z1;
z1=@sum(number(i):d(i));
!z1=750;
!min=z3;
n=@size(number);
@for(number(i)|i#GT#1:t(i)>t(i-1));          !游轮起航时间约束;
t(n)<=600;
d(1)=3*(t(1)+10);
z3=@sum(number(i):(d(i)-aver)^2)/(n-1);
aver=@sum(number(i):d(i))/n;
@for(number(i)|i#GT#1:d(i)=3*(t(i)-t(i-1)-80));    !计算等候时间;
@for(number(i):d(i)>=90);                      !每班次游轮的至少载客人数;
@for(number(i):d(i)<=150);                     !最多载客人数;
end
```

（2）若可延迟游客等待 10min，则 3 艘游轮的模型为：

此时只需要考虑第一个班次，游轮载 7:50—8:00 这 10min 内的游客。因此有

$$d_1=3(t_1+10)$$

为保证所有游客都能上游轮，则第三艘游轮需在第一艘游轮起航 80min 后再起航（乘客有 10min 等待），其时间需满足

$$t_{i+2} \geq t_i+80, \quad i=1,2,\cdots,n-2$$

其他条件与问题 2 的相同，因此总模型为

$$\max Z_1=\sum_{i=1}^n d_i$$

$$\min Z_2=n$$

$$\min Z_3=\frac{\sum_{i=1}^n (d_i-\bar{d})^2}{n-1}$$

$$\text{s.t.} \begin{cases} 0 \leqslant t_1 < t_2 < t_3 < \cdots < t_n \leqslant 600 \\ d_1 = 3(t_1 + 10) \\ d_i = 3(t_i - t_{i-1}), \quad i = 2, 3, \cdots, n \\ t_1 \leqslant 50 \\ t_{i+2} \geqslant t_i + 80, \quad i = 1, 2, \cdots, n-2 \\ d_i \leqslant 150, \quad i = 1, 2, \cdots, n \\ d_i \geqslant 90, \quad i = 1, 2, \cdots, n \\ \bar{d} = \sum_{i=1}^{n} d_i / n \\ t_i, d_i \text{取整} \end{cases}$$

需要给定不同的 n 进行计算，由于共有 610min 内的客流量且每艘游轮每次最多满载 150 人，即 50min 的客流量，则至少需要班次 $n = 610/50 = 12.2$，取整为 13 个班次。

在实际计算时，对 $n = 12, 13, 14$ 时分别进行计算，可得当 $n = 12$ 时，$Z_1 = 1800$ 人；当 $n = 13$ 时，$Z_1 = 1830$ 人；当 $n = 14$ 时，$Z_1 = 1830$ 人，故取 $n = 13$，最大载客数 $Z_1 = 1830$ 人。

总运输次数为 13 次，每次运载游客数为 141, 141, 138, 141, 141, 141, 141, 141, 141, 141, 141, 141, 141。

3 艘游轮共装载 1830 人，将符合条件的游客全部装载。第一、二、三艘游轮轮流起航时刻分别为 37, 84, 131, 177, 224, 271, 318, 365, 412, 459, 506, 553, 600。

除第二个时间间隔为 46min，其他时间间隔都为 47min，满足了均衡的要求。

求解该问题的 LINGO 程序如下（见 boat4.lg4）。

```
!问题 3，延迟游客等待 10min，3 艘游轮模型;
  model:
sets:
number/1..13/:t,d;
endsets
!min=z3;
max=z1;
!z1=1830;
z1=@sum(number(i):d(i));

n=@size(number);
t(n)<=600;
@for(number(i)|i#LE#(n-2):t(i+2)>=t(i)+80);
 d(1)=3*(t(1)+10);
 @for(number(i)|i#GE#2:d(i)=3*(t(i)-t(i-1)));
  @for(number(i):d(i)>=90);
  @for(number(i):d(i)<=150);
  aver=@sum(number(i):d(i))/n;
  z3=@sqrt(@sum(number(i):(d(i)-aver)^2)/(n-1));
 @for(number(i):@gin(t(i)));
 @for(number(i):@gin(d(i)));
end
```

12.3 案例 3 超速行车问题

假设驱车从 A 城赶往 B 城，A 城与 B 城间的道路如图 12.1 所示，A 城在左下角，B 城在右上角，横向纵向各有 10 条公路，任意两个相邻的十字路口距离为 100km，所以 A 城与 B 城相距 1800km。任意相邻的十字路口间的一段公路（以下简称路段）都有限速，具体时速已标注在图上，单位为 km/h，标注为 130 的路段是高速路段，每路段收费 3 元。

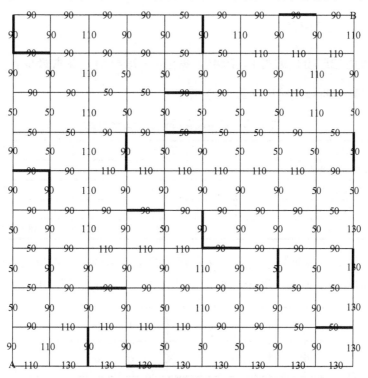

图 12.1 A 城与 B 城间的道路（图中数值单位均为 km/h）

从 A 城到 B 城中的花费有两类：第一类与花费时间相关，如住宿和饮食，由公式 $c_1 = 5t$ 求出，t 的单位为小时；第二类是汽车的油费，每百米油量（升）由公式 $c_2 = av + b$ 求出，其中 $a = 0.0625$，$b = 1.875$，v 的单位为 km/h，每升汽油 1.3 元。

问题 1

若遵守所有的限速规定，则时间最短的路线和所花费用最少的路线分别是哪一条？

问题 2

为了防止超速行驶，交警放置了一些固定雷达在某些路段上，如图 12.1 中的实线路段。另外，还放置了 20 个移动雷达，这些雷达等概率地出现在各个路段，可能在一个路段同时发现多个雷达，也可能在装有固定雷达的路段发现移动雷达。每个雷达都监控了自身所在整个路段的车速。若超速 10%，则有 70%的可能会被雷达探测到，此时超速会被罚款 100 元；若超速 50%，则有 90%的可能会被雷达探测到，此时超速会被罚款 200 元。假设 T 是遵守所有限速规定所花的最短时间，但若有急事想在 $0.8T$ 时间内赶往 B 城，那么包括罚款在内最少费用是多少？路线是哪一条？假定超速只有 10% 和 50% 两种情况。

建立问题 1 的模型

（1）数据预处理。每段路的花费包括与时间相关的住宿、饮食和油费，其数学表达式为

$$S = 5t + 1.3 \times (av + b) = 5 \cdot \frac{100}{v} + 1.3 \times (0.0625v + 1.875)$$

即 $S = \frac{500}{v} + 0.08125v + 2.4375$。

令 $\frac{\mathrm{d}S}{\mathrm{d}v} = -\frac{500}{v^2} + 0.08125 = 0$。解得 $v = 78.45$，即当 $v = 78.45$ 时，花费最少。

各路段花费最少的最优时速如表 12.3 所示。

表 12.3 各路段花费最少的最优时速

路段	实际速度/（km/h）	花费/元
限速 50 km/h 路段	50	16.5
限速 90 km/h 路段	78.45	15.185
限速 110 km/h 路段	78.45	15.185
限速 130 km/h 路段	78.45	18.185（加收 3 元）

我们将 100 个节点按照从下往上、从左到右的顺序标号，分别为 $1, 2, \cdots, 100$。标号后的道路示意图如图 12.2 所示。其中，A 点标号为 1，B 点标号为 100。

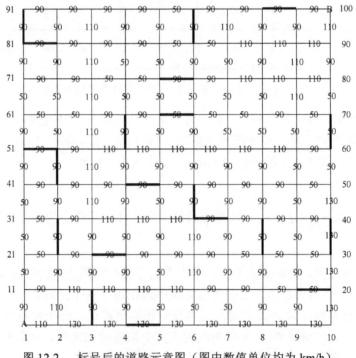

图 12.2 标号后的道路示意图（图中数值单位均为 km/h）

根据图 12.2 中的信息，得到节点 i 到节点 j 的限速为 V_{ij}。

设时间矩阵为 $\boldsymbol{T}_{100\times100}$，则

$$T_{ij} = \begin{cases} 100/V_{ij}, & \text{节点 } i \text{ 与节点 } j \text{ 直接相连} \\ \infty, & \text{节点 } i \text{ 与节点 } j \text{ 不直接相连} \end{cases}$$

实际计算时，对没有直接相连的道路，可设 T_{ij} 为一个足够大的数，程序中我们取 100。

设费用矩阵为 $\boldsymbol{C}_{100\times100}$，则

$$C_{ij} = \begin{cases} 16.5, & V_{ij} = 50 \\ 15.185, & V_{ij} = 90\text{或}110 \\ 18.185, & V_{ij} = 130 \\ \infty, & \text{节点 } i \text{ 与节点 } j \text{ 不直接相连} \end{cases}$$

实际计算时，对没有直接相连的道路，可设 C_{ij} 为一个足够大的数，程序中我们取 500。

（2）模型建立与求解。可采用 Dijkstra 算法计算从 A 城到 B 城的时间最短路线和费用最少路线。这里我们采用最短路线的线性规划模型。

设共有节点 n 个，设 1-0 决策变量为

$$x_{ij} = \begin{cases} 1, & \text{节点 } i \text{ 到节点 } j \\ 0, & \text{节点 } i \text{ 不到节点 } j \end{cases}$$

目标函数为寻找一条节点 1 到节点 n 的路线，使权值最小，故目标函数为

$$\min Z = \sum_{i=1}^{n} \sum_{j=1}^{n} d_{ij} \cdot x_{ij}$$

① 恰有一条路可以从节点 1 出去，则有

$$\sum_{j=2}^{n} x_{1j} = 1$$

② 恰有一条路可以到达节点 n，则有

$$\sum_{i=1}^{n-1} x_{i,n} = 1$$

③ 对除起始节点 1 和目标节点 n 外，其他节点进入和出去的路一样多（可都为 0），则有

$$\sum_{k=1}^{n} x_{ki} = \sum_{j=1}^{n} x_{ij}, \quad i \neq 1, n$$

④要求不出现环路，则有

$$u_i - u_j + n \cdot x_{ij} \leq n-1, \quad i \neq j = 1, 2, \cdots, n$$

总线性规划模型为

$$\min Z = \sum_{i=1}^{n}\sum_{j=1}^{n} d_{ij} \cdot x_{ij}$$

$$\text{s.t.}\begin{cases} \sum_{k=1}^{n} x_{ki} = \sum_{j=1}^{n} x_{ij}, & i \neq 1, n \\ \sum_{j=2}^{n} x_{1j} = 1 \\ \sum_{i=1}^{n-1} x_{in} = 1 \\ u_i - u_j + n \cdot x_{ij} \leqslant n-1, & i \neq j = 1, 2, \cdots, n \\ x_{ij} = 0 \text{或} 1 \end{cases}$$

求解该问题的 LINGO 程序如下（见 chaosu2.lg4）。

```
!求解问题 1 的程序;
!求最短路线程序;
model:
sets:
point/1..100/:u;
road(point,point):d,X;
endsets
data:
d=@file('d:\dat\C1.txt');                          !载入时间矩阵或费用矩阵;
@text('d:\dat\path_C1.txt')=@writefor(road(i,j)|X(i,j)#GT#0:i,' ',
j,@newline(1));
!输出路线数据;
ENDDATA
min=@sum(road(i,j):d(i,j)*x(i,j));                  !最短路线;
n=@size(point);
@sum(point(j)|j#GT#1:x(1,j))=1;                     !在起始节点出去;
@sum(point(k)|k#LT#n:x(k,n))=1;                     !到达目标节点;
@for(point(i)|i#ne#1#and#i#ne#n:@sum(point(k):x(k,i))=@sum(point(j):
x(i,j)));
@for(road(i,j)|i#NE#j:u(i)-u(j)+n*x(i,j)<=n-1);    !不出现环路;
@for(road(i,j):@bin(x(i,j)));
end
```

在以上程序中，当该输入文件为时间矩阵 T1.txt 时，输出时间最短的路线 path_T1。当该输入文件为费用矩阵 C1.txt 时，输出费用最少的路线 path_C1。执行输出时间矩阵 T1 和费用矩阵 C1，以及处理时间最短的路线 path_T1 和费用最少的路线 path_C1 的 MATLAB 程序见后文的 chaosu1.m。

计算结果为

```
利用 Floyd 算法得到的最短时间 T(1, 100) = 17.78h
利用 Floyd 算法得到的最少费用 C(1, 100) = 274.65 元
```

利用 LINGO 得到的时间最短路线如下：

```
     Path1 = [1  2  3  4  14  15  16  26  36  46  56  57  58  59  69  79  89
90  100]
```

从 A 城到 B 城时间最短的路线如图 12.3 所示，最短时间为 17.78h。

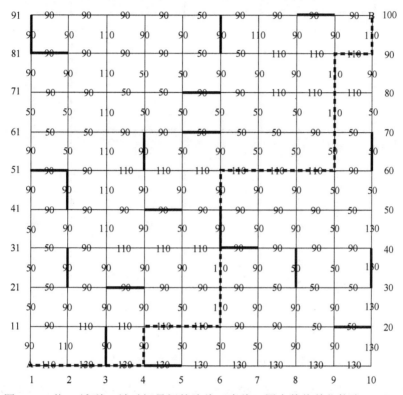

图 12.3　从 A 城到 B 城时间最短的路线（虚线，图中数值单位均为 km/h）

该路线共有 18 段，其中时速为 50km/h 的一段，时速为 90km/h 的三段，时速为 110km/h 的 12 段，时速为 130km/h 的两段。故主要以时速 110km/h 为主。

利用 LINGO 得到的费用最少路线如下：

```
     Path2 = [1  2  12  13  23  33  43  53  54  55  56  57  58  59  69  79  89
99  100]
```

从 A 城到 B 城费用最少路线如图 12.4 所示，最少费用为 274.65 元。

该路线共有 18 段，其中时速为 50km/h 的一段，时速 90km/h 的 4 段，时速 110km/h 的 13 段。故主要以时速 110km/h 为主。

建立问题 2 的模型

（1）数据预处理。首先计算某路段无固定雷达下超速 10%、50% 和有固定雷达下超速 10%、50% 共 4 种情况下的罚款期望值。

设事件 A_k 表示该路段有 k $(k=0,1,\cdots,20)$ 个移动雷达，事件 B 表示汽车超速被探测到，则根据全概率公式为

$$P(B) = \sum_{k=0}^{20} P(A_k) \cdot P(B \mid A_k)$$

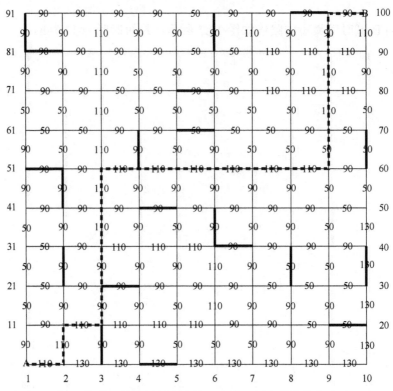

图 12.4　从 A 城到 B 城费用最少路线（虚线，图中数值单位均为 km/h）

根据道路信息，图 12.1 中共有 180 条路段，任意一个移动雷达恰好在某路段的概率为 1/180。当各移动雷达在某路段相互独立时，某路段恰有 k 个移动雷达的概率服从二项分布，则有

$$P(A_k) = C_{20}^k \left(\frac{1}{180}\right)^k \left(\frac{179}{180}\right)^{20-k}, \quad k = 0,1,2,\cdots,20$$

当汽车超速 10%时，被 k 个移动雷达探测到的概率为

$$P(B \mid A_k) = 1 - 0.3^k, \quad k = 0,1,2,\cdots,20$$

当汽车超速 10%时，被移动雷达探测到的概率为

$$P(B_1) = \sum_{k=0}^{20} C_{20}^k \left(\frac{1}{180}\right)^k \left(\frac{179}{180}\right)^{20-k} (1 - 0.3^k) = 1 - \left(\frac{3}{1800} + \frac{179}{180}\right)^{20} = 0.075$$

当汽车超速 50%时，被 k 个移动雷达探测到的概率为

$$P(B \mid A_k) = 1 - 0.1^k, \quad k = 0,1,2,\cdots,20$$

当汽车超速 50%时，被移动雷达探测到的概率为

$$P(B_2) = \sum_{k=0}^{20} C_{20}^k \left(\frac{1}{180}\right)^k \left(\frac{179}{180}\right)^{20-k} (1-0.1^k) = 1 - \left(\frac{1}{1800} + \frac{179}{180}\right)^{20} = 0.0954$$

① 对于无固定雷达路段，当超速 10%时，罚款的期望值为
$$E_1 = 100 \times 0.075 = 7.5$$

② 对于无固定雷达路段，当超速 50%时，罚款的期望值为
$$E_2 = 200 \times 0.0954 = 19.08$$

③ 对于有固定雷达路段，汽车超速被雷达探测到，或者被固定雷达探测到（事件 A），或者被移动雷达探测到（事件 B），且两者独立，则汽车超速 10%时被探测到的概率为
$$P(A \bigcup B) = P(A) + P(B) - P(A) \cdot P(B) = 0.7 + 0.075 - 0.7 \times 0.075 = 0.7225$$

在有固定雷达路段，当超速 10%时，罚款的期望值为
$$E_3 = 100 \times 0.7225 = 72.25$$

④ 对于有固定雷达路段，当超速 50%时，被雷达探测到的概率为
$$P(A \bigcup B) = P(A) + P(B) - P(A) \cdot P(B) = 0.9 + 0.0954 - 0.9 \times 0.0954 = 0.90954$$

则在有固定雷达路段，当超速 50%时，罚款的期望值为
$$E_4 = 200 \times 0.90954 = 181.908$$

综上所述，4 种情况下超速行驶的罚款期望值如表 12.4 所示。

表 12.4 4 种情况下超速行驶的罚款期望值

情况	罚款期望值/元
对于无固定雷达，当超速 10%时	7.5
对于无固定雷达，当超速 50%时	19.08
对于有固定雷达，当超速 10%时	72.25
对于有固定雷达，当超速 50%时	181.9

我们计算时间矩阵 $T_{100 \times 100 \times 3}$，$T(i,j,k)$ 表示节点 i 与节点 j 通过第 k 种方式到达的时间，即

$$T(i,j,k) = \begin{cases} 100/V_{ij}, & k=1，节点 i 与节点 j 直接相连 \\ 100/(1.1 \times V_{ij}), & k=2，节点 i 与节点 j 直接相连 \\ 100/(1.5 \times V_{ij}), & k=3，节点 i 与节点 j 直接相连 \\ \infty, & 节点 i 与节点 j 不直接相连 \end{cases}$$

设费用矩阵为 $C_{100 \times 100 \times 3}$，$C(i,j,k)$ 表示节点 i 与节点 j 采用第 k 种方式的费用。与速度有关的两项费用总和公式为

$$S(v) = \frac{500}{v} + 0.08125v + 2.4375$$

$$C(i,j,1) = \begin{cases} S(V_{ij}), & V_{ij} = 50,90,110 \\ S(V_{ij}) + 3, & V_{ij} = 130 \\ \infty, & \text{节点 } i \text{ 与节点 } j \text{ 不直接相连} \end{cases}$$

$$C(i,j,2) = \begin{cases} S(1.1V_{ij}) + 7.5, & V_{ij} = 50,90,110, \text{无固定雷达} \\ S(1.1V_{ij}) + 72.25, & V_{ij} = 50,90,110, \text{有固定雷达} \\ S(1.1V_{ij}) + 7.5 + 3, & V_{ij} = 130, \text{无固定雷达} \\ S(1.1V_{ij}) + 72.25 + 3, & V_{ij} = 130, \text{有固定雷达} \\ \infty, & \text{节点 } i \text{ 与节点 } j \text{ 不直接相连} \end{cases}$$

$$C(i,j,3) = \begin{cases} S(1.5V_{ij}) + 19.08, & V_{ij} = 50,90,110, \text{无固定雷达} \\ S(1.5V_{ij}) + 181.9, & V_{ij} = 50,90,110, \text{有固定雷达} \\ S(1.5V_{ij}) + 19.08 + 3, & V_{ij} = 130, \text{无固定雷达} \\ S(1.5V_{ij}) + 181.9 + 3, & V_{ij} = 130, \text{有固定雷达} \\ \infty, & \text{节点 } i \text{ 与节点 } j \text{ 不直接相连} \end{cases}$$

不同限速路段的行驶时间和费用如表 12.5 所示。

表 12.5　不同限速路段的行驶时间和费用

路段	行驶速度	时间/h	无固定雷达路段的总费用 期望值/元	有固定雷达路段的总费用 期望值/元
限速 50km/h	限定速度	2.00	16.500	16.500
	超速 10%	1.82	23.497	88.247
	超速 50%	1.33	34.278	197.098
限速 90km/h	限定速度	1.11	15.306	15.306
	超速 10%	1.01	23.032	87.782
	超速 50%	0.74	36.190	199.010
限速 110km/h	限定速度	0.91	15.920	15.920
	超速 10%	0.83	23.901	88.651
	超速 50%	0.61	37.954	200.774
限速 130km/h	限定速度	0.77	19.846	19.846
	超速 10%	0.70	28.053	92.803
	超速 50%	0.51	42.925	205.745

（2）模型建立与求解。我们给出每条路线含有三种选择方式的最短路线的线性规划模型。设共有 n 个节点，设 1-0 决策变量为

$$x_{ijk} = \begin{cases} 1, & \text{从节点 } i \text{ 到节点 } j \text{ 通过第 } k \text{ 种方式到达} \\ 0, & \text{从节点 } i \text{ 到节点 } j \text{ 不通过第 } k \text{ 种方式到达} \end{cases}$$

目标函数为寻找一条节点 1 到节点 n 的通路，使总费用最少，故目标函数为

$$\min Z = \sum_{i=1}^{n} \sum_{j=1}^{n} \sum_{k=1}^{3} C_{ijk} \cdot x_{ijk}$$

① 对于任意节点，最多只能通过一种方式到达，则有

$$\sum_{k=1}^{3} x_{ijk} \leqslant 1, \quad i \neq j = 1, 2, \cdots, n$$

② 恰有一条路从节点 1 出去，则有

$$\sum_{j=2}^{n} \sum_{k=1}^{3} x_{1jk} = 1$$

③ 恰有一条路从节点 n 到达，则有

$$\sum_{i=1}^{n-1} \sum_{k=1}^{3} x_{i,n,k} = 1$$

④ 除起始节点 1 和目标节点 n 外，其他节点进入和出去的路一样多（可都为 0），则

$$\sum_{s=1}^{n} \sum_{k=1}^{3} x_{sik} = \sum_{j=1}^{n} \sum_{k=1}^{3} x_{ijk}, \quad i \neq 1, n$$

⑤ 要求不出现环路，约束为

$$u_i - u_j + n \cdot \sum_{k=1}^{3} x_{ijk} \leqslant n-1, \quad i \neq j = 1, 2, \cdots, n$$

⑥ 行驶时间不超过 $0.8T$，则有

$$\sum_{i=1}^{n} \sum_{j=1}^{n} \sum_{k=1}^{3} T_{ijk} \cdot x_{ijk} \leqslant 17.78 \times 0.8 = 14.224$$

总模型为

$$\min Z = \sum_{i=1}^{n} \sum_{j=1}^{n} \sum_{k=1}^{3} C_{ijk} \cdot x_{ijk}$$

$$\text{s.t.} \begin{cases} \displaystyle\sum_{k=1}^{3} x_{ijk} \leqslant 1, \quad i \neq j = 1, 2, \cdots, n \\[2mm] \displaystyle\sum_{j=2}^{n} \sum_{k=1}^{3} x_{1jk} = 1 \\[2mm] \displaystyle\sum_{i=1}^{n-1} \sum_{k=1}^{3} x_{i,n,k} = 1 \\[2mm] \displaystyle\sum_{s=1}^{n} \sum_{k=1}^{3} x_{sik} = \sum_{j=1}^{n} \sum_{k=1}^{3} x_{ijk}, \quad i \neq 1, n \\[2mm] \displaystyle u_i - u_j + n \cdot \sum_{k=1}^{3} x_{ijk} \leqslant n-1, \quad i \neq j = 1, 2, \cdots, n \\[2mm] \displaystyle\sum_{i=1}^{n} \sum_{j=1}^{n} \sum_{k=1}^{3} T_{ijk} \cdot x_{ijk} \leqslant 17.78 \times 0.8 = 14.224 \\[2mm] x_{ij} = 0 \text{或} 1 \end{cases}$$

求解该问题的 LINGO 程序如下（见 chaosu4.lg4）。

```
!求解问题 2 的程序;
model:
sets:
point/1..100/:u;
case/1..3/;
road(point,point,case):T,C,X;
endsets
data:
T=@file('d:\dat\T2.txt');                        !获得时间矩阵;
C=@file('d:\dat\C2.txt');                        !获得费用矩阵;
@text('d:\dat\path.txt')=@writefor(road(i,j,k)|x(i,j,k)#GT#0:i,' ',
j,' ',k,@newline(1));
!输出路线数据文件;
ENDDATA
min=@sum(road(i,j,k):C(i,j,k)*x(i,j,k));          !最短路线;
n=@size(point);
@for(point(i):@for(point(j)|j#NE#i:@sum(case(k):x(i,j,k))<=1));
@sum(point(j)|j#GT#1:@sum(case(k):x(1,j,k)))=1;   !从起始节点出去;
@sum(point(i)|i#LT#n:@sum(case(k):x(i,n,k)))=1;   !要到达目标节点;
@for(point(i)|i#ne#1#and#i#ne#n:@sum(point(s):@sum(case(k):x(s,i,
k)))=@sum(point(j):@sum(case(k):x(i,j,k))));
@for(point(i):@for(point(j)|i#NE#j:u(i)-u(j)+n*@sum(case(k):x(i,j,
k))<=n-1));                                        !不出现环路;
S=@sum(road(i,j,k):T(i,j,k)*x(i,j,k));
S<=0.8*17.78;
@for(road(i,j,k):@bin(x(i,j,k)));
end
```

计算结果如下：

```
(1, 2, 2)(2, 3, 1)(3, 4, 1)(4, 14, 3)(14, 15, 1)(15, 16, 3)(16, 26, 3)(26,
36, 3)(36, 46, 1)(46, 56, 3)(56, 57, 3)(57, 58, 3)(58, 59, 3)(59, 69, 3)(69,
79, 1)(79, 89, 3)(89, 90, 1)(90, 100, 1)
```

注，(i,j,k) 表示通过第 k 种方式从节点 i 到节点 j。

利用 LINGO 得到的最短时间为 14.17h，最少费用为 514.92 元.

最少费用路线图如图 12.5 所示，其中正常行驶的标记为"正"，超速 10% 的标记为"10%"，超速 50% 的标记为"50%"。其中，正常行驶的有 7 段，超速 10% 的有 1 段，超速 50% 的有 10 段，超速 50% 的占了大部分。

求解问题 1 的 MATLAB 程序如下（chaosu1.m）。

```
%执行输出时间矩阵 T1 和费用矩阵 C1，以及处理利用 LINGO 计算得到的时间最短路线 path_
T1 和费用最少路线 path_C1。
clear;
%获得初始的时间矩阵
%矩阵序号标记：从左往右、从下往上依次标记为1,2,…,100
```

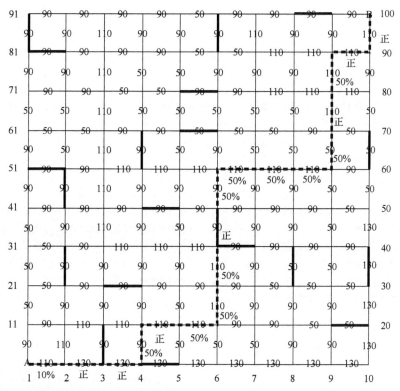

图 12.5 最少费用路线图（虚线，图中数值单位均为 km/h）

```
%A 点标号为 1，B 点标号为 100
n=100;
V=ones(n,n);                    %给出限速矩阵
V(1,2)=110;V(2,3)=130;V(3,4)=130;V(4,5)=130;V(5,6)=130;V(6,7)=130;
V(7,8)=130;V(8,9)=130;V(9,10)=130;V(11,12)=90;V(12,13)=110;
V(13,14)=110;V(14,15)=110;V(15,16)=110;V(16,17)=90;V(17,18)=90;
V(18,19)=50;V(19,20)=50;V(21,22)=50;V(22,23)=90;V(23,24)=90;
V(24,25)=90;V(25,26)=90;V(26,27)=90;V(27,28)=50;V(28,29)=50;
V(29,30)=50;V(31,32)=50;V(32,33)=90;V(33,34)=110;V(34,35)=110;
V(35,36)=110;V(36,37)=90;V(37,38)=90;V(38,39)=90;V(39,40)=90;
V(41,42)=90;V(42,43)=90;V(43,44)=90;V(44,45)=90;V(45,46)=90;
V(46,47)=90;V(47,48)=90;V(48,49)=90;V(49,50)=50;V(51,52)=90;
V(52,53)=90;V(53,54)=110;V(54,55)=110;V(55,56)=110;V(56,57)=110;
V(57,58)=110;V(58,59)=110;V(59,60)=90;V(61,62)=50;V(62,63)=50;
V(63,64)=90;V(64,65)=90;V(65,66)=50;V(66,67)=50;V(67,68)=50;
V(68,69)=90;V(69,70)=50;V(71,72)=90;V(72,73)=90;V(73,74)=50;
V(74,75)=50;V(75,76)=90;V(76,77)=90;V(77,78)=110;V(78,79)=110;
V(79,80)=110;V(81,82)=90;V(82,83)=90;V(83,84)=90;V(84,85)=90;
V(85,86)=50;V(86,87)=50;V(87,88)=110;V(88,89)=110;V(89,90)=110;
V(91,92)=90;V(92,93)=90;V(93,94)=90;V(94,95)=90;V(95,96)=50;
V(96,97)=90;V(97,98)=90;V(98,99)=90;V(99,100)=90;

V(1,11)=90;V(11,21)=50;V(21,31)=50;V(31,41)=50;V(41,51)=90;
V(51,61)=90;V(61,71)=50;V(71,81)=90;V(81,91)=90;V(2,12)=110;
```

```
V(12,22)=90;V(22,32)=90;V(32,42)=90;V(42,52)=90;V(52,62)=50;
V(62,72)=50;V(72,82)=90;V(82,92)=90;V(3,13)=90;V(13,23)=90;
V(23,33)=90;V(33,43)=110;V(43,53)=110;V(53,63)=110;V(63,73)=110;
V(73,83)=110;V(83,93)=110;V(4,14)=90;V(14,24)=90;V(24,34)=90;
V(34,44)=90;V(44,54)=90;V(54,64)=90;V(64,74)=50;V(74,84)=50;
V(84,94)=90;V(5,15)=50;V(15,25)=50;V(25,35)=90;V(35,45)=50;
V(45,55)=90;V(55,65)=50;V(65,75)=50;V(75,85)=50;V(85,95)=90;
V(6,16)=50;V(16,26)=110;V(26,36)=110;V(36,46)=90;V(46,56)=90;
V(56,66)=90;V(66,76)=50;V(76,86)=90;V(86,96)=90;V(7,17)=50;
V(17,27)=90;V(27,37)=90;V(37,47)=90;V(47,57)=90;V(57,67)=50;
V(67,77)=50;V(77,87)=90;V(87,97)=110;V(8,18)=90;V(18,28)=90;
V(28,38)=50;V(38,48)=90;V(48,58)=90;V(58,68)=50;V(68,78)=50;
V(78,88)=90;V(88,98)=90;V(9,19)=90;V(19,29)=90;V(29,39)=50;
V(39,49)=50;V(49,59)=50;V(59,69)=50;V(69,79)=110;V(79,89)=110;
V(89,99)=90;V(10,20)=130;V(20,30)=130;V(30,40)=130;V(40,50)=130;
V(50,60)=50;V(60,70)=50;V(70,80)=50;V(80,90)=90;V(90,100)=110;
%A 点序号为 1，B 点序号为 100
for i=1:n
  for j=1:n
    T(i,j)=100/V(i,j);
  end
end                              %预设到达不直接相连道路所花时间为 100
T1=T;                            %存储时间的原始矩阵


%利用 Floyd 算法得到的最短时间矩阵
for k=1:n
  for i=1:n
    for j=1:n
      t=T(i,k)+T(k,j);
      if t<T(i,j) T(i,j)=t; end
    end
  end
end
fprintf('利用 Floyd 算法得到的最短时间 T(1,100)=%6.2f 小时\n',T(1,100));

C=500*ones(n,n);                 %成本矩阵
v1=50;
v2=sqrt(500/(1.3*0.0625));       %最高速度为 78.45km/h
f1=500/v1+1.3*(0.0625*v1+1.875); %v1 的两项费用计算公式
f2=500/v2+1.3*(0.0625*v2+1.875); %v2 的两项费用计算公式

for i=1:n
    for j=1:n                            %对各路段成本赋值
        if V(i,j)==50  C(i,j)=f1;  end
        if V(i,j)==90|| V(i,j)==110  C(i,j)=f2;  end
        if V(i,j)==130 C(i,j)=f2+3; end%增加高速费
    end
```

```
end
C1=C;                                               %存储费用的原始矩阵

%利用 Floyd 算法得到的最少费用矩阵
for k=1:n
  for i=1:n
     for j=1:n
        t=C(i,k)+C(k,j);
        if t<C(i,j)  C(i,j)=t; end
     end
  end
end
fprintf('利用 Floyd 算法得到的最少费用 C(1,100)=%6.2f 元\n',C(1,100));

%输出时间矩阵，便于利用 LINGO 计算
fid1=fopen('d:\dat\T1.txt','w');
for i=1:n
   for j=1:n
       fprintf(fid1,'%6.3f ',T1(i,j));
   end
   fprintf(fid1,'\n');
end
fclose(fid1);

 %输出费用矩阵，便于利用 LINGO 计算
fid2=fopen('d:\dat\C1.txt','w');
for i=1:n
   for j=1:n
       fprintf(fid2,'%6.3f ',C1(i,j));
   end
   fprintf(fid2,'\n');
end
fclose(fid2);

%2.载入利用 LINGO 计算的结果
print=0;
if print==1
load d:\dat\path_T1.txt;                            %载入时间最短的最优路线
number=length(path_T1);
path1=[1];
t1=0;
for index=1:number
   i=path_T1(index,1); j=path_T1(index,2);
   t1=t1+T(i,j);
   path1=[path1,j];
end
fprintf('利用 LINGO 得到的最短时间%6.2f h.\n',t1);
```

```
        fprintf('时间最短的路线:');
        for k=1:length(path1)
            fprintf('%1d ',path1(k));
        end
        fprintf('\n');

        load d:\dat\path_C1.txt;          %载入费用最少的最优路线
        number=length(path_C1);
        path2=[1];
        c1=0;
        for index=1:number
            i=path_C1(index,1); j=path_C1(index,2);
            c1=c1+C(i,j);
            path2=[path2,j];
        end
        fprintf('利用 LINGO 得到的最少费用%6.2f 元.\n',c1);
        fprintf('费用最少的路线:');
        for k=1:length(path2)
            fprintf('%1d ',path2(k));
        end
        fprintf('\n');

        %统计路线信息
        s1=0; s2=0; s3=0; s4=0;          %统计限速分别为 50km/h，90km/h，110km/h，
130km/h 的路段数
        Path=path1;
        number=length(Path);
        for k=1:number-1
            i=Path(k); j=Path(k+1);
            if V(i,j)==50  s1=s1+1;
            elseif V(i,j)==90  s2=s2+1;
            elseif V(i,j)==110  s3=s3+1;
            elseif V(i,j)==130  s4=s4+1;
            end
        end
        %输出路段总数，速度分别为50km/h，90km/h，110km/h，130km/h 的段数
        fprintf('输出路段总数,速度分别为50km/h,90km/h,110km/h,130km/h的段数:\n');
        fprintf('number=%2d,s1=%2d s2=%2d s3=%2d s4=%2d\n',number-1,s1,
        s2,s3,s4);
        end                              %输出结果
```

求解问题 2 的 MATLAB 程序如下（chaosu3.m）。

```
%输出时间矩阵 T2(100,100,3)和费用矩阵 C2(100,100,3)，并处理利用 LINGO 计算后的路线
    clear;
    %获得初始时间矩阵
    %矩阵序号标记：从左往右，从下往上依次标记为 1,2,…,100
    %A 点标号为 1，B 点标号为 100
```

```
n=100;
V=ones(n,n);                          %给出限速矩阵
V(1,2)=110;V(2,3)=130;V(3,4)=130;V(4,5)=130;V(5,6)=130;V(6,7)=130;
V(7,8)=130;V(8,9)=130;V(9,10)=130;V(11,12)=90;V(12,13)=110;V(13,14)=110;
V(14,15)=110;V(15,16)=110;V(16,17)=90;V(17,18)=90;V(18,19)=50;
V(19,20)=50;V(21,22)=50;V(22,23)=90;V(23,24)=90;V(24,25)=90;
V(25,26)=90;V(26,27)=90;V(27,28)=50;V(28,29)=50;V(29,30)=50;
V(31,32)=50;V(32,33)=90;V(33,34)=110;V(34,35)=110;V(35,36)=110;
V(36,37)=90;V(37,38)=90;V(38,39)=90;V(39,40)=90;V(41,42)=90;
V(42,43)=90;V(43,44)=90;V(44,45)=90;V(45,46)=90;V(46,47)=90;
V(47,48)=90;V(48,49)=90;V(49,50)=50;V(51,52)=90;V(52,53)=90;
V(53,54)=110;V(54,55)=110;V(55,56)=110;V(56,57)=110;V(57,58)=110;
V(58,59)=110;V(59,60)=90;V(61,62)=50;V(62,63)=50;V(63,64)=90;
V(64,65)=90;V(65,66)=50;V(66,67)=50;V(67,68)=50;V(68,69)=90;
V(69,70)=50;V(71,72)=90;V(72,73)=90;V(73,74)=50;V(74,75)=50;
V(75,76)=90;V(76,77)=90;V(77,78)=110;V(78,79)=110;V(79,80)=110;
V(81,82)=90;V(82,83)=90;V(83,84)=90;V(84,85)=90;V(85,86)=50;
V(86,87)=50;V(87,88)=110;V(88,89)=110;V(89,90)=110;V(91,92)=90;
V(92,93)=90;V(93,94)=90;V(94,95)=90;V(95,96)=50;V(96,97)=90;
V(97,98)=90;V(98,99)=90;V(99,100)=90;

V(1,11)=90;V(11,21)=50;V(21,31)=50;V(31,41)=50;V(41,51)=90;
V(51,61)=90;V(61,71)=50;V(71,81)=90;V(81,91)=90;V(2,12)=110;
V(12,22)=90;V(22,32)=90;V(32,42)=90;V(42,52)=90;V(52,62)=50;
V(62,72)=50;V(72,82)=90;V(82,92)=90;V(3,13)=90;V(13,23)=90;
V(23,33)=90;V(33,43)=110;V(43,53)=110;V(53,63)=110;V(63,73)=110;
V(73,83)=110;V(83,93)=110;V(4,14)=90;V(14,24)=90;V(24,34)=90;
V(34,44)=90;V(44,54)=90;V(54,64)=90;V(64,74)=50;V(74,84)=50;
V(84,94)=90;V(5,15)=50;V(15,25)=50;V(25,35)=90;V(35,45)=50;
V(45,55)=90;V(55,65)=50;V(65,75)=50;V(75,85)=50;V(85,95)=90;
V(6,16)=50;V(16,26)=110;V(26,36)=110;V(36,46)=90;V(46,56)=90;
V(56,66)=90;V(66,76)=50;V(76,86)=90;V(86,96)=90;V(7,17)=50;
V(17,27)=90;V(27,37)=90;V(37,47)=90;V(47,57)=90;V(57,67)=50;
V(67,77)=50;V(77,87)=90;V(87,97)=110;V(8,18)=90;V(18,28)=90;
V(28,38)=50;V(38,48)=90;V(48,58)=90;V(58,68)=50;V(68,78)=50;
V(78,88)=90;V(88,98)=90;V(9,19)=90;V(19,29)=90;V(29,39)=50;
V(39,49)=50;V(49,59)=50;V(59,69)=50;V(69,79)=110;V(79,89)=110;
V(89,99)=90;V(10,20)=130;V(20,30)=130;V(30,40)=130;V(40,50)=130;
V(50,60)=50;V(60,70)=50;V(70,80)=50;V(80,90)=90;V(90,100)=110;
%A 点序号为 1，B 点序号为 100
T=zeros(n,n,3);             %不超速、超速 10%、超速 50%这三种情况对应的时间矩阵
for i=1:n
  for j=1:n
    T(i,j,1)=100/V(i,j);                     %不限速的时间
    T(i,j,2)=100/(V(i,j)*1.1);               %超速 10%的时间
    T(i,j,3)=100/(V(i,j)*1.5);               %超速 50%的时间
  end
```

```
end    %预设到达不直接相连道路的时间为 100，100/1.1，100/1.5

%输出时间矩阵，便于利用 LINGO 计算
fid1=fopen('d:\dat\T2.txt','w');
for i=1:n
    for j=1:n
        for k=1:3
        fprintf(fid1,'%5.3f ',T(i,j,k));
        end
      fprintf(fid1,'\n');
end
end
fclose(fid1);

%计算费用矩阵
C=zeros(n,n,3);               %不超速、超速 10%、超速 50%这三种情况对应的费用矩阵
D=zeros(n,n);                                %给出固定雷达路段
D(4,5)=1;D(19,20)=1;D(23,24)=1;D(36,37)=1;D(44,45)=1;D(51,52)=1;
D(65,66)=1;D(75,76)=1;D(81,82)=1;D(98,99)=1;
D(3,13)=1;  D(22,32)=1;D(28,38)=1;  D(30,40)=1;D(36,46)=1;
D(42,52)=1;D(54,64)=1;  D(60,70)=1;D(81,91)=1;D(86,96)=1;
for i=1:n
    for j=1:n
        v1=V(i,j);                           %限速
        v2=v1*1.1;                       %超速 10%的速度
        v3=v1*1.5;                       %超速 50%的速度
        f1=500/v1+1.3*(0.0625*v1+1.875);      %限速行驶两项的费用
        f2=500/v2+1.3*(0.0625*v2+1.875);      %超速 10%行驶的两项费用
        f3=500/v3+1.3*(0.0625*v3+1.875);      %超速 50%行驶的两项费用
        if V(i,j)==130 f1=f1+3;  f2=f2+3;  f3=f3+3;  end
                                      %若在高速路行驶，则加 3 元高速费
        if D(i,j)==0 f2=f2+7.5;  f3=f3+19.08;  end
                                      %在无固定雷达路段超速增加的罚款
        if D(i,j)==1 f2=f2+72.25;  f3=f3+181.9;  end
                                      %在有固定雷达路段超速增加的罚款
        C(i,j,1)=f1;      C(i,j,2)=f2;       C(i,j,3)=f3;
    end
end

%输出费用矩阵，便于利用 LINGO 计算
fid2=fopen('d:\dat\C2.txt','w');
for i=1:n
    for j=1:n
        for k=1:3
        fprintf(fid2,'%5.3f ',C(i,j,k));
        end
      fprintf(fid2,'\n');
```

```
    end
    end
fclose(fid2);
fprintf('完成输出数据文件.\n');

%载入最优路线
print=0;
if print==1

load d:\dat\path.txt;
number=length(path);
t1=0;
c1=0;
for index=1:number
    i=path(index,1);  j=path(index,2);  k=path(index,3);
    t1=t1+T(i,j,k);
    c1=c1+C(i,j,k);
end
fprintf('利用 LINGO 得到的时间%6.2f h,最少费用为%6.2f 元.\n',t1,c1);
end                                    %输出结果
```

参 考 文 献

[1] 杨洪. 图论常用算法选编[M]. 北京：中国铁道出版社，1988.

[2] 卢开澄，等. 图论及其应用[M]. 北京：清华大学出版社，1995.

[3] 叶其孝主编. 数学建模教育与国际数学建模竞赛[M]. 合肥：工科数学杂志社，1994.

[4] 叶其孝主编. 大学生数学建模竞赛辅导教材（二）[M]. 长沙：湖南教育出版社，1997.

[5] 叶其孝主编. 大学生数学建模竞赛辅导教材（三）[M]. 长沙：湖南教育出版社，1998.

[6] 叶其孝，等. 大学生数学建模竞赛辅导教材（四）[M]. 长沙：湖南教育出版社，2001.

[7] 刘来福，曾文艺. 数学模型与数学建模[M]. 北京：北京师范大学出版社，1997.

[8] 袁震东，洪渊，等. 数学建模[M]. 上海：华东师范大学出版社，1997.

[9] 施锡铨，范正绮. 数据分析方法[M]. 上海：上海财经大学出版社，1997.

[10] 李大潜. 中国大学生数学建模竞赛[M]. 北京：高等教育出版社，1998.

[11] 周义仓，赫孝良编. 数学建模实验[M]. 西安：西安交通大学出版社，1999.

[12] 杨启帆等，编著. 数学建模[M]. 3版. 杭州：浙江大学出版社，1999.

[13] 赵静，等. 数学建模与数学实验[M]. 北京：高等教育出版社，2000.

[14] 姚恩瑜，何勇，陈仕平. 数学规划与组合优化[M]. 杭州：浙江大学出版社，2001.

[15] 何万生，等. 数学模型与建模[M]. 兰州：甘肃教育出版社，2001.

[16] 田铮. 时间序列的理论与方法[M]. 2版. 北京：高等教育出版社，2001.

[17] 姚恩瑜，何勇，陈仕平. 数学规划与组合优化[M]. 杭州：浙江大学出版社，2001.

[18] 赵静，等. 数学建模与数学实验[M]. 北京：高等教育出版社，2000.

[19] 薛定宇，陈阳泉. 高等应用数学问题的 MATLAB 求解答[M]. 北京：清华大学出版社，2004.

[20] 谢金星，薛毅. 优化建模与 LINDO/LIBGO 软件[M]. 北京：清华大学出版社，2005.

[21] 田铮，肖华勇. 随机数学基础[M]. 北京：高等教育出版社，2005.

[22] 薛定宇，陈阳泉. 高等应用数学问题的 MATLAB 求解答[M]. 北京：清华大学出版社，2004.

[23] 李占利. 运筹学简明教程[M]. 西安：西北工业大学出版社，2004.

[24] 肖华勇. 实用数学建模与软件应用（修订版）[M]. 西安：西北工业大学出版社，2014.

[25] 韩中庚. 数学建模方法及其应用[M]. 3版. 北京：高等教育出版社，2017.

[26] 姜启源，谢金星，叶俊. 数学模型[M]. 5版. 北京：高等教育出版社，2018.